高等职业教育“十二五”电类基础课规划教材

电子技术与实训

主　编　刘陆平　卞祖武

副主编　赖肖冰　李　虹

参　编　胡　蓉　陆梅林　肖祖铭

　　　　闵祥娜　姜余发

主　审　易　群

机械工业出版社

本书是根据高职高专培养技术应用型人才的特点，并考虑到目前多数高职高专院校的非电专业的教学计划而编写的。内容包括常用半导体器件，基本放大电路及其分析，集成运算放大器及其应用，正弦波振荡器，直流电源，数字电路基础知识，组合逻辑电路及其应用，触发器和时序逻辑电路及其应用，脉冲信号的产生与整形和综合实训等。

本书在编写过程中，本着“工学结合，培养能力，精选内容，打好基础”的精神，注重基础性和应用性，理论联系实际，侧重培养应用能力。使学生既能动脑，又能动手，经过实践的锻炼迅速成长为高技能型人才。各章目的要求明确，语言力求简练流畅，以便读者自学。

本书适用于高等职业院校、高等专科学校、成人高校机械制造与自动化、数控加工技术、机电一体化技术、模具设计与制造加工、汽车运用技术等非电专业使用，也可供工程技术人员参考。

为方便教学，本书备有免费电子课件、模拟试卷及习题参考答案等，凡选用本书作为授课教材的老师均可来电免费索取。咨询电话：010-88379375；Email：cmpgaozhi@ sina. com。

图书在版编目（CIP）数据

电子技术与实训/刘陆平，卞祖武主编. —北京：机械工业出版社，2012. 6（2017.7 重印）
高等职业教育“十二五”电类基础课规划教材
ISBN 978-7-111-38051-1

Ⅰ. ①电… Ⅱ. ①刘… ②卞… Ⅲ. ①电子技术—高等职业教育—教材
Ⅳ. ①TN

中国版本图书馆 CIP 数据核字（2012）第 070521 号

机械工业出版社（北京市百万庄大街 22 号 邮政编码 100037）
策划编辑：于 宁 责任编辑：于 宁
版式设计：刘怡丹 责任校对：樊钟英
封面设计：赵颖喆 责任印制：李 昂
北京瑞德印刷有限公司印刷（三河市胜利装订厂装订）
2017 年 7 月第 1 版第 2 次印刷
184mm×260mm · 13 印张 · 320 千字
3001—4500 册
标准书号：ISBN 978-7-111-38051-1
定价：29.80 元

前　言

本书是根据高职高专培养技术应用型人才的特点，并考虑到目前多数高职高专院校的非电专业的教学计划而编写的。突出了高等职业教育注重实际技术和能力培养的特点，培养既能动脑又能动手的应用型人才的特点。

本书首先介绍了常用半导体器件和基本放大电路及其分析；然后介绍了集成运算放大器及其应用、正弦波振荡器和直流电源；再介绍数字电路基础知识、组合逻辑电路及其应用；最后介绍了触发器和时序逻辑电路及其应用、脉冲信号的产生与整形和综合实训等工业生产和日常生活中的实用技术，重点强调基本理论、基本知识和基本技能。为学生学习后续专业课程打下基础，也为从事有关工作和继续深造做好准备。

为突出高职高专教育的要求，本书具有以下几个方面特点：

1）适应性强：本书内容密切结合教育部颁布的电子技术课程的教学基本要求，注重基础性和应用性，理论联系实际，侧重培养应用能力，培养学生分析、解决问题的能力；同时突出应用性，注重培养学生将电子技术应用于本专业和发展本专业的能力。

2）工学结合，培养能力：本书在教学内容安排中，先介绍电路中普遍适用的规律，再介绍不同类型电路的特殊规律；先一般后特殊，先简单后复杂；循序渐进，注重应用，利于教学。本书还含有实用的综合实训内容，加强实务训练，注重技能培养，从而达到了解流程、熟悉实务、掌握技能的目标，使学生立体理解职业过程，实现工学结合。

3）精选内容，打好基础：本书内容简练，重点突出，层次分明，每章章首有“学习目标”、章末有“本章小结”。“学习目标”提纲挈领地提出学习重点、难点。“本章小结”稍详细地介绍本章主要内容以及重点、难点知识和公式等。有利于发挥学生的主动性，培养学生自己探取知识的能力，从而提高教学效果。

参加本书编写的有南昌师范高等专科学校卞祖武（第 1 章、第 2 章和第 3 章的 3.1、3.2、3.3 节）、江西教育学院赖肖冰（第 3 章的 3.4、3.5 节、第 4 章、第 5 章和第 6 章）、江西交通职业技术学院刘陆平（第 7 章和第 8 章）、吉林交通职业技术学院李虹和江西工业职业技术学院胡蓉（第 9 章）、江西陶瓷工艺美术职业技术学院陆梅林和景德镇高等专科学校肖祖铭（第 10 章）。江西交通职业技术学院闵祥娜和姜余发编写了本书的部分图表。本书部分图表由卞祖武负责统稿，其余部分由刘陆平负责统稿，最后全书由刘陆平负责定稿。

本书由江西交通职业技术学院易群担任主审，参编单位的各位领导对本书的编写和出版给予了大力支持，在此表示衷心的感谢。

由于电子技术学科发展迅速，课程改革日益深入，加之作者水平有限，虽然我们精心组织，谨慎编写，但误漏之处在所难免，恳请广大师生和其他读者批评指正。

编　者

目　录

前言

第 1 章　常用半导体器件 ······ 1

1.1　半导体的基本特性 ······ 1

1.1.1　半导体的特点 ······ 1

1.1.2　本征半导体 ······ 1

1.1.3　掺杂半导体 ······ 1

1.2　PN 结 ······ 2

1.2.1　PN 结的形成 ······ 2

1.2.2　PN 结的单向导电性 ······ 2

1.3　半导体二极管 ······ 2

1.3.1　二极管的结构和分类 ······ 2

1.3.2　二极管的伏安特性 ······ 3

1.3.3　二极管的主要参数 ······ 4

1.3.4　特殊二极管 ······ 4

1.4　晶体管 ······ 5

1.4.1　晶体管的基本结构和分类 ······ 5

1.4.2　晶体管的放大原理 ······ 6

1.4.3　晶体管的特性曲线 ······ 7

1.4.4　晶体管的主要参数 ······ 9

1.4.5　半导体器件型号的命名方法 ······ 10

1.5　场效应晶体管 ······ 12

1.5.1　绝缘栅场效应晶体管的分类 ······ 12

1.5.2　N 沟道绝缘栅场效应晶体管 ······ 12

1.5.3　P 沟道绝缘栅场效应晶体管 ······ 14

1.5.4　绝缘栅场效应晶体管的主要参数 ······ 15

1.6　集成电路 ······ 17

1.6.1　集成电路的分类 ······ 17

1.6.2　模拟集成电路 ······ 17

1.6.3　数字集成电路 ······ 18

1.6.4　片状集成电路简介 ······ 19

本章小结 ······ 19

习题 1 ······ 20

第 2 章　基本放大电路及其分析 ······ 22

2.1　共发射极放大电路 ······ 22

2.1.1　共发射极放大电路的组成 ······ 22

2.1.2　共发射极放大电路各元器件的作用 ······ 22

2.2　共发射极放大电路的分析 ······ 23

2.2.1　共发射极放大电路的静态分析 ······ 23

2.2.2　共发射极放大电路的动态分析 ······ 24

2.2.3　共发射极放大电路的非线性失真 ······ 27

2.3　静态工作点稳定的放大电路 ······ 28

2.3.1　静态工作点稳定的原理和条件 ······ 28

2.3.2　静态工作点、电压放大倍数、输入电阻和输出电阻的估算 ······ 29

2.4　共集电极放大电路 ······ 30

2.4.1　共集电极放大电路的静态分析 ······ 30

2.4.2　共集电极放大电路的动态分析 ······ 31

2.5　多级放大电路 ······ 32

2.5.1　多级放大电路的耦合方式 ······ 32

2.5.2　多级放大电路的电压放大倍数、输入电阻和输出电阻 ······ 33

2.5.3　多级放大电路的频率特性 ······ 34

2.6　功率放大电路 ······ 36

2.6.1　功率放大电路的基本要求和三种工作状态 ······ 36

2.6.2　互补对称功率放大电路 ······ 37

2.7　场效应晶体管放大电路 ······ 40

2.7.1　场效应晶体管放大电路的静态分析 ······ 40

2.7.2　场效应晶体管放大电路的动态

分析 …… 41
本章小结 …… 43
习题 2 …… 44

第 3 章　集成运算放大器及其应用 …… 47
3.1　差动放大电路 …… 47
3.1.1　差动放大电路的工作原理 …… 47
3.1.2　典型差动放大电路 …… 49
3.2　集成运算放大器简介 …… 50
3.2.1　集成运算放大器的组成 …… 50
3.2.2　集成运算放大器的主要参数 …… 51
3.2.3　理想的集成运算放大器 …… 52
3.3　负反馈放大电路 …… 54
3.3.1　反馈的基本概念 …… 54
3.3.2　反馈的类型和极性判定 …… 54
3.3.3　负反馈对放大电路性能的影响 …… 56
3.4　集成运算放大器的应用 …… 58
3.4.1　比例运算电路 …… 58
3.4.2　加法和减法运算电路 …… 60
3.4.3　微分和积分运算电路 …… 61
3.4.4　比较器 …… 62
3.5　使用集成运算放大器应注意的几个问题 …… 63
3.5.1　合理选用集成运算放大器型号 …… 63
3.5.2　消振和调零 …… 63
3.5.3　保护措施 …… 64
本章小结 …… 64
习题 3 …… 65

第 4 章　正弦波振荡器 …… 68
4.1　正弦波振荡器的工作原理 …… 68
4.1.1　正弦波振荡器的基本组成和分类 …… 68
4.1.2　正弦波振荡器的平衡条件和起振条件 …… 69
4.2　*LC* 正弦波振荡器 …… 70
4.2.1　变压器反馈式正弦波振荡器 …… 70
4.2.2　三点式正弦波振荡器 …… 72
4.3　*RC* 正弦波振荡器 …… 74
4.3.1　*RC* 串并联选频网络 …… 75
4.3.2　*RC* 桥式正弦波振荡器 …… 76
4.3.3　*RC* 移相正弦波振荡器 …… 78
4.4　石英晶体正弦波振荡器 …… 79
4.4.1　石英晶体谐振器及其特性 …… 79
4.4.2　石英晶体正弦波振荡器 …… 81
本章小结 …… 83
习题 4 …… 84

第 5 章　直流电源 …… 86
5.1　概述 …… 86
5.2　整流电路 …… 86
5.2.1　单相半波整流电路 …… 87
5.2.2　单相桥式整流电路 …… 88
5.3　滤波电路 …… 91
5.3.1　电容滤波 …… 91
5.3.2　电感滤波 …… 93
5.3.3　复式滤波 …… 94
5.4　稳压电路 …… 94
5.4.1　并联型稳压电路 …… 94
5.4.2　串联型稳压电路 …… 95
5.4.3　三端集成稳压器 …… 97
本章小结 …… 100
习题 5 …… 101

第 6 章　数字电路基础知识 …… 103
6.1　数字电路概述 …… 103
6.1.1　数字电路的主要特点和分类 …… 103
6.1.2　数制与码制 …… 104
6.2　基本逻辑门电路 …… 107
6.2.1　逻辑门电路分类 …… 107
6.2.2　基本逻辑运算 …… 107
6.3　集成逻辑门电路 …… 110
6.3.1　TTL 集成逻辑门电路 …… 110
6.3.2　CMOS 集成逻辑门电路 …… 114
6.4　逻辑函数及其化简 …… 117
6.4.1　逻辑函数及其表示方法 …… 117
6.4.2　逻辑代数的运算法则 …… 119
6.4.3　逻辑函数的公式法化简 …… 121
6.4.4　逻辑函数的卡诺图化简法 …… 123
本章小结 …… 130

习题6 …… 132

第7章 组合逻辑电路及其应用 …… 134

7.1 组合逻辑电路的分析与设计 …… 134
7.1.1 组合逻辑电路的特点 …… 134
7.1.2 组合逻辑电路的分析 …… 134
7.1.3 组合逻辑电路的设计 …… 136
7.2 加法器 …… 137
7.2.1 半加器 …… 137
7.2.2 全加器 …… 138
7.3 编码器 …… 138
7.3.1 二进制编码器 …… 138
7.3.2 二－十进制编码器 …… 139
7.4 译码器及其数字显示电路 …… 140
7.4.1 二进制译码器 …… 140
7.4.2 二－十进制译码器 …… 141
7.4.3 显示译码器 …… 142
7.5 数据分配器和数据选择器及其应用 …… 145
7.5.1 数据分配器的工作原理 …… 145
7.5.2 数据选择器的工作原理 …… 146
7.5.3 数据选择器的应用举例 …… 148
本章小结 …… 150
习题7 …… 151

第8章 触发器和时序逻辑电路及其应用 …… 153

8.1 概述 …… 153
8.2 触发器 …… 153
8.2.1 *RS* 触发器 …… 153
8.2.2 主从型 *JK* 触发器 …… 156
8.2.3 维持阻塞型 *D* 触发器 …… 157
8.2.4 *T* 和 *T*′触发器 …… 159
8.2.5 触发器的相互转换 …… 159
8.3 寄存器 …… 161
8.3.1 数码寄存器 …… 161
8.3.2 移位寄存器 …… 161
8.4 计数器 …… 164
8.4.1 计数器的分类 …… 164
8.4.2 二进制计数器 …… 165
8.4.3 十进制计数器 …… 168
8.4.4 集成计数器简介及其应用 …… 170
本章小结 …… 176
习题8 …… 179

第9章 脉冲信号的产生与整形 …… 182

9.1 555 集成定时器简介及工作原理 …… 182
9.1.1 555 集成定时器简介 …… 182
9.1.2 555 集成定时器的工作原理 …… 182
9.2 施密特触发器及其应用 …… 183
9.2.1 施密特触发器的电路结构 …… 184
9.2.2 施密特触发器的工作原理 …… 184
9.2.3 施密特触发器的应用 …… 185
9.3 单稳态触发器及其应用 …… 186
9.3.1 单稳态触发器的电路结构 …… 186
9.3.2 单稳态触发器的工作原理 …… 186
9.3.3 单稳态触发器的应用 …… 187
9.4 多谐振荡器及其应用 …… 188
9.4.1 多谐振荡器的电路结构 …… 188
9.4.2 多谐振荡器的工作原理 …… 188
9.4.3 多谐振荡器的应用 …… 189
本章小结 …… 190
习题9 …… 190

第10章 综合实训 …… 192

实训1 电工工具和仪器仪表的使用 …… 192
实训2 单管放大电路的安装与测试 …… 193
实训3 集成运算放大器构成加、减运算电路的应用 …… 194
实训4 集成运算放大器构成比较器的应用 …… 195
实训5 整流、滤波和稳压电路的安装与测试 …… 196
实训6 集成逻辑门电路逻辑功能测试 …… 197
实训7 译码显示器逻辑功能测试 …… 198
实训8 集成 CT74LS290 构成六十进制加法计数器的应用 …… 199
实训9 集成 555 定时器构成报警器的应用 …… 199
实训10 集成 555 定时器构成简易触摸开关的应用 …… 200

参考文献 …… 201

第1章　常用半导体器件

【学习目标】

通过本章学习，应了解半导体的基本特性和PN结的特点，重点掌握半导体二极管的伏安特性和特殊二极管的作用以及晶体管的工作原理和特性曲线，还应理解场效应晶体管的结构、分类和主要参数以及集成电路的分类和简介。

1.1　半导体的基本特性

1.1.1　半导体的特点

半导体是指导电能力介于导体和绝缘体之间的物质，常见的如四价元素硅、锗、硒等，在外界温度升高、光照或掺入适量杂质时，它们的导电能力大大增强。半导体具有以下特点：

1）热敏性：当环境温度升高时，导电能力显著增强。

2）光敏性：当受到光照时，导电能力明显变化。

3）掺杂性：往纯净的半导体中掺入某些杂质时，导电能力明显改变。

因此半导体被用来制成热敏器件、光敏器件和半导体二极管、晶体管、场效应晶体管等电子器件。

1.1.2　本征半导体

化学成分完全纯净的、具有晶体结构的半导体，称为本征半导体。在绝对零度（$T=-273$℃）和没有外界因素激发时，价电子完全被共价键束缚着，本征半导体中没有可以运动的带电粒子，不导电。当受外界热和光的作用时，它的导电能力明显变化；往纯净的半导体中掺入某些杂质，会使它的导电能力明显改变。

在温度的作用下，使一些价电子获得足够的能量而脱离共价键的束缚，成为自由电子，同时共价键上留下一个空位，称为空穴。自由电子和空穴总是成对产生，自由电子带负电，空穴带正电。自由电子和空穴都是可以自由移动的载流子，如图1-1所示。

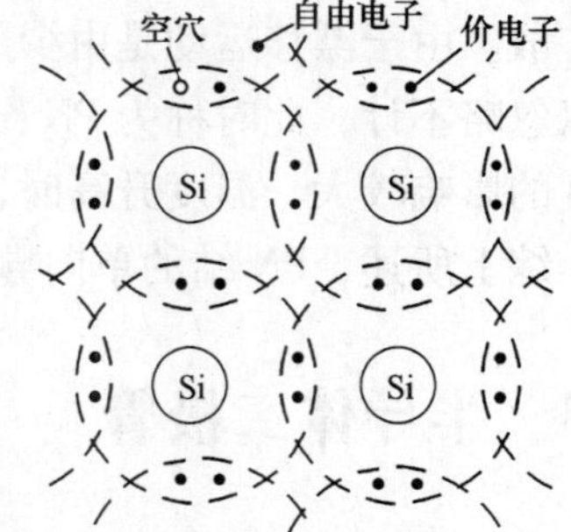

图1-1　半导体晶体共价键结构图

1.1.3　掺杂半导体

在纯净的半导体中掺入适量杂质元素的半导体称为杂质半导体，如果掺入的是三价元素，如硼（B）、铝（Al）等，则称为P型半导体，P型半导体的空穴为多数载流子（简称多子），自由电子为少数载流子（简称少子）；如果掺入的是五价元素，如磷（P）、砷（As）等，则称为N型半导体，

N型半导体的自由电子为多子，空穴为少子。

半导体有两种载流子（自由电子和空穴）参与导电，P型半导体以空穴导电为主，N型半导体以自由电子导电为主。无论N型或P型半导体都是中性的，对外不显电性。

1.2 PN结

1.2.1 PN结的形成

在一块完整的硅片上，用不同的掺杂工艺使其一边形成N型半导体，另一边形成P型半导体，在交界面附近因载流子浓度不同，形成扩散运动，多数载流子分别向异区扩散，即P区的空穴向N区扩散，留下负离子；N区的自由电子向P区扩散，留下正离子。在交界面处多数载流子因复合而耗尽形成空间电荷区，也叫耗尽层，又叫内电场，在内电场的作用下，少数载流子的运动叫漂移运动。当扩散和漂移这一对相反的运动最终速度相等，达到动态平衡时，空间电荷区的厚度固定不变，这个空间电荷区就叫PN结。即：

浓度差→多子扩散运动→复合→产生内电场→阻碍多子扩散→有利少子漂移运动→扩散运动和漂移运动达到动态平衡→形成一定宽度PN结，如图1-2所示。

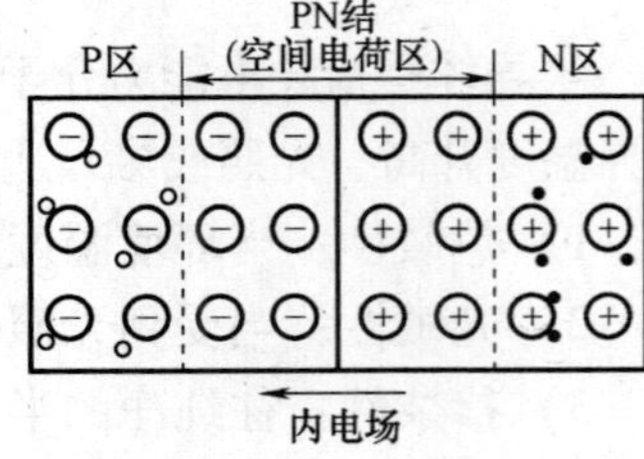

图1-2　PN结的形成

PN结是构成半导体器件的基本单元。

1.2.2 PN结的单向导电性

PN结的单向导电性只有在外加电压时才显示出来。

1. 加正向电压导通

PN结的P区接电源正极，N区接电源负极时，称为加正向偏置电压，简称正偏。此时外加电压的外电场削弱了内电场，空间电荷区变窄，扩散运动加强，漂移运动减弱，扩散大于漂移，形成较大的正向电流，称为PN结正向导通，相当于开关闭合，等效电阻很小。

2. 加反向电压截止

PN结的N区接电源正极，P区接电源负极时，称为加反向偏置电压，简称反偏。此时外加电压的外电场加强了内电场，空间电荷区变宽，扩散运动减弱，漂移运动增强，漂移大于扩散。由于漂移运动是由少数载流子形成，数量很少，所以形成的反向电流很微弱，几乎可以忽略不计，此时称为PN结反向截止，相当于开关断开，等效电阻很大。但反向电流受温度的影响较大，温度升高时，半导体中少数载流子数目增加，反向电流增加。

综上所述，PN结的单向导电性为正向导通，反向截止。

1.3 半导体二极管

1.3.1 二极管的结构和分类

在PN结的P区和N区两侧各引出一根电极，加以封装，便形成半导体二极管，由P区引出的电极称为阳极或正极，由N区引出的电极称为阴极或负极。因PN结具有单向导电性，所以二极管具有单向导电性。二极管的外形、基本结构示意图和符号如图1-3所示。

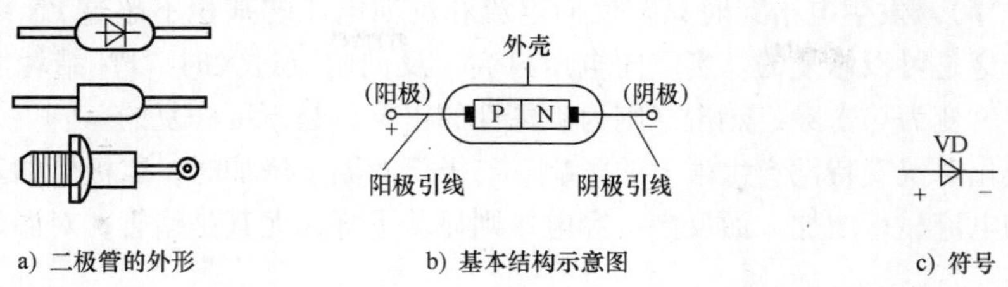

图1-3　二极管的外形、基本结构示意图和符号

二极管按结构不同，分为点接触型和面接触型。点接触型二极管的PN结面积小、结电容小、正向电流小，一般用于检波和变频等小功率高频电路。面接触型二极管的PN结面积大、正向电流大、结电容大，一般用于工频大功率整流电路。按材料的不同，二极管可分为硅管和锗管两种。按用途不同，二极管可分为普通管、整流管、变容管、开关管和检波管等类型。

1.3.2　二极管的伏安特性

二极管两端的电压与流过二极管的电流之间的关系曲线，称为二极管的伏安特性曲线。伏安特性是二极管的固有属性，二极管的伏安特性曲线如图1-4所示。二极管的伏安特性可分为正向特性和反向特性两部分，下面对二极管的伏安特性曲线加以说明。

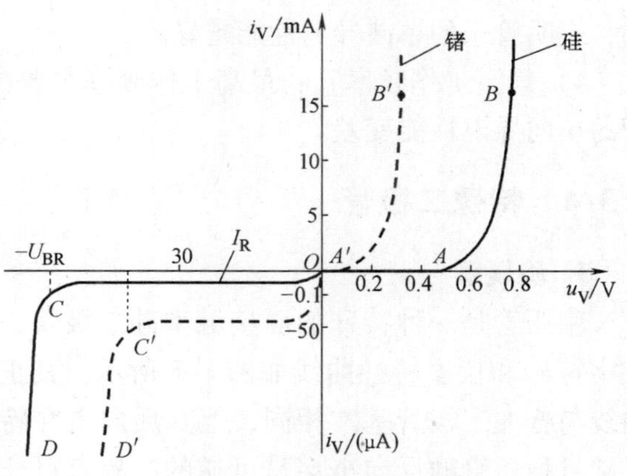

图1-4　二极管的伏安特性曲线

1. 正向特性

当正向电压较小时，由于外加电场还不足以克服内电场对多数载流子扩散运动所产生的阻力，这一区段的正向电流几乎为零，称为死区，如图1-4中OA（OA'）段。硅管的死区电压为0.5V，锗管为0.1V。当正向电压超过这个死区电压值时，正向电流I随外加电压的增加而明显增大，二极管正向电阻变得很小。当二极管完全导通后，正向导通压降基本维持不变，一般硅管为0.6～0.7V，锗管为0.2～0.3V，如图1-4中的AB（$A'B'$）段，以上为二极管的正向特性。

2. 反向特性

二极管加反向电压时，由于少数载流子的漂移运动，形成很小的漂移电流。在反向电压不超过某一范围时，如图1-4的OC（OC'）段，反向电流的大小（由少子形成）基本稳定，而与反向电压的高低无关，故常称为反向饱和电流I_R。小功率硅管的反向电流一般小于0.1μA，而锗管通常为几十到几百微安。这种差别主要是硅管的空间电荷区比锗管的空间电荷区要宽造成的。反向电流大说明二极管的单向导电性能差，并且受温度影响大。

3. 反向击穿特性

当反向电压超过一定数值时，反向电流会突然急剧增加，这种现象称为二极管的反向击穿，如图1-4的CD（$C'D'$）段，U_{BR}称为击穿电压。反向击穿主要是指电击穿（包括雪崩击穿和齐纳击穿）。发生电击穿时只要反向电流和反向电压的乘积不超过PN结允许的耗散功率，那么击穿是可以修复的。当反向电压过高，反向电流过大时，PN结耗散功率超过额定值，电击穿就变为热击穿，热击穿则为破坏性的击穿，是不可修复的。

温度的变化对伏安特性产生很大的影响。二极管的温度增加时，二极管的正向管压降变小，反向饱和电流显著增加，而反向击穿电压则显著下降，尤其是锗管，对温度更为敏感。

1.3.3　二极管的主要参数

二极管的参数反映了二极管的性能优劣和使用条件，二极管参数是正确选择和使用二极管的依据。二极管的主要参数有：

1）最大整流电流I_F：I_F是指二极管长时间工作时，允许通过的最大正向电流的平均值。

2）最高反向工作电压U_{RM}：U_{RM}是保证二极管不被反向击穿所允许施加的最大反向电压，一般为反向击穿电压U_{BR}的$\frac{1}{3}\sim\frac{2}{3}$倍。

3）反向饱和电流I_R：I_R是指在规定的反向电压和室温下所测得的反向电流值。其值越小，表明管子的单向导电性能越好。

4）最高工作频率f_M：最高工作频率主要由PN结的结电容大小决定，超过此值，二极管的单向导电性能变差。

1.3.4　特殊二极管

1. 稳压管

稳压管是一种特殊的面接触型硅二极管，其图形文字符号和伏安特性曲线如图1-5所示。其正向特性曲线与普通二极管基本相同，但其反向击穿特性曲线很陡且稳压管的反向击穿是可逆的，故它可长期工作在反向击穿区（电击穿）而不致损坏。正常情况下稳压管工作在反向击穿区，由于曲线很陡，反向电流在很大范围内变化时，稳压管两端的电压却几乎稳定不变，稳压管就是利用这一特性在电路中起稳压作用的。只要反向电流不超过其最大稳定电流，就不会引起热击穿。因此，在电路中稳压管常与限流电阻串联。

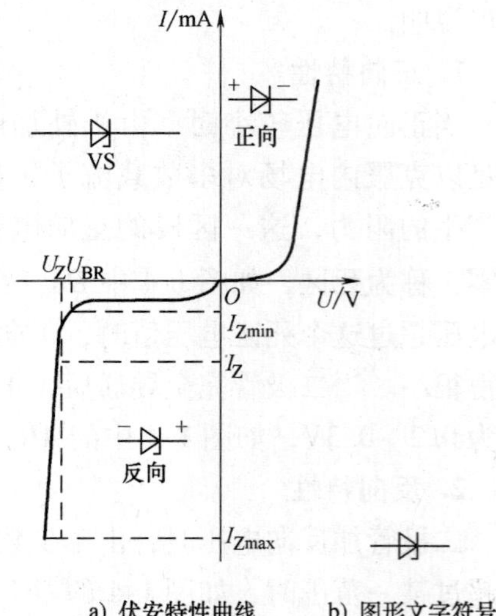

图1-5　稳压管的伏安特性曲线和图形文字符号

与一般二极管不同，稳压管的主要参数如下：

1）稳定电压U_Z：稳定电压是指稳压管在正常工作时管子两端的电压。

2）最大稳定电流I_{Zmax}：最大稳定电流是指稳压管正常工作时通过的最大反向电流，稳压管在工作时电流不应超出这个值。

3）最小稳定电流I_{Zmin}：最小稳定电流是指稳压管正常工作时通过的最小反向电流，稳压管在工作时电流不应小于这个值。

4）稳定电流 I_Z：稳定电流是指保持稳定电压 U_Z 时的工作电流，$I_{Zmin} < I_Z < I_{Zmax}$。

5）耗散功率 P_Z：P_Z 是稳定电压 U_Z 与最大稳定电流 I_{Zmax} 的乘积。

2. 发光二极管

发光二极管简称 LED，是一种把电能直接转换成光能的固体发光器件。发光二极管也是由 PN 结构成的，具有单向导电性，当发光二极管加上正向电压时能发出一定波长的光，采用不同的材料，可发出红、黄、绿等不同颜色的光。图 1-6 所示为发光二极管外形及图形文字符号。发光二极管按控制方式可分为电流控制型器件、电压控制型器件。普通的发光二极管属于电流控制型器件，使用时一定要串接适当的限流电阻。

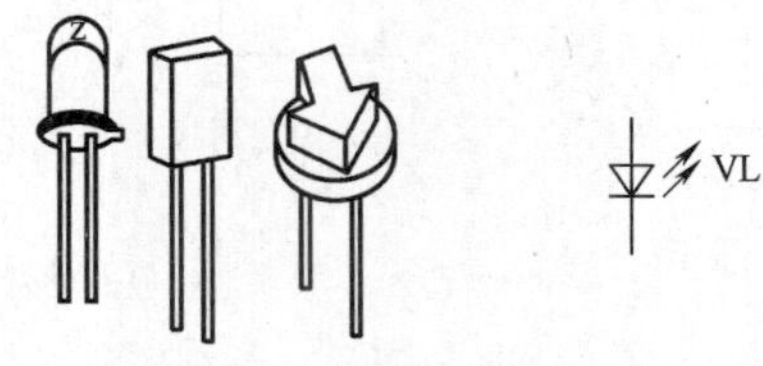

a) 发光二极管的外形　b) 图形文字符号

图 1-6　发光二极管外形和图形文字符号

3. 光敏二极管和变容二极管

光敏二极管旧称光电二极管，是利用半导体的光敏性制造的，结构与普通二极管的结构基本相同，只是在它的 PN 结处通过管壳上的一个玻璃窗口能接收外部的光照。根据半导体光敏性的特点，当受到光照时，光照区内 PN 结产生大量成对的自由电子与空穴，从而大大地提高了少子的浓度。这些少子在反向电压作用下，产生漂移电流，从而使其反向电流急剧增加，且增加的程度与外界光照的强弱成正比。光敏二极管的图形符号如图 1-7 所示。

变容二极管结电容的大小除了与本身的结构和工艺有关外，还与外加电压有关，其结电容随反向电压的增加而减小，这种效应显著的二极管称为变容二极管，表示符号如图 1-8 所示。

图 1-7　光敏二极管的图形符号

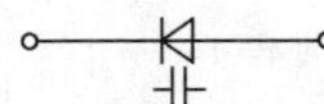

图 1-8　变容二极管的图形符号

1.4　晶体管

半导体三极管具有放大作用，其应用极为广泛。按照工作时的导电机理可分为双极型三极管和单极型三极管两大类。双极型三极管通常称为晶体管，其内部有自由电子和空穴两种载流子参与导电；单极型三极管通常称为场效应晶体管，其内部只有一种载流子（自由电子或空穴）参与导电。本小节主要介绍晶体管，场效应晶体管在下节介绍。

1.4.1　晶体管的基本结构和分类

晶体管按它的组成，可分为 PNP 型和 NPN 型两类，其结构示意图和图形文字符号如图 1-9 所示。目前国内生产的硅晶体管多为 NPN 型（3D 系列），锗晶体管多为 PNP 型（3A 系列）。晶体管按它的结构，可分为平面型和合金型两类，平面型和合金型晶体管如图 1-10 所示，硅管主要是平面型，锗管主要是合金型。

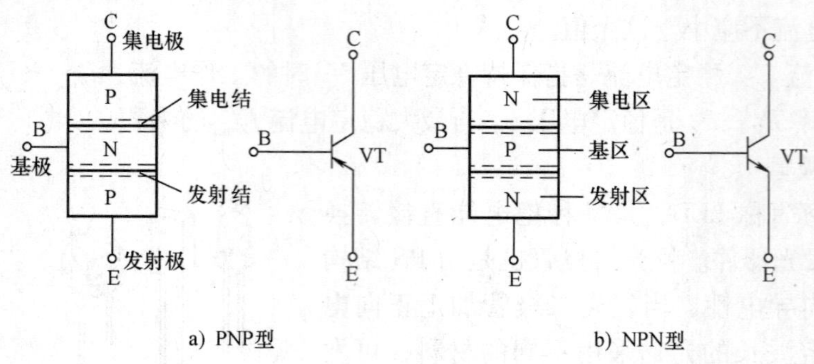

图 1-9　晶体管结构示意图和图形文字符号

每一类晶体管都由基区、发射区和集电区三个区域组成，在三个区域上引出的三根引线分别叫基极、发射极和集电极，并用 B、E 和 C 表示，可见晶体管有两个 PN 结（基区和发射区之间的 PN 结叫发射结，基区和集电区之间的 PN 结叫集电结），它的外形如图 1-11 所示。NPN 型和 PNP 型晶体管的工作原理是一样的，仅电源极性和流经各电极的电流方向不同（刚好相反），使用时请注意。下面以 NPN 型晶体管为例来分析和讨论晶体管的工作原理。

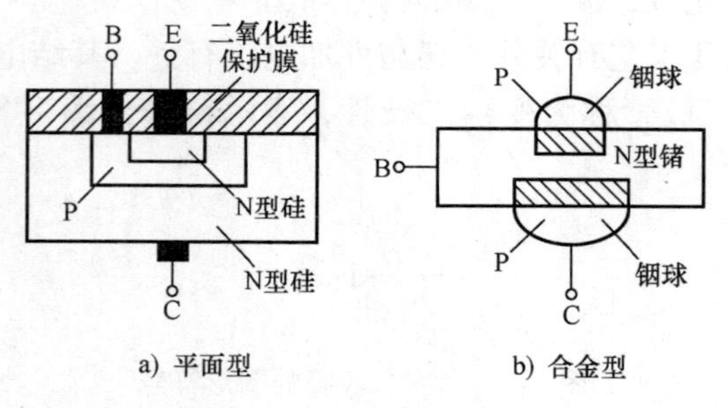

图 1-10　晶体管的结构

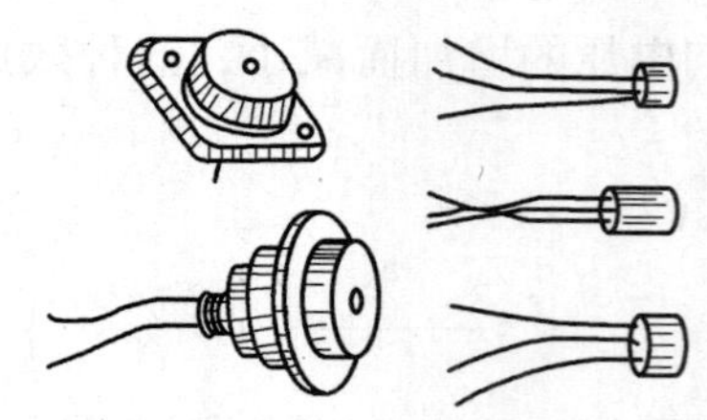

图 1-11　晶体管的外形

1.4.2　晶体管的放大原理

晶体管的主要作用是放大作用和开关作用，本章主要介绍放大作用，至于开关作用将会在后面介绍。为了方便了解晶体管的放大原理和其中的电流分配，把晶体管接成基极电路和集电极电路，即发射结加正向电压（正向偏置），集电结加反向电压（反向偏置），这是晶体管具有电流放大作用的外部条件，如图 1-12 所示。由于发射极是公共端，所以这种电路叫做晶体管的共发射极放大电路。

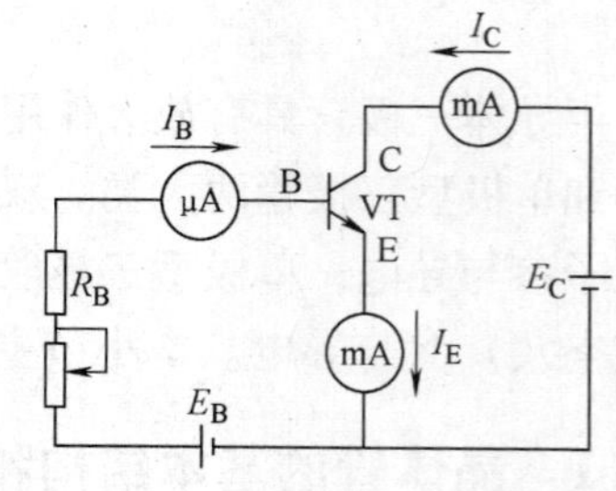

图 1-12　晶体管电流放大的实验电路

改变可变电阻 R_B，则基极电流 I_B、集电极电流 I_C 和发射极电流 I_E 都将发生变化。电流方向如图 1-12 所示，电流测量数据见表 1-1。

表 1-1　晶体管电流测量数据

I_B/mA	0	0.01	0.02	0.03	0.04	0.05
I_C/mA	0.01	0.56	1.14	1.74	2.33	2.91
I_E/mA	0.01	0.57	1.16	1.77	2.37	2.96

由以上测量结果可得出如下结论：

1）由每一列数据可得发射极电流等于集电极电流和基极电流之和，即：

$$I_E = I_B + I_C \tag{1-1}$$

此结果符合克希荷夫定律。

2）I_E 和 I_C 比 I_B 大得多。从第二列和第三列的数据可知，I_C 与 I_B 的比值分别为

$$\frac{I_C}{I_B}=\frac{0.56}{0.01}=56\ ,\qquad \frac{I_C}{I_B}=\frac{1.14}{0.02}=57$$

这就是晶体管的电流放大作用。电流放大作用还体现在基极电流的少量变化 ΔI_B 可以引起集电极电流较大的变化 ΔI_C。这从比较第二列和第三列的数据之差可知：

$$\frac{\Delta I_C}{\Delta I_B}=\frac{1.14-0.56}{0.02-0.01}=\frac{0.58}{0.01}=58$$

3）当 $I_B=0$（将基极开路）时，$I_C=I_{CEO}$，表中 $I_{CEO}=0.01\text{mA}=10\mu\text{A}$。其中 I_{CEO} 叫做晶体管的穿透电流，后面会详细介绍。

从前面的分析可知，在晶体管的电流分配中，发射极电流 I_E 可分成两部分，I_B 是很小部分，I_C 是很大部分，当调节可变电阻 R_B 使 I_B 有一个微小的变化时，将会引起 I_C 大得多的变化。要使晶体管具有电流放大作用，它的发射结必须正向偏置，集电结必须反向偏置，图 1-13 画出了 NPN 型和 PNP 型晶体管起放大作用时电流实际方向和发射结与集电结的实际极性。

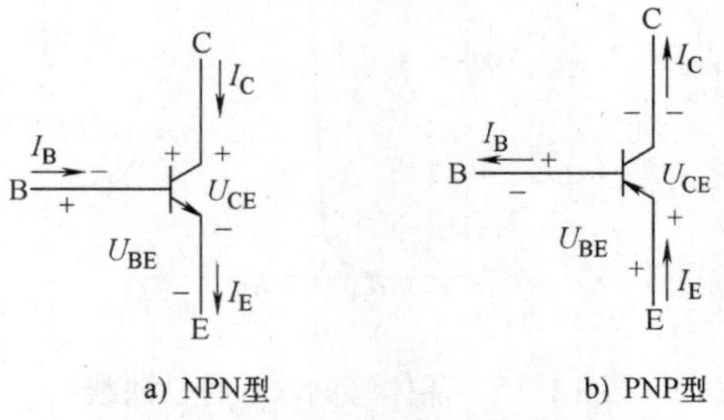

图 1-13　晶体管各极的电流方向和 PN 结的极性

1.4.3　晶体管的特性曲线

晶体管的特性曲线是指晶体管各极的电压和电流之间的关系曲线，它反映了晶体管的性能，是分析晶体管放大电路的重要依据和基础。它分为输入特性曲线和输出特性曲线。晶体管的特性曲线可用晶体管特性图示仪直观地显示出来，也可通过图 1-14 所示的实验电路得出。下面以 NPN 型晶体管共发射极放大电路为例来说明晶体管输入和输出特性曲线的特点。

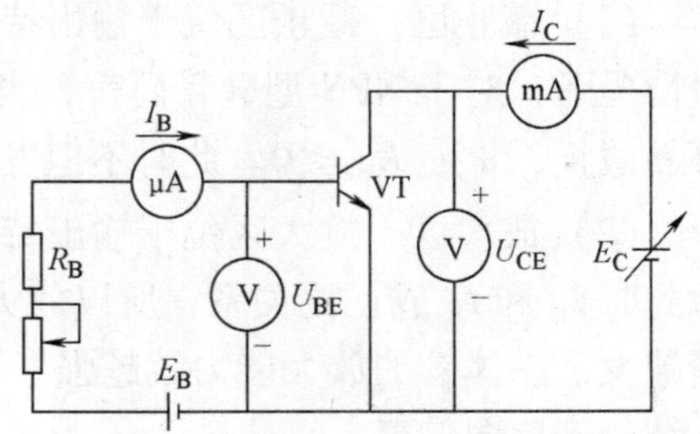

图 1-14　晶体管特性曲线实验电路

1. 输入特性曲线

输入特性曲线就是指当集电极与发射极之间的电

压（简称集-射极电压）U_{CE}为常数时，输入回路中基极电流 I_B 和基极与发射极之间的电压（简称基-射极电压）U_{BE}之间的关系曲线，$I_B=f(U_{BE})|_{U_{CE}=常数}$，输入特性曲线图如图 1-15 所示。

对硅管而言，当 $U_{CE}\geq 1V$ 时，集电结处于反向偏置，并且内电场已足够大，而且基区又很薄，可以把从发射区扩散到基区的电子中的绝大部分拉入集电区。只要 U_{BE}保持不变，这时从发射区发射到基区的电子数目就一定，此时再增大 U_{CE}，I_B 也就不再明显变化。所以说 $U_{CE}\geq 1V$ 后的输入特性曲线基本上是重合的。通常只画出 $U_{CE}\geq 1V$ 的一条输入特性曲线。

从图 1-15 所示的特性曲线图可以看出，和二极管的伏安特性一样，晶体管的输入特性曲线也有一段死区。只有在发射结外加电压大于死区电压时，晶体管才会有 I_B。硅管的死区电压一般约为 0.5V，锗管的死区电压约为 0.1V，在正常情况下，NPN 型硅管的发射结电压 $U_{BE}=0.6\sim0.7V$，PNP 型锗管的 $U_{BE}=-0.2\sim-0.3V$。

2. 输出特性曲线

输出特性曲线就是指当基极电流 I_B 为常数时，输出回路中集电极电流 I_C 与 U_{CE}之间的关系曲线，即 $I_C=f(U_{CE}|_{I_B=常数})$，在不同的 I_B 下，有不同的特性曲线，所以晶体管的输出特性曲线是一组曲线，如图 1-16 所示。

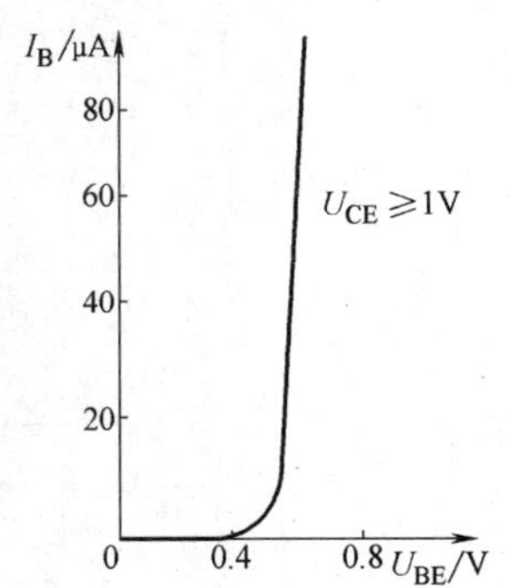

图 1-15　晶体管的输入特性曲线

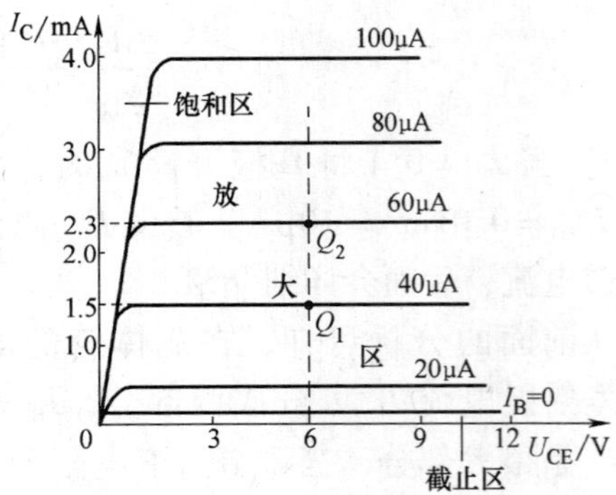

图 1-16　晶体管的输出特性曲线

当 I_B 一定时，从发射区扩散到基区的电子数目也一定，在 $U_{CE}\geq 1V$ 时，这些电子的绝大部分被拉入集电区而形成 I_C，所以，当 U_{CE}继续增大时，I_C 不会再有明显的增加，所以称它具有恒流特性。当 I_B 增大时，相应的 I_C 也增大，曲线向上移动，而且 I_C 比 I_B 明显增加很多，即晶体管具有电流放大作用。

根据图 1-16 所示的输出特性曲线，晶体管的工作状态可分为三个工作区，即截止区、放大区和饱和区。

（1）截止区　截止区位于输出特性曲线中 $I_B=0$ 的曲线以下的区域。此时 $I_C=I_{CEO}$，一般情况下，对于 NPN 型硅管而言，当 $U_{BE}<0.5V$ 时，晶体管就已开始截止，但是为了达到可靠截止，常使 $U_{BE}\leq 0$。此时不但发射结处于反向偏置，集电结也处于反向偏置。

（2）放大区　放大区位于输出特性曲线中间的近似水平部分。在放大区，$I_C=\bar{\beta}I_B$，因为此时 I_C 和 I_B 成正比关系，所以放大区也叫线性区。在输出特性曲线平坦部分，它们的间隔越大，晶体管的放大能力就越强。当晶体管工作于放大状态时，发射结处于正向偏置，集电结处于反向偏置。

（3）饱和区　饱和区位于输出特性曲线中左边的区域。此时增大 I_B，I_C 不再增大，I_B

的变化对 I_C 的影响很小，两者不成正比，发射结和集电结均处于正向偏置。

1.4.4 晶体管的主要参数

晶体管的特性除了用特性曲线表示外，还可用一些参数来说明。晶体管的参数也是设计电路、选用晶体管的依据。根据晶体管参数的性质不同，可分为性能参数和极限参数。

1. 性能参数

（1）电流放大系数 β 和 $\bar{\beta}$　当晶体管接成共发射极放大电路，在静态（无输入信号）时，集电极电流 I_C（输出电流）与基极电流 I_B（输入电流）的比值称为晶体管共发射极静态电流放大系数，即

$$\bar{\beta}=\frac{I_C}{I_B} \tag{1-2}$$

也叫直流放大系数。

当晶体管工作在动态（有输入信号）时，若基极电流的变化量为 ΔI_B，则集电极电流也有变化量 ΔI_C，ΔI_C 与 ΔI_B 的比值称为晶体管共发射极动态电流放大系数，即

$$\beta=\frac{\Delta I_C}{\Delta I_B} \tag{1-3}$$

也叫交流放大系数。

由上述定义可见，β 和 $\bar{\beta}$ 的含义是不同的，但在输出特性曲线近似平行等距并且 I_{CEO} 较小时，两者才近似相等。所以在估算时，可认为 $\beta=\bar{\beta}$。又由于晶体管的输出特性曲线是非线性的，只有在输出特性曲线的中间的近似水平部分，I_C 才随 I_B 成正比地变化，β 值才可认为是基本恒定的。由于制造工艺的分散性，即使同一型号的晶体管，β 值也有很大的差别。一般情况下，常用的晶体管的 β 值在 20～100 之间。

（2）集–基极反向截止电流 I_{CBO}　I_{CBO} 是当发射极开路时，由于集电结处于反向偏置，集电区和基区中的少数载流子的漂移运动而形成的电流，它与发射结无关。在室温下，小功率锗管的 I_{CEO} 约为几微安到几十微安，小功率硅管的 I_{CBO} 约在 1 微安以下，I_{CBO} 越小，表示晶体管热稳定性越好。当温度升高时，不论是硅管还是锗管，它们的 I_{CBO} 都会增大，在热稳定性方面，硅管要比锗管好。测量 I_{CBO} 的电路如图 1-17 所示。

（3）集–射极反向截止电流 I_{CEO}　前面已提过，I_{CEO} 是当基极开路，集电结处于反向偏置和发射结处于正向偏置时的集电极电流，又叫穿透电流，测量 I_{CEO} 的电路如图 1-18 所示。由于基极开路，$I_B=0$，所以，在基极参与复合的电子与从集电区漂移过来的空穴数量应相等。再根据晶体管电流分配原则，从发射区扩散到集电区的电子数，应为在基区与空穴复合的电子数的 $\bar{\beta}$ 倍，即

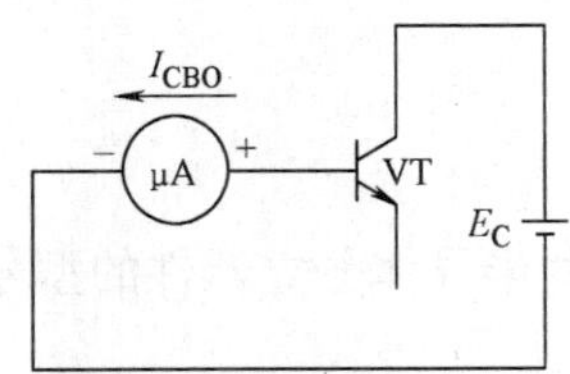

图 1-17　测量 I_{CBO} 的电路

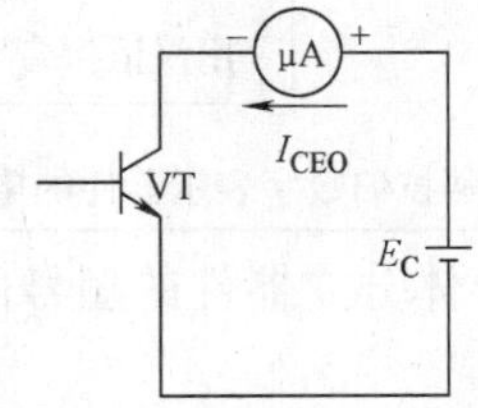

图 1-18　测量 I_{CEO} 的电路

$$I_{CEO} = \bar{\beta} I_{CBO} + I_{CBO} = (1 + \bar{\beta}) I_{CBO} \quad (1\text{-}4)$$

此时集电极电流 I_C 则为

$$I_C = \bar{\beta} I_B + I_{CEO} \quad (1\text{-}5)$$

由于当温度上升时，I_{CBO}增加很快，I_{CEO}增加得更快，相应地 I_C 也将增大，所以晶体管的温度稳定性很差。因此，在选晶体管时，要选 I_{CBO}尽可能小些，而 $\bar{\beta}$ 以不超过 100 为宜。

2. 极限参数

（1）集电极最大允许电流 I_{CM}　由于集电极电流 I_C 超过一定值时，晶体管的 β 值将会下降。所以规定集电极最大允许电流 I_{CM}为当 β 值下降到正常值的三分之二时的 I_C 值。在使用晶体管时，I_C 超过 I_{CM}不多时，晶体管不会损坏，但 β 值会下降较多，晶体管的性能会变坏。

（2）集-射极反向击穿电压 $U_{(BR)CEO}$　$U_{(BR)CEO}$是指当基极开路时，加在集电极和发射极之间的最大允许电压。当晶体管的集-射极电压 U_{CE}大于 $U_{(BR)CEO}$时，I_{CEO}会突然大幅度上升，说明此时晶体管已被击穿，因此，在使用时应特别注意。

（3）集电极最大允许耗散功率 P_{CM}　由于集电极电流在流经集电结时将产生热量，使结温升高，从而引起晶体管参数的变化，严重时，过高的结温将会烧坏晶体管。为了确保安全，规定集电极最大允许耗散功率 P_{CM}为当晶体管因受热而引起的参数变化不超过允许值时，集电极所消耗的最大功率。P_{CM}主要受结温 T_j 的限制，一般情况下，锗管的允许结温为 70 ~ 90℃，硅管约为 150℃。根据晶体管的 $P_{CM} = I_C U_{CE}$，可在晶体管的输出特性曲线上作出 P_{CM}的曲线，它为一条双曲线，如图 1-19 所示。图中给出了安全工作区。

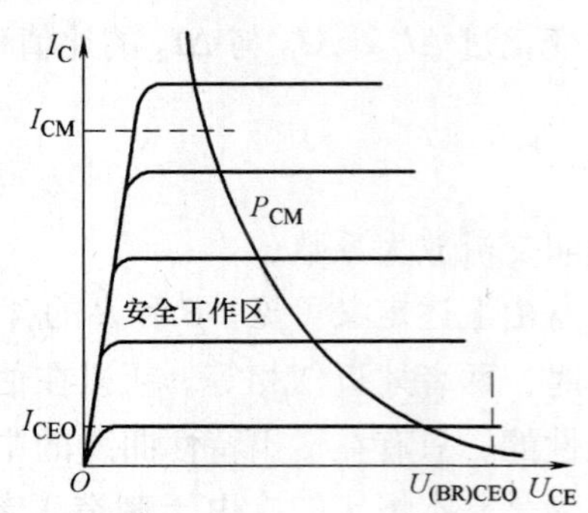

图 1-19　晶体管的 P_{CM}曲线

1.4.5　半导体器件型号的命名方法

1）按照我国国家标准（GB 249—1989）规定的半导体分立器件型号命名法，半导体器件的型号一般由五部分组成：

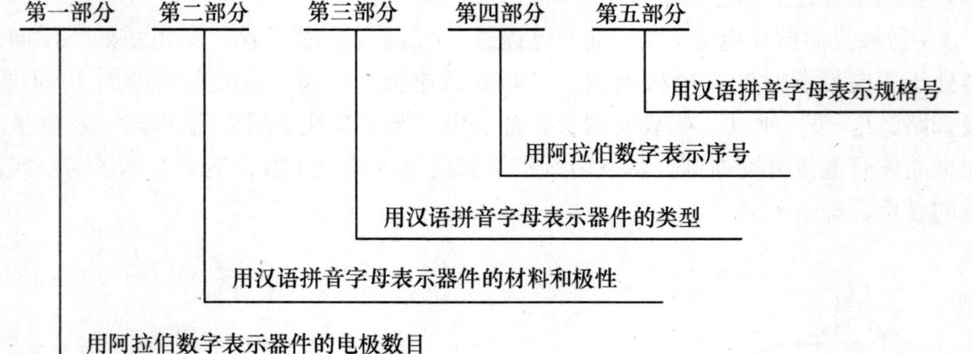

一些半导体分立器件的型号由一 ~ 五部分组成，另一些半导体分立器件的型号仅由三 ~ 五部分组成。

例如：

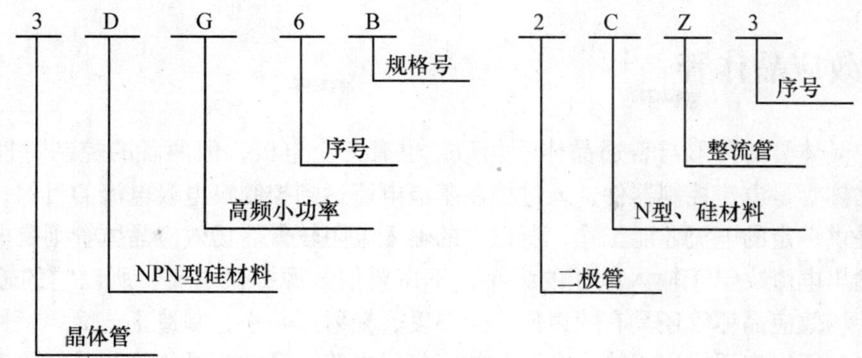

2）半导体器件型号组成部分的符号及意义见表1-2。

表1-2　半导体器件型号组成部分的符号及意义

第一部分		第二部分		第三部分		第四部分	第五部分
用数字表示器件的电极数目		用汉语拼音字母表示器件的材料和极性		用汉语拼音字母表示器件的类型		用阿拉伯数字表示器件序号	用汉语拼音字母表示规格号
符号	意义	符号	意义	符号	意义		
2	二极管	A	N型，锗材料	P	小信号管		
		B	P型，锗材料	V	混频检波管		
		C	N型，硅材料	W	电压调整管和电压基准管		
		D	P型，硅材料	C	变容管		
3	三极管	A	PNP型，锗材料	Z	整流管		
		B	NPN型，锗材料	L	整流堆		
		C	PNP型，硅材料	S	隧道管		
		D	NPN型，硅材料	K	开关管		
		E	化合物材料	X	低频小功率晶体管 ($f_a < 3\text{MHz}$，$P_C < 1\text{W}$)		
				G	高频小功率晶体管 ($f_a \geqslant 3\text{MHz}$，$P_C < 1\text{W}$)		
				D	低频大功率晶体管 ($f_a < 3\text{MHz}$，$P_C \geqslant 1\text{W}$)		
				A	高频大功率晶体管 ($f_a \geqslant 3\text{MHz}$，$P_C \geqslant 1\text{W}$)		
				T	闸流管		
				CS	场效应晶体管		
				BT	特殊晶体管		
				FH	复合管		
				PIN	PIN管		
				GJ	激光二极管		
				Y	体效应管		
				B	雪崩管		
				J	阶跃恢复管		

注：场效应晶体管、特殊晶体管、复合管、PIN管、激光二极管等器件的型号由三～五部分组成。

1.5　场效应晶体管

场效应晶体管的外形与普通晶体管相似，也有三个电极，但两者的控制特性却截然不同。普通晶体管是电流控制器件，通过控制基极电流达到控制集电极电流的目的，也就是信号源必须提供一定的电流才能工作，所以它的输入电阻较低。场效应晶体管则是电压控制器件，它的输出电流决定于输入电压的大小，不需要信号源提供电流，所以它的输入电阻很高。此外，场效应晶体管还具有噪声低，受温度、辐射影响小，制造工艺简单，便于大规模集成等优点，所以广泛应用于放大电路和数字集成电路。场效应晶体管按其结构可分为结型场效应晶体管和绝缘栅场效应晶体管两类，本节简单介绍绝缘栅场效应晶体管。

1.5.1　绝缘栅场效应晶体管的分类

绝缘栅场效应晶体管按其工作方式可分为增强型和耗尽型两大类，每类又可分为 N 沟道型和 P 沟道型，所以绝缘栅场效应晶体管有四种类型：N 沟道增强型，N 沟道耗尽型，P 沟道增强型，P 沟道耗尽型。它们的图形符号如图 1-20 所示。下面主要以 N 沟道为例，来说明它们的工作原理。

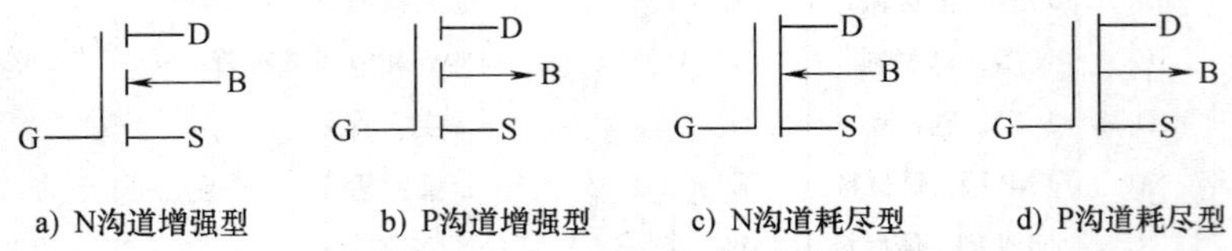

图 1-20　绝缘栅场效应晶体管的表示符号

1.5.2　N 沟道绝缘栅场效应晶体管

1. N 沟道增强型绝缘栅场效应晶体管

1）结构：N 沟道增强型绝缘栅场效应晶体管的结构示意图如图 1-21 所示，它是用一块杂质浓度较低的 P 型薄硅片作为衬底，且在其上左、右两侧扩散两个高掺杂的 N^+ 型区，在其表面形成一层薄薄的二氧化硅绝缘层，并在两个 N^+ 型区之间的二氧化硅的表面及两个 N^+ 型区的表面分别引出三个电极，即栅极 G、源极 S 和漏极 D。另外在衬底引出连接线 B（它常在管内与源极 S 相连）。由以上介绍可知，栅极和其他电极及硅片之间是绝缘的，所以叫绝缘栅场效应晶体管，又称为金属-氧化物-半导体场效应晶体管，简称 MOS 场效应晶体管，N 沟道的简称 NMOS 管。由于栅极绝缘，所以栅极电流几乎为零，栅源电阻 R_{GS}（或绝缘栅场效应晶体管的输入电阻）很高，一般可达 $10^8 \sim 10^{15}\Omega$。

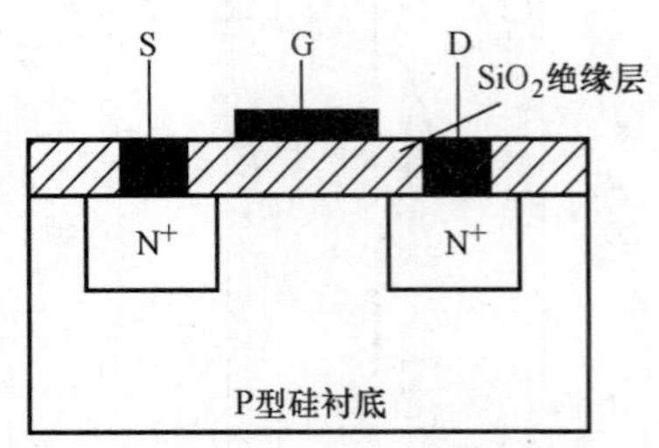

图 1-21　N 沟道增强型绝缘栅场效应晶体管的结构示意图

2）工作原理：从图 1-22 可看出，N^+ 型漏区和 N^+ 型源区被 P 型衬底隔开，漏极和源极之间为两个背靠背的 PN 结，当栅-源电压 $U_{GS}=0$ 时，不管漏极和源极之间所加电压的极性如何，其中总有一个 PN 结是反向偏置的，反向电阻很高，漏极电流 I_D 近似为零。当栅-源

电压 U_{GS}正向增加时，在 U_{GS}的作用下，产生了垂直于衬底的电场。由于 U_{GS}很小，二氧化硅很薄，所以，P 型衬底中的电子受到电场力的吸引到达表层，填补空穴而形成负离子的耗尽层。由于产生的电场强度较弱，吸引电子的能力不强，在漏、源之间尚无导电沟道，如图 1-22a 所示。

当 U_{GS}大于一定值时，强电场将源区的电子吸引到栅极下面的半导体表面，同时 P 型衬底上的少数载流子也受到该电场的吸引，这些电子在栅极附近的 P 型硅表面便形成一个 N 型薄层，通常把它叫做反型层，也就是源、漏之间的 N 型导电沟道。U_{GS}正值愈大，导电沟道愈宽。此时，在漏极电源 E_D 的作用下，管子导通，将产生漏极电流 I_D，如图 1-22b 所示。在一定的漏-源电压 U_{DS}下，使管子由不导通变为导通的临界栅-源电压，通常称为开启电压，用 $U_{GS(th)}$ 表示。

当 $U_{GS} \geqslant U_{GS(th)}$，且固定不变时，在 U_{DS}的作用下，I_D 沿沟道从漏极流向源极，并产生电压降，使栅极与沟道内各点的电压不再相等，于是沟道不再均匀，靠近源极端宽，靠近漏极端窄。当 U_{DS} 较小时，此种情况不严重，沟道电阻基本一定，所以 I_D 与 U_{DS}成正比；当 U_{DS}增大到一定数值后，在靠近漏极端沟道被预夹断，预夹断后，U_{DS}增加，漏源之间的电阻也增加，所以，电流 I_D 基本上维持不变，趋于饱和，如图 1-22c 所示。

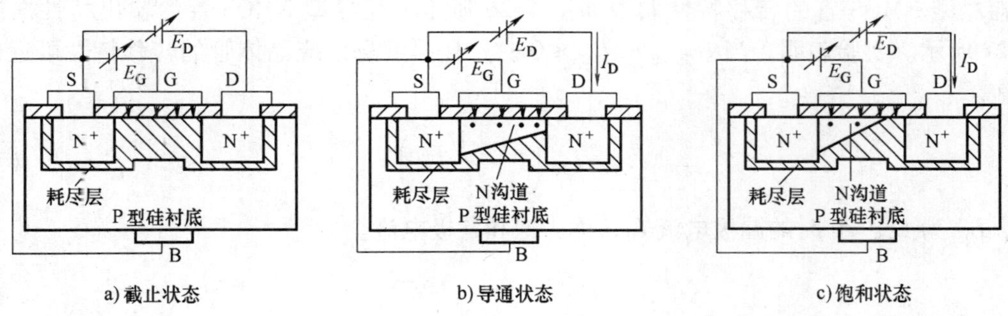

图 1-22　增强性 NMOS 管工作原理图

3）特性曲线：增强型 NMOS 管的转移特性（也就是输入电压 U_{GS}对输出电流 I_D 的控制特性）曲线如图 1-23 所示。增强型 NMOS 管的输出特性曲线如图 1-24 所示，从此图可看出，它分为四个区域：可变电阻区（Ⅰ区）、恒流区（Ⅱ区）、击穿区（Ⅲ区）和截止区（此时 $U_{GS} < U_{GS(th)}$，图中未画出）。在恒流区，且 $U_{GS} > U_{GS(th)}$ 时，NMOS 管的 I_D 可近似表示为

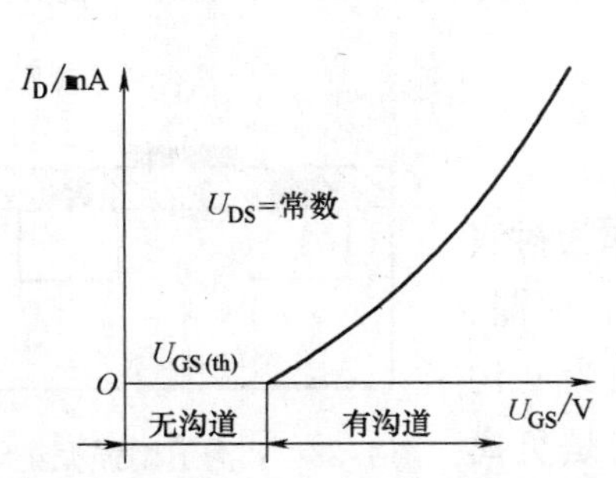

图 1-23　增强型 NMOS 管的转移特性曲线

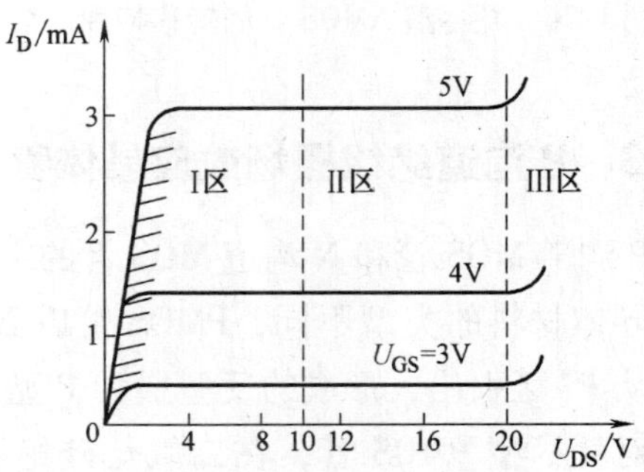

图 1-24　增强型 NMOS 管的输出特性曲线

$$I_D = I_{Do}\left(\frac{U_{GS}}{U_{GS(th)}} - 1\right)^2 \tag{1-6}$$

式中，I_{Do}为 $U_{GS}=2\ U_{GS(th)}$时的 I_D 的值。

2. N 沟道耗尽型绝缘栅场效应晶体管

耗尽型 NMOS 管在结构上与增强型 NMOS 管相似，如图 1-25 所示。主要区别是：增强型 NMOS 管只有在 $U_{GS} \geqslant U_{GS(th)}$时才会出现导电沟道。而耗尽型 NMOS 管在制造时已在二氧化硅绝缘层中掺入了大量的正离子，当 $U_{GS}=0$ 时，漏、源极之间的 P 型衬底表面已经出现了反型层，即 N 型导电沟道，此时，加上正向电压 U_{DS}，就有漏极电流 I_D 产生。当 U_{DS}为正且一定时，若 U_{GS}为正且增大，则加强了绝缘层中的电场，将吸引更多的载流子至衬底表面，使导电沟道加宽，I_D 增大。若 U_{GS}为负，则削弱了绝缘层中的电场，使导电沟道变窄，I_D 减小；当 U_{GS}为负且增加到某一数值时，导电沟道消失，$I_D \approx 0$，管子截止，此时对应的 U_{GS}叫做夹断电压，通常用 $U_{GS(off)}$表示。

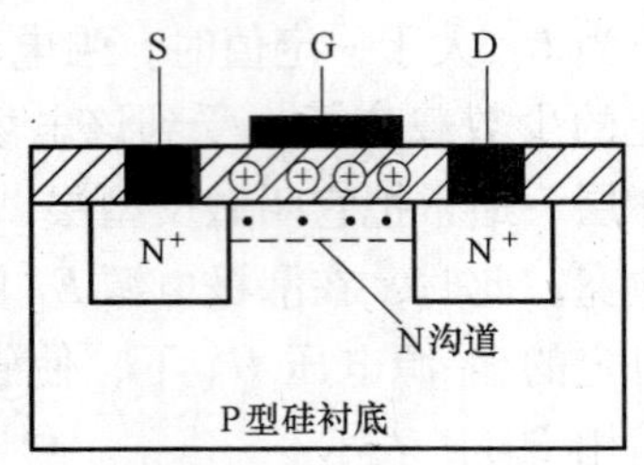

图 1-25　N 沟道耗尽型绝缘栅场效应晶体管的结构示意图

耗尽型 NMOS 管的转移特性曲线如图 1-26 所示，耗尽型 NMOS 管的输出特性曲线如图 1-27 所示。实验表明，当 $U_{GS(off)} \leqslant U_{GS} \leqslant 0$ 时，耗尽型场效应晶体管的转移特性可近似用下式表示：

$$I_D = I_{DSS}\left(1 - \frac{U_{GS}}{U_{GS(off)}}\right)^2 \tag{1-7}$$

式中，I_{DSS}为 $U_{GS}=0$ 时的漏极电流 I_D，称为饱和漏极电流。

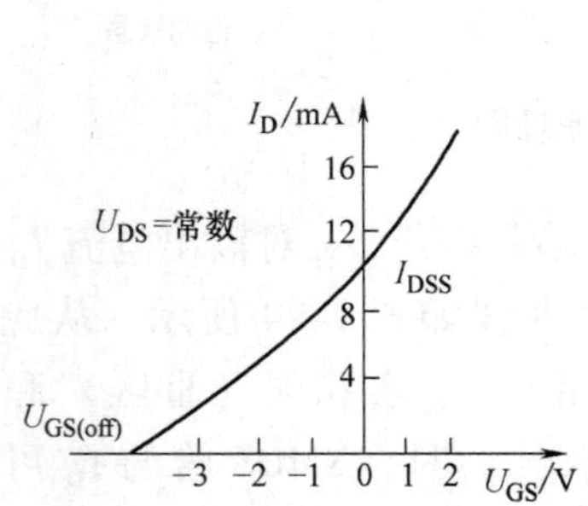

图 1-26　耗尽型 NMOS 管的转移特性曲线

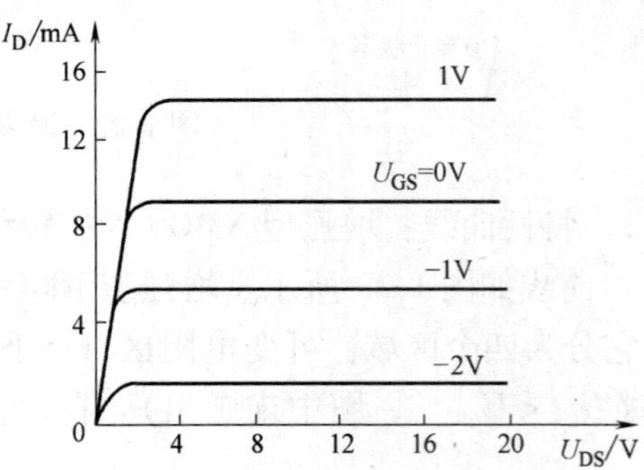

图 1-27　耗尽型 NMOS 管的输出特性曲线

1.5.3　P 沟道绝缘栅场效应晶体管

P 沟道 MOS 管和 N 沟道 MOS 管的主要区别在于作为衬底的半导体材料的类型不同，PMOS 管以 N 型硅作衬底，而漏、源极从 P^+ 区引出，形成的反型层为 P 型，相应的沟道为 P 沟道，对耗尽型 PMOS 管，在二氧化硅绝缘层中掺入的是负离子。P 沟道增强型绝缘栅场效应晶体管的结构示意图如图 1-28

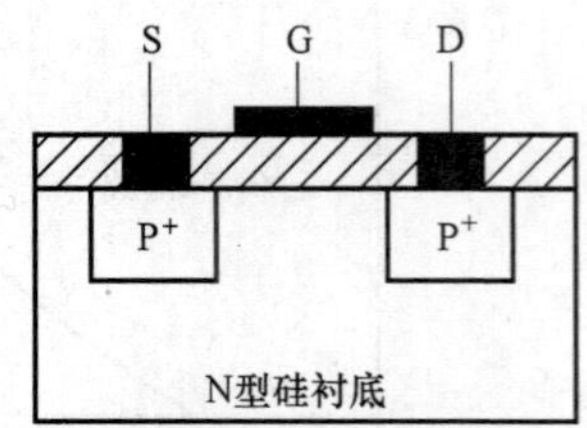

图 1-28　P 沟道增强型绝缘栅场效应晶体管的结构示意图

所示。在使用时应注意，U_{GS} 和 U_{DS} 的极性与 NMOS 管相反，且增强型 PMOS 管的开启电压 $U_{GS(th)}$ 为负值，而耗尽型 PMOS 管的夹断电压 $U_{GS(off)}$ 为正值。

各种不同类型的场效应晶体管的特性与图形符号的比较见表 1-3。

表 1-3　各种不同类型的场效应晶体管的特性与图形符号的比较

结构类型	工作方式	符号	转移特性 $I_D=f(U_{GS})\|_{U_{DS}=常数}$	输出特性 $I_D=f(U_{DS})\|_{U_{GS}=常数}$
绝缘栅（MOSFET）N 型沟道	耗尽型	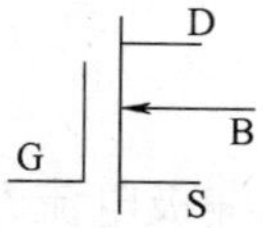 D B G S	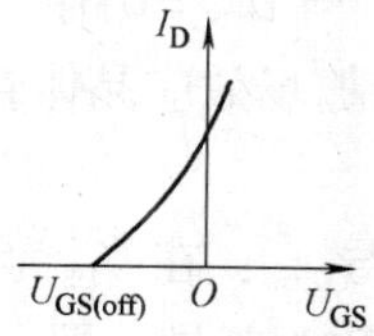 I_D $U_{GS(off)}$ O U_{GS}	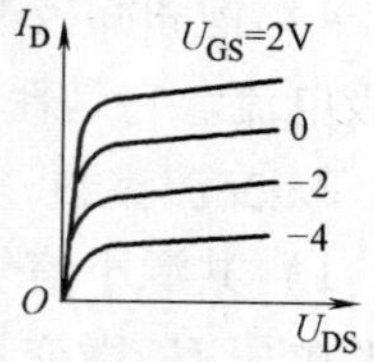 I_D U_{GS}=2V 0 −2 −4 O U_{DS}
绝缘栅（MOSFET）N 型沟道	增强型	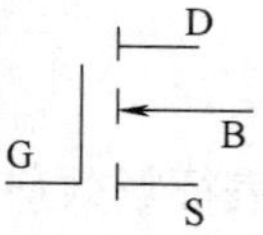 D B G S	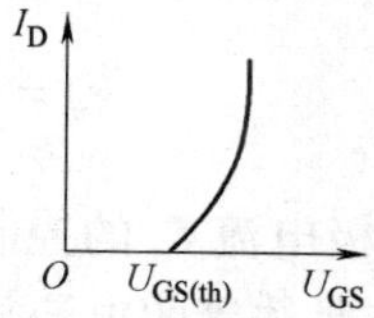 I_D O $U_{GS(th)}$ U_{GS}	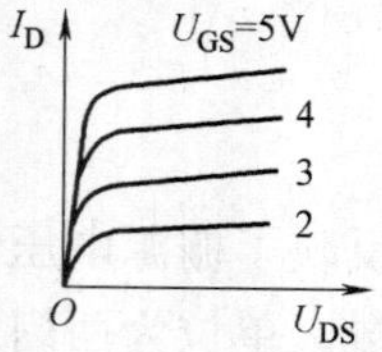 I_D U_{GS}=5V 4 3 2 O U_{DS}
绝缘栅（MOSFET）P 型沟道	耗尽型	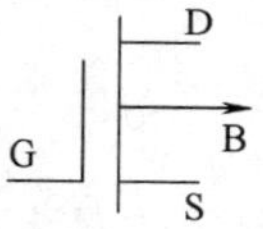 D B G S	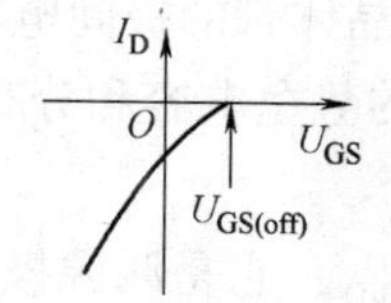 I_D O U_{GS} $U_{GS(off)}$	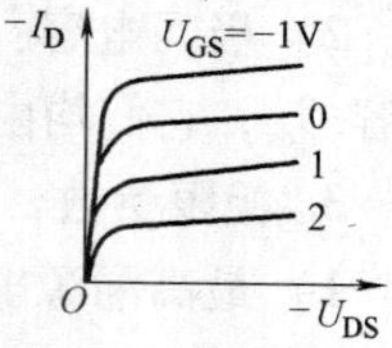 $-I_D$ U_{GS}=−1V 0 1 2 O $-U_{DS}$
绝缘栅（MOSFET）P 型沟道	增强型	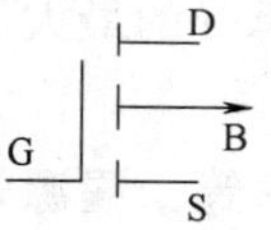 D B G S	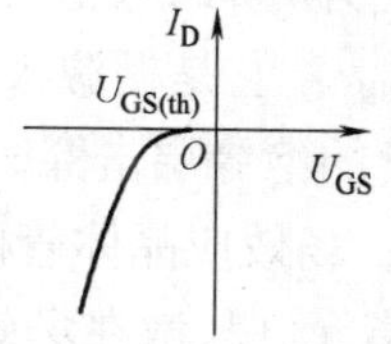 I_D $U_{GS(th)}$ O U_{GS}	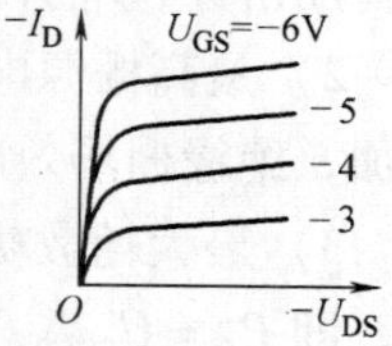 $-I_D$ U_{GS}=−6V −5 −4 −3 O $-U_{DS}$
结型（JFET）P 型沟道	耗尽型	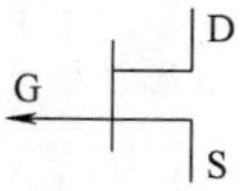 D G S	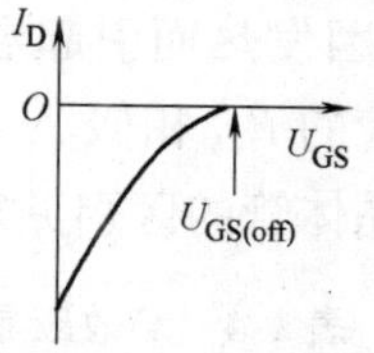 I_D O U_{GS} $U_{GS(off)}$	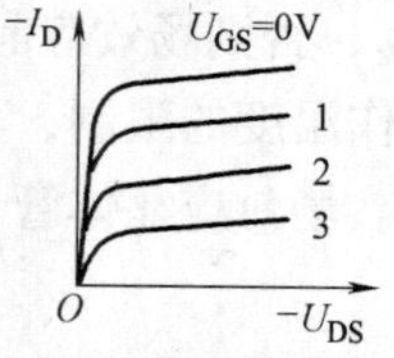 $-I_D$ U_{GS}=0V 1 2 3 O $-U_{DS}$
结型（JFET）N 型沟道	耗尽型	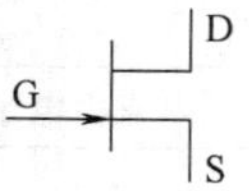 D G S	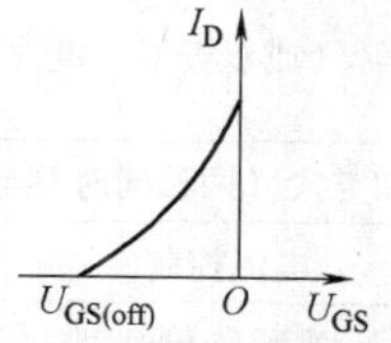 I_D $U_{GS(off)}$ O U_{GS}	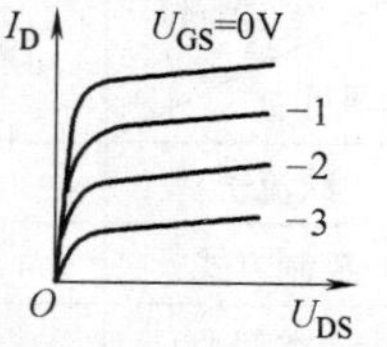 I_D U_{GS}=0V −1 −2 −3 O U_{DS}

注：I_D 的假定正向为流进漏极。

1.5.4　绝缘栅场效应晶体管的主要参数

1. 直流参数

1）开启电压 $U_{GS(th)}$：在一定的漏、源电压作用下，使增强型 MOS 管由不导通变为导通的临界栅源电压称为开启电压。它是增强型绝缘栅场效应晶体管的参数。

2）夹断电压 $U_{GS(off)}$：当 U_{DS} 等于某一定值时，使 I_D 等于某一微小电流（可忽略不计）时，栅极和源极间所加的电压称为夹断电压。它是耗尽型绝缘栅场效应晶体管的参数。

3）栅源绝缘电阻 R_{GS}：在漏、源极间短路的条件下，栅源极之间加一定电压时，栅源电压与栅极电流之比称为栅源绝缘电阻。绝缘栅场效应晶体管的 R_{GS} 很大，一般可达到 10^8 ~ $10^{15}\Omega$。

4）饱和漏极电流 I_{DSS}：当 $U_{GS}=0$ 时，场效应晶体管发生预夹断时的漏极电流称为饱和漏极电流。它是耗尽型绝缘栅场效应晶体管的参数。

2. 交流参数

1）共源小信号低频跨导 g_m：在 U_{DS} 为某定值时，漏极电流 I_D 的微变量和引起 I_D 变化的栅源电压 U_{GS} 微变量的比值称为跨导，即

$$g_m = \left.\frac{dI_D}{dU_{GS}}\right|_{U_{DS}=\text{常数}} \tag{1-8}$$

它反映了栅源电压 U_{GS} 对漏极电流 I_D 的控制能力，是表征场效应晶体管放大能力的一个重要参数，单位为西门子。它与晶体管的电流放大倍数相似。

2）极间电容：场效应晶体管的极间电容有三个，即栅源电容 C_{gs}、栅漏电容 C_{gd} 和漏源电容 C_{ds}，它们均由 PN 结的势垒电容和分布电容构成。

3. 极限参数

1）最高漏源电压 $U_{DS(BR)}$：它是漏源极之间所能承受的最大电压，是指场效应晶体管发生雪崩击穿，I_D 开始急剧上升时的 U_{DS} 值。U_{GS} 越负，$U_{DS(BR)}$ 越小。

2）最高栅源电压 $U_{GS(BR)}$：它是栅源极之间所能承受的最大反向电压，是指 I_G 开始急剧增加，绝缘栅场效应晶体管的绝缘层击穿时的 U_{GS} 值。

3）最大耗散功率 P_{DM}：场效应晶体管的耗散功率等于漏源电压 U_{DS} 和源极电流 I_D 的乘积，即 $P_D=U_{DS}I_D$。P_{DM} 是指允许耗散在场效应晶体管上的最大功率。实际使用时 P_D 应小于 P_{DM}，否则场效应晶体管会因发热而引起温度过高被烧坏。P_{DM} 主要受场效应晶体管的最高工作温度的限制，与晶体管的 P_{CM} 相似。

场效应晶体管与普通晶体管的区别见表 1-4。

表 1-4　场效应晶体管与普通晶体管的比较

项目 \ 器件	晶体管（或双极型三极管）	场效应晶体管（或单极型三极管）
载流子	自由电子和空穴（两种同时参与导电）	自由电子或空穴（只有一种参与导电）
控制方式	电流控制	电压控制
类型	NPN 型和 PNP 型	N 沟道和 P 沟道
放大参数	$\beta=20\sim200$	$g_m=1\sim5\text{mA/V}$
输入电阻	$r_i=10^2\sim10^4\Omega$	$r_i=10^7\sim10^{14}\Omega$
输出电阻	r_{ce} 很高	r_{ds} 很高
热稳定性	差	好
制造工艺	很复杂	简单，成本低
管脚对比	基极-栅极、发射极-源极、集电极-漏极	

1.6　集成电路

集成电路是利用半导体工艺和薄膜工艺将一些半导体器件、电阻、电容、电感及其连线等制作在同一块硅片上，成为具有特定功能的电路，并封装在特定的管壳中。集成电路与分立元器件相比具有体积小、重量轻、成本低、耗电少、可靠性高和电气特性优良等优点。集成电路广泛应用于现代通信、计算机技术、医疗卫生、环境工程、交通、自动化生产等领域，而且在电视机、收录机、影碟机及其他音响设备和家用电器中也得到越来越广泛的应用。

1.6.1　集成电路的分类

集成电路按制作工艺可分为半导体集成电路、薄膜集成电路、厚膜集成电路和混合集成电路等；按集成度可分为小规模集成电路（SSI）、中规模集成电路（MSI）、大规模集成电路（LSI）和超大规模集成电路（VLSI）。

按功能划分，集成电路可分为数字集成电路、模拟集成电路和微波集成电路等。数字集成电路包括触发器、存储器、计数器、寄存器、微处理器和可编程器等；模拟集成电路包括直流运算放大器、音频放大器、模拟乘法器、比较器、A-D 和 D-A 转换器、集成稳压电源等。

按导电类型的不同，集成电路可分为单极型集成电路和双极型集成电路。单极型集成电路工艺简单、功耗低，工作电源电压范围较宽，但工作速度慢，如 CMOS、PMOS 和 NMOS 集成电路。双极型集成电路工作速度快，但功耗较大，而且制造工艺复杂，如 TTL 和 ECL 集成电路。

按封装外形不同，集成电路可分为圆形、扁平形、双列直插式，如图 1-29 所示。引脚排列次序有一定的规律，一般从外壳顶部向下看，按逆时针方向读数，其中第一脚附近一般有参考标记、如凹槽、色标等。

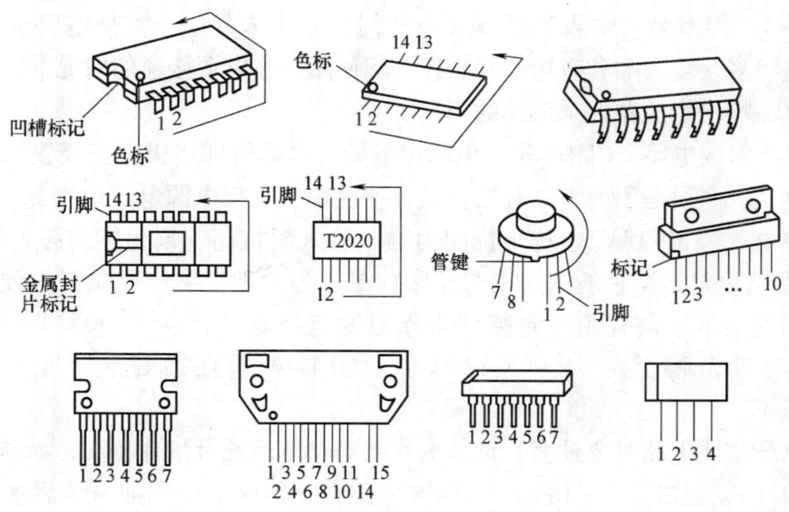

图 1-29　常见集成电路的封装

1.6.2　模拟集成电路

模拟集成电路按用途可分为运算放大器、集成稳压器、功率放大器和电压比较器等。模拟集成电路的特点是不同型号的模拟集成电路的电源电压可以不同且较高，视具体用途而定；模拟集成电路的封装形式也具有多样性，封装形式有金属外壳、陶瓷外壳和塑料外壳等。金属外壳封装为圆形，陶瓷外壳封装和塑料外壳封装均为扁平形。

1.6.3 数字集成电路

1. 数字集成电路的分类

数字集成电路按结构不同可分为双极型和单极型电路。其中双极型电路有 DTL、TTL、ESL、HTL 等多种；单极型电路有 JFET、NMOS、PMOS 和 CMOS 四种。

2. 数字集成电路及其应用

在实际工程中，最常用的数字集成电路主要有 TTL 和 CMOS 两大系列。

(1) TTL 集成电路　TTL 集成电路是以双极型三极管为基本元器件集成在一块硅片上制成的，其品种、产量最多，应用也最广泛。国产的 TTL 集成电路有 T1000～4000 系列，T1000 系列与国标 CT54/74 系列及国际 SN54/74 通用系列相同；T2000 高速系列与国标 CT54H/74H 系列及国际 SN54H/74H 高速系列相同；T3000 肖特基系列与国标 CT54S/74S 系列及国际 SN54S/74S 肖特基系列相同；T4000 低功耗肖特基系列与国标 CT54LS/74LS 系列及国际 SN54LS/74LS 低功耗肖特基系列相同。54 系列与 74 系列的主要区别在其工作环境温度上，54 系列的工作环境温度为 -55～+125℃；74 系列的工作环境温度为 0～70℃。另外这些系列的区别还在于典型门的平均传输时间和平均功耗这两个参数不同，其他的电参数和外引脚功能基本相同，必要时，可互为代换使用。

使用 TTL 集成电路时要**注意**：不许超过其规定的工作极限值，以确保电路能可靠工作。TTL 集成电路只允许在 (5±0.5)V 的电源电压范围内工作。TTL 门电路的输出端不允许直接接地或接电源，也不允许并联使用（开路门和三态门例外）。TTL 门电路的输入端悬空相当于接高电平 1，但多余的输入端悬空（与非门）易引入外来干扰使电路的逻辑功能不正常，所以最好将多余输入端和有用端并联在一起使用。在电源接通的情况下，不要拔插集成电路，以防电流冲击造成器件永久性的损坏。

(2) CMOS 集成电路　CMOS 集成电路以场效应晶体管即单极型三极管为基本元器件制成，其发展迅速，主要是因为它具有功耗低、速度快、工作电源电压范围宽（如 CC4000 系列的工作电源电压为 3～18V）、抗干扰能力强、输入阻抗高、扇出能力强、温度稳定性好及成本低等优点，尤其是它的制造工艺非常简单，为大批量生产提供了方便。CMOS 集成电路有三种封装方式：陶瓷扁平封装（工作温度范围是 -55～+100℃）；陶瓷双列直插封装（工作温度范围是 -55～+125℃）；塑料双列直插封装（工作温度范围是 -40～+85℃）。

使用 CMOS 集成电路时要**注意**：电源电压端和接地端绝对不许接反，也不准超过其允许工作电压范围（V_{DD}范围是 3～18V）。CMOS 电路在工作时，应先加电源后加信号；工作结束时，应在撤除信号后再切断电源。为防止输入端的保护二极管因大电流而损坏，输入信号的电压不能超过电源电压；输入电流不宜超过 1mA，对低内阻的信号源要采取限流措施。CMOS 集成电路的多余输入端一律不准悬空，应按其逻辑要求将多余的输入端接电源或接地；CMOS 集成电路的输出端不准接电源或接地，也不许将两个芯片的输出端直接连接使用，以免损坏器件。

1.6.4　片状集成电路简介

为实现电子产品的体积微型化，近年来电子元器件向小、轻、薄的方向发展，人们发明了表面安装技术，即 SMT（ Surface Mount Technology）。使用表面安装技术的元器件（片状元器件）包括电阻、电容器、电感器、二极管、晶体管、场效应晶体管、集成电路等，其中片状集成电路最为典型，它具有引脚间距小、集成度高等优点，广泛应用于彩电、便携式计算机、移动电话、DVD 等高新技术电子产品中。

本章小结

1. 半导体是导电能力介于导体和绝缘体之间的物质，有热敏性、光敏性、杂敏性的特点。半导体的载流子有自由电子和空穴，自由电子导电和空穴导电是半导体独特的导电方式。没有杂质而且晶体结构完整的半导体，称为本征半导体。本征半导体温度越高，电子空穴对越多，导电能力就越强；其电子空穴对的热运动是无序的，电子空穴对成对地出现，对外不显电性。

2. 在本征半导体中，人为地掺入少量的其他元素（俗称杂质），即可形成杂质半导体。当掺入少量的 3 价元素后所形成的半导体叫 P 型半导体，多子为空穴，少子为自由电子；掺入少量的 5 价元素后所形成的半导体叫 N 型半导体，多子为自由电子，少子为空穴。PN 结具有单向导电性，外加正向电压时，PN 结导通，正向电流较大，相当于开关闭合；加反向电压时，PN 结截止，反向电流很小，相当于开关断开。

3. 二极管具有单向导电性（相当于一个 PN 结），硅管死区电压为 0.5V，锗管死区电压为 0.1V。当它导通后，硅管正向压降为 0.6 ~ 0.7V，锗管正向压降为 0.2 ~ 0.3V。

经特殊工艺加工可制成各种特殊二极管，如稳压管工作在反向击穿区时，稳压管两端的电压却几乎稳定不变；发光二极管加适当的正向电压，可发出红、黄、绿等不同颜色的光；而光敏二极管工作于反向电压状态下，受光照产生的反向电流与外界光照的强弱成正比，可作为光敏开关；变容二极管的结电容随反向电压的增加而减小。

4. 晶体管具有电流放大作用，即用一个微小变化幅度的基极电流来控制较大变化幅度的集电极电流。晶体管具有电流放大作用的外部条件是发射结正偏，集电结反偏；内部条件是基区很薄且掺杂浓度小，集电区的掺杂浓度低于发射区的掺杂浓度。晶体管的输入和输出特性曲线均为非线性曲线，且从它的输出特性曲线可得，晶体管可以工作在放大、饱和与截止三个区。

（1）共发射极放大电路的电流放大系数：

直流放大系数 $\bar{\beta} \approx \dfrac{I_C}{I_B}$ （$I_C >> I_{CEO}$）；

交流放大系数 $\beta = \dfrac{\Delta I_C}{\Delta I_B}$，一般情况下，$\bar{\beta} \approx \beta$。

（2）共发射极电路的电流分配关系：

$$I_C = \beta I_B + I_{CEO} \approx \beta I_B$$

$$I_{CEO} = (1+\beta) I_{CBO}$$

$$I_E = I_C + I_B = (1+\beta)(I_B + I_{CBO}) \approx (1+\beta) I_B$$

（3）处于放大状态下的晶体管，三个管脚对地的电位：

对于 NPN：$V_C > V_B > V_E$ ；对于 PNP：$V_C < V_B < V_E$。

晶体管结电压的典型数据见表 1-5。

表 1-5 晶体管结电压的典型数据

管型	工作状态				
	饱和状态		放大状态	截止状态	
	U_{BE}/V	U_{CE}/V	U_{BE}/V	U_{BE}/V	
硅管（NPN）	0.7	0.3	0.6～0.7	0.5（开始截止）	≤0（可靠截止）
锗管（PNP）	-0.3	-0.1	-0.2～-0.3	-0.1	0.1

5. 场效应晶体管按其结构可分为结型场效应晶体管和绝缘栅场效应晶体管两类，是电压控制器件，具有很高的输入电阻。各种不同类型的场效应晶体管的特性与图形符号见表 1-3，场效应晶体管与普通晶体管的区别见表 1-4。

6. 集成电路是利用半导体工艺和薄膜工艺将一些半导体器体、电阻、电容、电感及其连线等制作在同一块硅片上，成为具有特定功能的电路，并封装在特定的管壳中。集成电路与分立元晶体件相比具有体积小、重量轻、成本低、耗电少、可靠性高和电气特性优良等优点。集成电路引脚排列次序有一定的规律，一般从外壳顶部向下看，按逆时针方向读数，其中第一脚附近一般有参考标记，如凹槽、色标等。

习 题 1

1.1 什么是半导体？本征半导体有什么特性？

1.2 N 型半导体和 P 型半导体在导电特性方面有什么不同？

1.3 什么是 PN 结？PN 结有什么特性？

1.4 二极管具有什么特性？选择二极管时应注意哪些参数？

1.5 稳压管、发光二极管、光敏二极管正常工作时各处于什么状态？各有什么作用？

1.6 图 1-30 所示电路中各二极管均为理想二极管，求各电路的输出电压 U_o。

1.7 晶体管的发射极和集电极的半导体材料相同，它们是否可互换，为什么？

1.8 当晶体管分别工作在饱和区和放大区时，它们的电流放大系数是否相同，为什么？

1.9 有两个晶体管，一个管子的 $\beta = 60$，$I_{CBO} = 0.5\mu A$；另一个管子的 $\beta = 120$，$I_{CBO} = 5\mu A$。若其他参数都相同，问选用哪个管子好，为什么？

1.10 若测得某晶体管的 $I_B = 20\mu A$，$I_C = 1mA$，能否确定它的电流放大系数？为什么？

1.11 若测得晶体管的参数为：$I_C = 3.6mA$，$I_B = 40\mu A$。试计算 $\bar{\beta}$ 和 I_E 的值。若要考虑 $I_{CBO} = 5\mu A$，则 $\bar{\beta}$ 和 I_E 的值又如何？

1.12 若测得晶体管三个极的电位分别为 $V_A = 6V$，$V_B = 2.6V$，$V_C = 2V$，问此管是 PNP 管还是 NPN 管，并指出三个极。

1.13 一个晶体管的 $P_{CM} = 100mW$，$I_{CM} = 200mA$，$U_{(BR)CEO} = 15V$，问下列几种情况下，哪种是正常工作？（1）$U_{CE} = 2V$，$I_C = 40mA$；（2）$U_{CE} = 6V$，$I_C = 20mA$；（3）$U_{CE} = 3V$，$I_C = 100mA$。

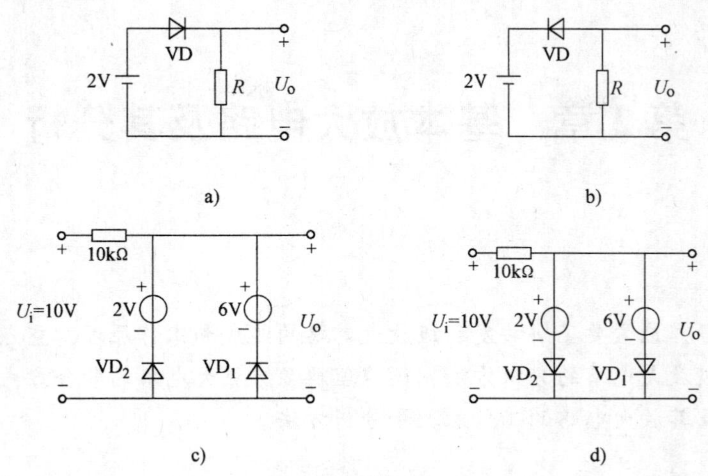

图 1-30　习题 1.6 图

1.14　电路如图 1-31 所示，晶体管导通 $U_{BE}=0.7V$，$\beta=50$，试分析：(1) 当 U_{BB} 分别为 0V、1V 和 1.5V 时晶体管工作的状态及输出电压 U_o 的值。(2) 若晶体管临界饱和，则 U_{BB} 为多少？

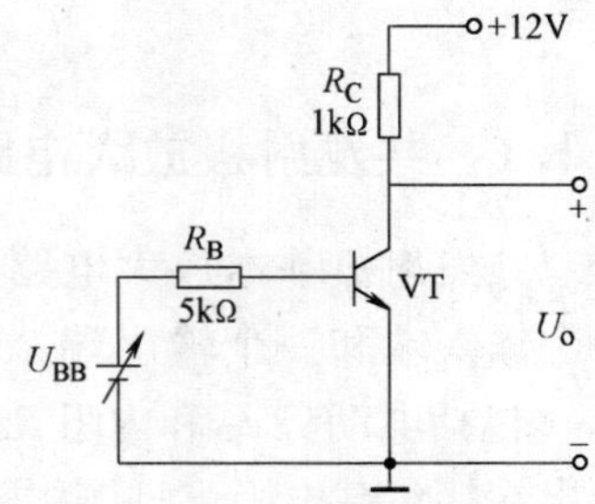

图 1-31　习题 1.14 图

1.15　耗尽型和增强型绝缘栅场效应晶体管的区别在哪里，它们的开启电压和夹断电压有什么不同？

1.16　绝缘栅场效应晶体管的栅极为什么不能开路？

1.17　集成电路 TTL 和 CMOS 器件各有什么特点？

第 2 章　基本放大电路及其分析

【学习目标】

通过本章学习，应主要了解共发射极放大电路的组成和工作原理，重点掌握共发射极放大电路和共集电极放大电路的分析方法，还应理解多级放大电路的耦合方式、功率放大电路和场效应晶体管及其放大电路的工作原理和分析方法。

2.1　共发射极放大电路

2.1.1　共发射极放大电路的组成

共发射极基本放大电路如图 2-1 所示，有一个输入端和一个输出端。输入端接交流信号源（包括电动势 e_S 和内阻 R_S），输入电压为 u_i；输出端接负载电阻 R_L，输出电压为 u_o。

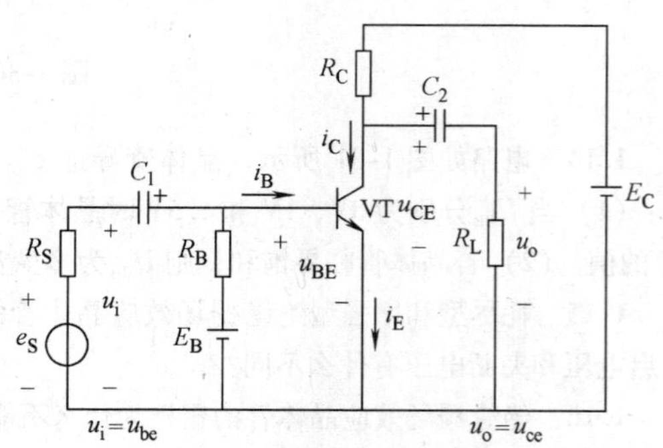

图 2-1　共发射极基本放大电路

2.1.2　共发射极放大电路各元器件的作用

1）晶体管 VT：是放大电路的放大器件，利用它的电流放大作用在集电极电路获得较大的电流，它是整个放大电路的核心；从另一个角度来看，它也是一个控制器件，用较小能量的输入信号去控制电源 E_C 所供给的能量，以在输出端获得一个较大能量的输出信号。

2）集电极电源 E_C：集电极电源 E_C 除为输出信号提供能量外，还保证集电结处于反向偏置，以便使晶体管具有放大作用。

3）集电极负载电阻 R_C：它的主要作用是将集电极电流的变化转换为电压的变化，以实现电压放大。

4）基极电源 E_B 和基极电阻 R_B：它们的作用是使发射结处于正向偏置，并提供大小适当的基极电流，以使放大电路获得合适的工作点。

5）耦合电容 C_1 和 C_2：它们有两个方面的作用，一方面起隔直作用，C_1 用来隔断放大电路与信号源之间的直流通路，C_2 用来隔断放大电路与负载之间的直流通路，使三者在直流通路上互不影响；另一方面又起交流耦合作用，保证交流信号畅通无阻地经过放大电路，沟通信号源、放大电路和负载三者之间的交流通路。C_1 和 C_2 的电容值一般为几微法到几十微法，通常用电解电容，使用时要注意其极性。

图 2-1 所示电路用了两类电源，称为双电源电路。为了减少电源的种类，可以适当地改变 R_B 的接法，再去掉 E_B，变成图 2-2a 所示的电路，称为单电源电路。在放大电路中，通常把公共端接“地”，并设其电位为零（共发射极电路的公共端为发射极），作为电路中其

他各点电位的参考点；同时，为了简化电路的画法，习惯上常不画电源 E_C 的符号，而只在连接其正极的一端标出它对“地”的电压 U_{CC}和极性（+或-），如图 2-2b 所示，我们一般称这种电路为固定偏置电路。

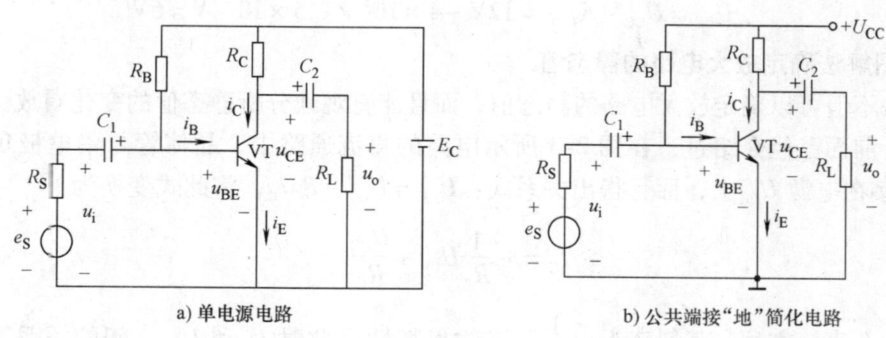

a) 单电源电路　　b) 公共端接“地”简化电路

图 2-2　单电源共发射极基本放大电路

2.2　共发射极放大电路的分析

2.2.1　共发射极放大电路的静态分析

放大电路的分析方法有静态分析和动态分析两种。所谓的静态就是指当放大电路没有输入信号时的工作状态。放大电路的质量与其静态值有很大关系，静态分析要解决的问题是确定放大电路的静态值，也就是直流值（I_B、I_C、U_{BE}和 U_{CE}），即静态工作点 Q。

1. 用放大电路的直流通路确定静态值

直流通路就是直流电流过的电路，画直流通路时，耦合电容 C_1 和 C_2 可看成断路。图 2-2b 所示电路的直流通路为图 2-3 所示电路，由图 2-3 所示的电路可得基极电流为

$$I_B=\frac{U_{CC}-U_{BE}}{R_B}\approx\frac{U_{CC}}{R_B} \tag{2-1}$$

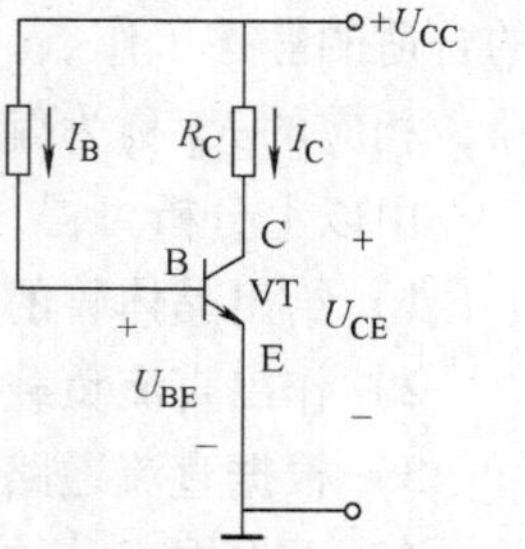

式中，U_{BE}由于很小，且比 U_{CC}小得多，故可忽略不计。

图 2-3　单电源共发射极放大电路的直流通路

由 I_B 可得出静态时的集电极电流 I_C 为

$$I_C=\bar{\beta}I_B+I_{CEO}\approx\bar{\beta}I_B\approx\beta I_B \tag{2-2}$$

并可得静态时的集-射极电压为

$$U_{CE}=U_{CC}-R_CI_C \tag{2-3}$$

【例 2-1】　在图 2-2b 所示电路中，已知 $U_{CC}=12\text{V}$，$R_C=4\text{k}\Omega$，$R_B=300\text{k}\Omega$，$R_L=4\text{k}\Omega$，$\beta=37.5$，试求放大电路的静态值。

解：根据图 2-3 所示电路的直流通路可得

$$I_B = \frac{U_{CC} - U_{BE}}{R_B} = \frac{12 - 0.7}{300 \times 10^3} \text{A} \approx 0.04 \times 10^{-3} \text{A} = 40\mu\text{A}$$

$$I_C \approx \beta I_B = 37.5 \times 40\mu\text{A} = 1.5\text{mA}$$

$$U_{CE} = U_{CC} - R_C I_C = 12\text{V} - 4 \times 10^3 \times 1.5 \times 10^{-3} \text{V} = 6\text{V}$$

2. 用图解法确定放大电路的静态值

图解法不但可以确定放大电路的静态值，而且能直观地分析静态值的变化对放大电路工作的影响。前面已经介绍过，在图 2-3 所示电路的直流通路中，晶体管与集电极负载电阻 R_C 串联后接在电源 U_{CC}上，而且得出关系式：$U_{CE} = U_{CC} - R_C I_C$，将此式变换为

$$I_C = -\frac{1}{R_C} U_{CE} + \frac{U_{CC}}{R_C} \tag{2-4}$$

这是一个直线方程，其斜率为 $-\frac{1}{R_C}$，在输出特性（此时 I_C 和 U_{CE}之间的关系不是直线关系，而是曲线关系即为输出特性曲线）横轴上的截距为 U_{CC}，在输出特性纵轴上的截距为 $\frac{U_{CC}}{R_C}$，这条直线叫做直流负载线。而直流负载线与输出特性曲线（I_B 确定后）的交点 Q，称为静态工作点。再由它来确定晶体管放大电路的电流和电压的静态值，这就是用图解法确定放大电路的静态值的方法，若采用**例 2-1** 中的参数，如图 2-4 所示。

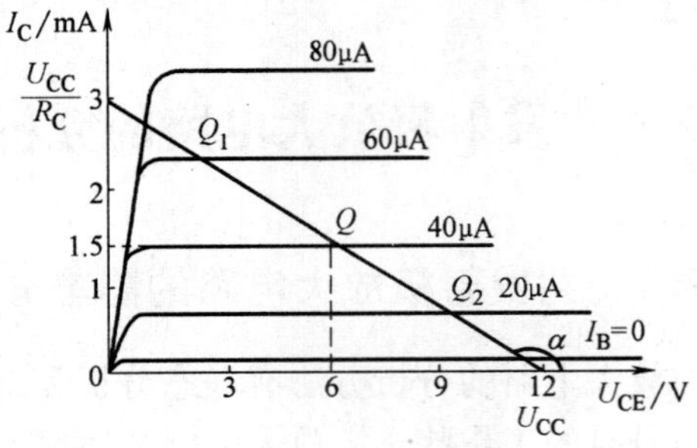

图 2-4　用图解法确定放大电路的静态工作点

由图 2-4 可得，基极电流 I_B 的大小不同，静态工作点在负载线上的位置也就不同。所以，可以通过改变 I_B 的大小来获得不同的静态工作点，即找到一个适应晶体管不同工作状态要求的合适的静态工作点。所以 I_B 很重要，我们把它称为偏置电流，产生 I_B 的电路称为偏置电路，相应的 R_B 称为偏置电阻，改变 R_B 的阻值可调整 I_B 的大小。

由以上分析可得，用图解法确定放大电路的静态值的步骤为：

1）给出晶体管的输出特性曲线组。

2）作出直流负载线。

3）根据直流通路求出偏置电流 I_B，并找出静态工作点 Q。

4）再根据 Q 点在坐标轴上的投影得出静态值。

2.2.2　共发射极放大电路的动态分析

动态就是有输入信号时的工作状态，此时晶体管的各个电流和电压不但含有直流分量，而且还有交流分量。动态分析是在静态值确定后分析信号的传输情况，考虑的只是电压和电流的交流分量，要解决的问题是放大电路的电压放大系数 A_u、输入电阻 r_i 和输出电阻 r_o 等。最常用的基本方法是微变等效电路法。微变等效电路法，就是当晶体管放大电路的输入信号很小时，在工作点附近的小范围内用直线段来近似代替晶体管的特性曲线，即把非线性器件晶体管等效为一个线性器件，也就是把晶体管放大电路等效为一个线性电路。

1. 晶体管的微变等效电路

如何把晶体管线性化，可从晶体管共发射极电路的输入和输出特性两方面来讨论。晶体管的输入特性曲线如图 2-5a 所示，它是非线性的。但是，当输入信号很小时，在静态工作点 Q 附近的曲线可认为是直线，当 U_{CE} 为常数时，ΔU_{BE} 与 ΔI_B 之比可认为是常数，用 r_{be} 表示，称为晶体管的输入电阻，这里需要说明的是在线性化条件下，小信号的微变量可以用电压和电流的交流分量来代替，即 $\Delta U_{BE}=u_{be}$，$\Delta I_B=i_b$，$\Delta U_{CE}=u_{ce}$，$\Delta I_C=i_c$。即

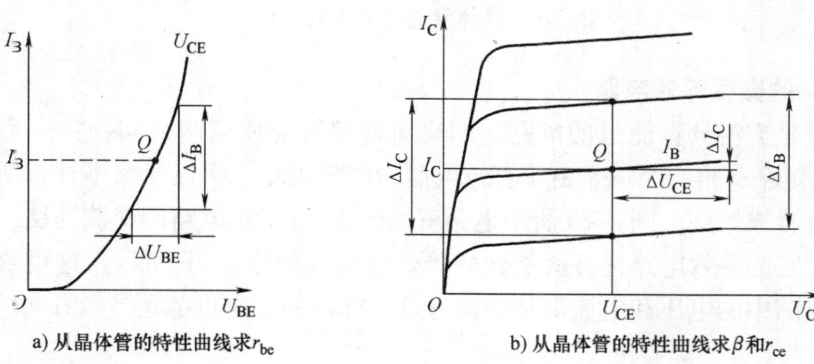

图 2-5　从晶体管的特性曲线求 r_{be}、β 和 r_{ce}

$$r_{be}=\frac{\Delta U_{BE}}{\Delta I_B}\bigg|_{U_{CE}=\text{常数}}=\frac{u_{be}}{i_b}\bigg|_{U_{CE}=\text{常数}} \tag{2-5}$$

在小信号情况下，若为低频小功率晶体管，式中 r_{be} 可用下式来估算：

$$r_{be}\approx 300\Omega+(1+\beta)\frac{26\text{mV}}{I_E} \tag{2-6}$$

式中，I_E 为发射极电流的静态值，r_{be} 是一个对交流而言的动态电阻。因此，晶体管的输入电阻可用 r_{be} 来等效，如图 2-6 所示。

图 2-5b 所示为晶体管的输出特性曲线，在放大区是用一组近似等距离的平行直线来表示。当 U_{CE} 为常数时，我们可认为 ΔI_C 与 ΔI_B 之比，也就是晶体管的电流放大系数 β 也为常数，可由它确定 i_c 受 i_b 控制关系，即

$$\beta=\frac{\Delta I_C}{\Delta I_B}\bigg|_{U_{CE}=\text{常数}}=\frac{i_c}{i_b}\bigg|_{U_{CE}=\text{常数}} \tag{2-7}$$

从式（2-7）可看出，i_c 相当于一个受控恒流源。

另一方面，从图 2-5b 中可看出，晶体管的输出特性曲线不完全与横轴平行，当 I_B 为常数时，我们把 ΔU_{CE} 与 ΔI_C 之比，称为晶体管的输出电阻，用 r_{ce} 表示。即

$$r_{ce}=\frac{\Delta U_{CE}}{\Delta I_C}\bigg|_{I_B=\text{常数}}=\frac{u_{ce}}{i_c}\bigg|_{I_B=\text{常数}} \tag{2-8}$$

在小信号的条件下，r_{ce} 也是一个常数。它相当于受控恒流源 i_c 的内阻，由于它的阻值很大，所以在以后的微变等效电路可把它忽略不计。从上面分析可知，晶体管的输出电路可用一个恒流源 i_c 来近似等效。图 2-6 所示为晶体管的微变等效电路。

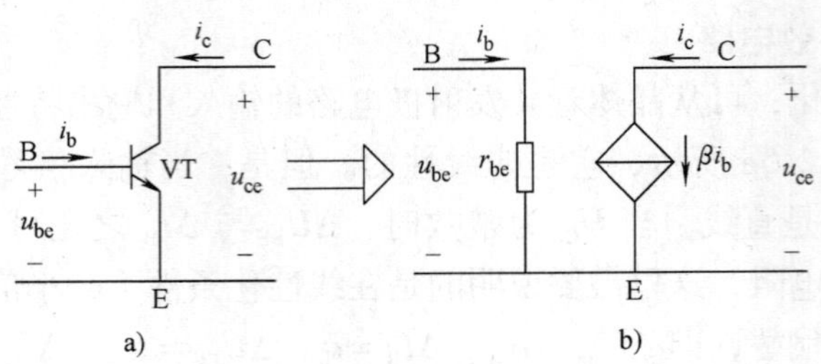

图 2-6　晶体管的微变等效电路

2. 放大电路的微变等效电路

交流通路就是交流分量流过的电路，画交流通路时应注意两个问题：一个是耦合电容 C_1 和 C_2 可看成短路；再一个就是由于直流电源的内阻很小，可以忽略不计，所以直流电源可不画出，并可看成短路。图 2-7a 所示电路就是图 2-2b 所示电路的交流通路。再把交流通路中的晶体管用它的等效电路代替就是微变等效电路，如图 2-7b 所示。这里要注意的问题是，微变等效电路中的电压和电流都是交流分量，标出的方向也都是参考方向。

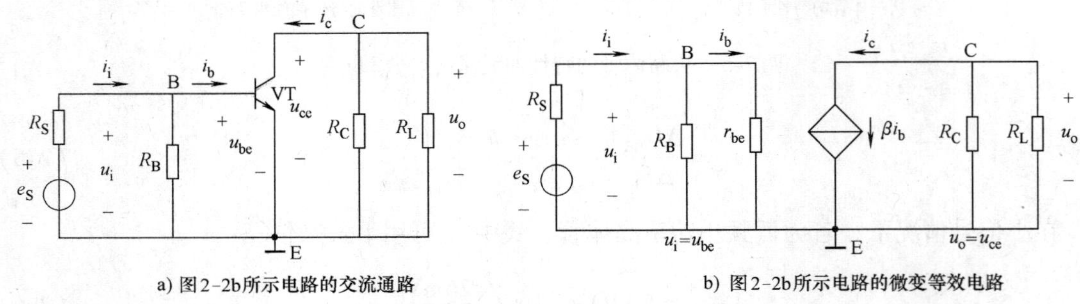

图 2-7　交流通路及其微变等效电路

3. 电压放大倍数 $\dot{A}_u$、输入电阻 r_i 和输出电阻 r_o

1）若图 2-2b 所示的交流放大电路的输入信号为正弦波，则它的微变等效电路中的电压和电流都可用相量来表示，于是可得图 2-8 所示的电路。

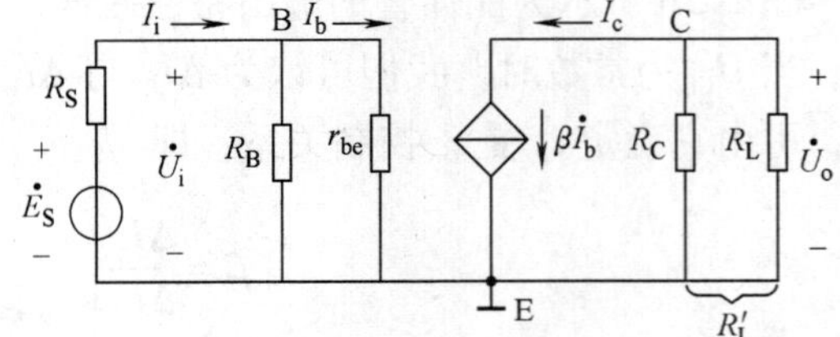

图 2-8　用相量表示的微变等效电路

从图 2-8 所示电路可得

$$\dot{U}_i = r_{be}\dot{I}_b,\ \dot{U}_o = -R'_L\dot{I}_c = -\beta R'_L\dot{I}_b$$

式中，$R'_L = R_C /\!/ R_L$，所以，放大电路的电压放大倍数为

$$\dot{A}_u = \frac{\dot{U}_o}{\dot{U}_i} = -\beta\frac{R'_L}{r_{be}} \tag{2-9}$$

式中，负号表示输出电压 $\dot{U}_o$ 与输入电压 $\dot{U}_i$ 的方向相反。当放大电路没接负载 R_L 时，有

$$\dot{A}_u = -\beta\frac{R_C}{r_{be}} \tag{2-10}$$

【例 2-2】 在图 2-2b 所示电路中，参数与例 2-1 中的参数相同，试求放大电路的电压放大倍数。

解：在例 2-1 中已求得：$I_C \approx I_E = 1.5\text{mA}$

所以 $r_{be} \approx 300\Omega + (1+37.5) \times \dfrac{26\text{mV}}{1.5\text{mA}} \approx 0.967\text{k}\Omega$

$$\dot{A}_u = -\beta \frac{R_L'}{r_{be}} = -37.5 \times 2 \div 0.967 \approx -77.56$$

式中，$R_L' = R_C // R_L = 2\text{k}\Omega$。

2）放大电路对信号源（或对前级放大电路）而言，是一个负载，可用一个电阻来等效代替，这个电阻称为放大电路的输入电阻，用 r_i 表示，对交流而言它是一个动态电阻，即

$$r_i = \frac{\dot{U}_i}{\dot{I}_i} \tag{2-11}$$

以图 2-2b 所示电路为例，其输入电阻可从它的微变等效电路（见图 2-8）求出，即

$$r_i = R_B // r_{be} \approx r_{be} \tag{2-12}$$

在实际电路中，通常希望放大电路的 r_i 越大越好。

3）放大电路对负载（或对后级放大电路）而言，相当于一个信号源，其内阻即为放大电路的输出电阻，用 r_o 表示，图 2-2b 所示放大电路的输出电阻可在其信号源短路和输出端开路的情况下求得。从它的微变等效电路（见图 2-8）中可看出

$$r_o \approx R_C \tag{2-13}$$

2.2.3　共发射极放大电路的非线性失真

失真就是指输出信号的波形和输入信号的波形不一样。引起失真的原因很多，最基本的有两个：静态工作点不合适和输入信号太大。放大电路的工作范围超出了晶体管特性曲线的线性范围所产生的失真叫非线性失真。非线性失真通常分为截止失真和饱和失真两类。

（1）截止失真　如图 2-9a 所示，由于静态工作点 Q 的位置太低（靠近截止区），若输入信号为正弦波，在它的负半周，晶体管进入了截止区。此时，i_B、u_{CE} 和 i_C 都产生了严重的失真，i_B 的负半周和 u_{CE} 的正半周都被削去了一部分。由于这种失真是因为工作在晶体管的截止区而引起的，所以称为截止失真。

（2）饱和失真　如图 2-9b 所示，由于静态工作点 Q 的位置太高（靠近饱和区），若输入信号为正弦波，在它的正半周，晶体管进入了饱和区。此时，u_{CE} 和 i_C 都产生了严重的失真，i_C 的正半周和 u_{CE} 的负半周都被削去了一部分。由于这种失真是因为工作在晶体管的饱和区而引起的，所以称为饱和失真。

（3）如何减小非线性失真　从上述分析可知，要使电路不产生非线性失真，必须使放大电路有一个合适的静态工作点 Q，即 Q 点应尽可能选在交流负载线的中点；再就是输入信号 u_i 的幅值不能太大，否则放大电路的工作范围会超过特性曲线的线性范围。图解法的优点是直观、形象，便于对放大电路工作原理的理解，但不适应电路的定量计算，而且作图时比较麻烦，误差较大。

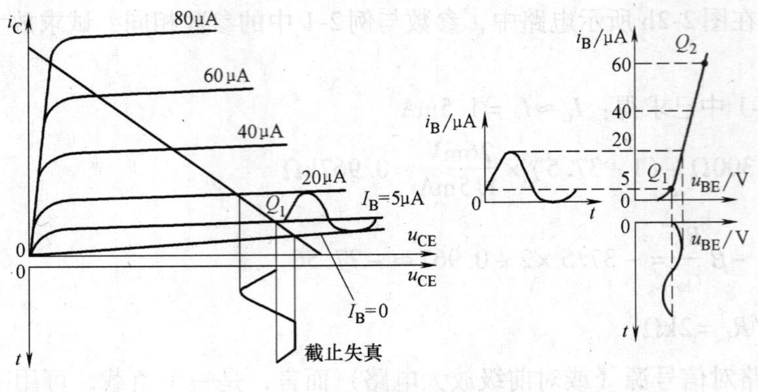

a) 截止失真

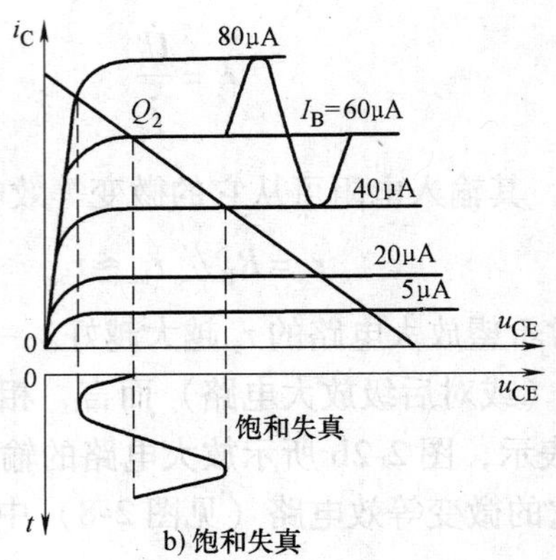

b) 饱和失真

图 2-9　放大电路的非线性失真

2.3　静态工作点稳定的放大电路

对于图 2-2b 所示的固定偏置电路来说，当外部因素（如温度变化、晶体管老化和电源电压波动等）发生变化时，将引起静态工作点的变动，严重时还会使放大电路不能正常工作，产生失真，其中影响最大的是温度的变化。

2.3.1　静态工作点稳定的原理和条件

为了使静态工作点不受温度变化等的影响而固定不变，在图 2-2b 所示的固定偏置电路的基础上增加两个电阻和一个电容，构成图 2-10a 所示的分压式偏置电路。当温度变化时，分压式偏置电路能使 I_C 近似维持不变以使工作点稳定。图 2-10b 所示为它的直流通路。

从图 2-10b 所示的电路可得

$$I_1 = I_2 + I_B \tag{2-14}$$

因为 I_B 很小，它对于 I_1 和 I_2 来说可忽略不计，即　$I_2 \gg I_B$　(2-15)

所以

$$I_1 \approx I_2 \approx \frac{U_{CC}}{R_{B1} + R_{B2}} \tag{2-16}$$

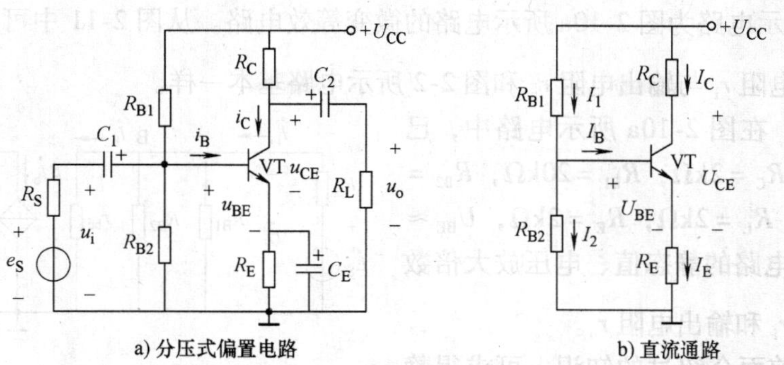

图 2-10　分压式偏置电路及其直流通路

其基极电位为
$$V_B \approx \frac{R_{B2}}{R_{B1}+R_{B2}}U_{CC} \tag{2-17}$$

因此，V_B 与晶体管的参数无关，不受温度变化的影响。由图 2-10b 所示电路可得
$$U_{BE}=V_B-V_E=V_B-R_E I_E \tag{2-18}$$

因为 U_{BE}很小，它对于 V_B 来说可忽略不计，即　$V_B >> U_{BE}$　(2-19)

所以
$$I_C \approx I_E=\frac{V_B-U_{BE}}{R_E}\approx\frac{V_B}{R_E} \tag{2-20}$$

因此，I_C 和 V_B 一样，与晶体管的参数无关，不受温度变化的影响。所以，只要满足式（2-15）和式（2-19）两个条件，I_E 或 I_C 和 V_B 一样，与晶体管的参数无关，不受温度变化的影响，从而使静态工作点基本稳定。

一般情况下，对硅管而言，在估算时可取 $I_2=(5\sim10)I_B$、$V_B=(5\sim10)U_{BE}$。

分压式偏置电路工作点稳定的过程如下（仅考虑温度变化情况）：

温度升高→I_C（I_E）↑→V_E↑→U_{BE}↓→I_B↓

I_C（I_E）不变←I_C（I_E）↓

图 2-10a 所示的分压式偏置电路中电容 C_E 称为发射极电阻 R_E 的交流旁路电容。对直流而言，它不起作用，电路通过 R_E 的作用能使静态工作点稳定；对交流而言，它因与 R_E 并联且可看成短路，所以 R_E 不起作用，保持电路的电压放大倍数不会下降。C_E 的容量一般为几十微法到几百微法。

2.3.2　静态工作点、电压放大倍数、输入电阻和输出电阻的估算

从图 2-10b 所示的直流通路可得，静态工作点 Q 的估算如下：

1）
$$V_B \approx \frac{R_{B2}}{R_{B1}+R_{B2}}U_{CC}$$

2）
$$I_C \approx I_E=\frac{V_B-U_{BE}}{R_E}\approx\frac{V_B}{R_E}$$

3）
$$I_B=\frac{I_C}{\beta} \tag{2-21}$$

4）
$$U_{CE}\approx U_{CC}-(R_C+R_E)I_C \tag{2-22}$$

图 2-11 所示电路为图 2-10a 所示电路的微变等效电路。从图 2-11 中可看出，电压放大倍数$\dot{A}_u$、输入电阻 r_i 与输出电阻 r_o 和图 2-2 所示电路基本一样。

【例 2-3】 在图 2-10a 所示电路中，已知 $U_{CC}=12V$，$R_C=2k\Omega$，$R_{B1}=20k\Omega$，$R_{B2}=10k\Omega$，$\beta=50$，$R_L=2k\Omega$，$R_E=2k\Omega$，$U_{BE}\approx 0V$，试求放大电路的静态值、电压放大倍数 $\dot{A}_u$、输入电阻 r_i 和输出电阻 r_o。

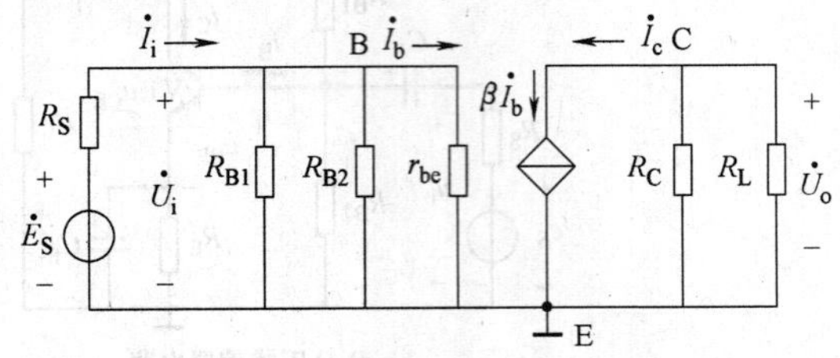

图 2-11 分压式偏置电路的微变等效电路

解：根据前面介绍过的知识，可求得静态值如下：

$$V_B\approx\frac{R_{B2}}{R_{B1}+R_{B2}}U_{CC}=\frac{10}{20+10}\times 12V=4V$$

$$I_C\approx I_E=\frac{V_B-U_{BE}}{R_E}\approx\frac{V_B}{R_E}=\frac{4}{2}mA=2mA$$

$$I_B=\frac{I_C}{\beta}=\frac{2}{50}mA=40\mu A$$

$$U_{CE}\approx U_{CC}-(R_C+R_E)I_C=[12-(2+2)\times 2]V=4V$$

从它的微变等效电路（见图 2-11）可得

$$r_{be}\approx 300\Omega+(1+\beta)\frac{26mV}{I_E}=300\Omega+51\times\frac{26mV}{2mA}\approx 0.963k\Omega$$

所以电压放大倍数为 $$\dot{A}_u=-\beta\frac{R_L'}{r_{be}}=-50\times 1\div 0.963\approx -52$$

式中，$R_L'=R_C/\!/R_L=1k\Omega$。

输入电阻为 $$r_i=R_{B2}/\!/R_{B1}/\!/r_{be}\approx r_{be}\approx 841\Omega$$

输出电阻为 $$r_o\approx R_C=2k\Omega$$

2.4 共集电极放大电路

射极输出器的公共端为集电极，所以又称共集电极放大电路，电路如图 2-12 所示。

2.4.1 共集电极放大电路的静态分析

图 2-13 所示电路为图 2-12 所示的射极输出器的直流通路。由它的直流通路可得

$$I_B=\frac{U_{CC}-U_{BE}}{R_B+(1+\beta)R_E}\approx\frac{U_{CC}}{R_B+(1+\beta)R_E} \tag{2-23}$$

$$I_E=I_B+I_C=(1+\beta)I_B \tag{2-24}$$

$$U_{CE}=U_{CC}-R_EI_E \tag{2-25}$$

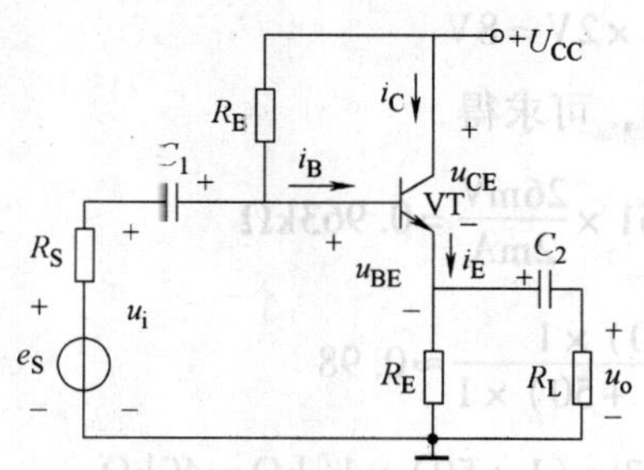

图2-12　射极输出器

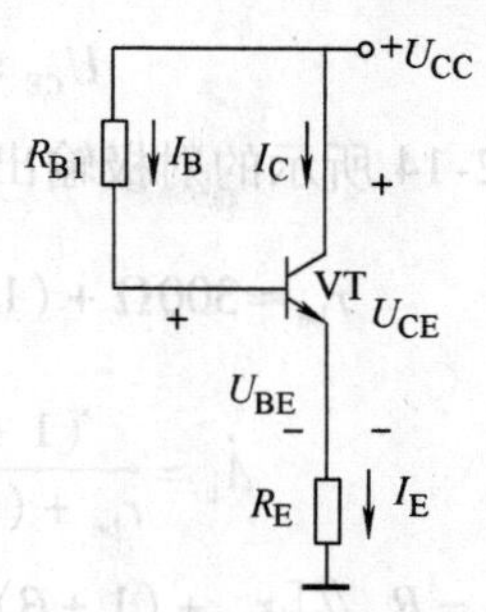

图2-13　射极输出器的直流通路

2.4.2　共集电极放大电路的动态分析

图2-14所示电路为图2-12所示的射极输出器的微变等效电路图。由它的微变等效电路图可得如下参数。

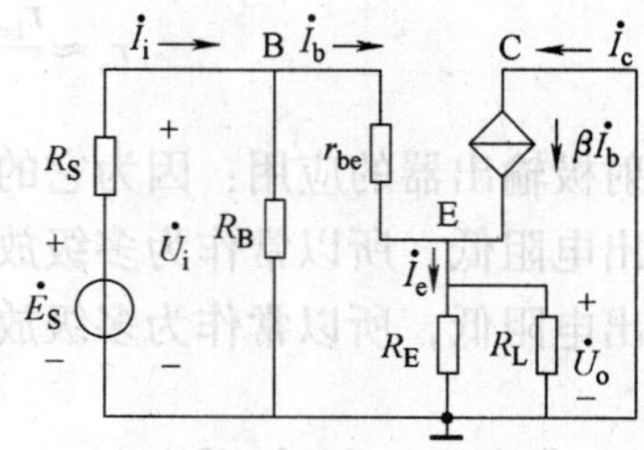

图2-14　射极输出器的微变等效电路

1. 电压放大倍数

$$\dot{U}_o = R'_L\dot{I}_e = (1+\beta)R'_L\dot{I}_b$$

式中，$R'_L = R_E /\!/ R_L$。

$$\dot{U}_i = r_{be}\dot{I}_b + R'_L\dot{I}_e = r_{be}\dot{I}_b + (1+\beta)R'_L\dot{I}_b$$

$$\dot{A}_u = \frac{\dot{U}_o}{\dot{U}_i} = \frac{(1+\beta)R'_L\dot{I}_b}{r_{be}\dot{I}_b + (1+\beta)R'_L\dot{I}_b} = \frac{(1+\beta)R'_L}{r_{be}+(1+\beta)R'_L} \leqslant 1 \tag{2-26}$$

由式（2-26）可知，电压放大倍数略小于等于1，且输入电压和输出电压同相，具有跟随作用，所以射极输出器又称为射极跟随器。

2. 输入电阻

由图2-14所示电路可得 $$r_i = R_B /\!/ [r_{be} + (1+\beta R'_L)] \tag{2-27}$$

由上式可知，输入电阻 r_i 很高。

3. 输出电阻

由图2-14所示电路可求得 $$r_o \approx \frac{r_{be}+R'_S}{\beta} \tag{2-28}$$

式中，$R'_S = R_S /\!/ R_B$，由式（2-28）可知，由于 r_{be} 不大，R_S 又很小，所以 r_o 很小。

【例2-4】 在图2-12所示的电路中，若已知 $U_{CC}=12\text{V}$，$R_B=200\text{k}\Omega$，$\beta=50$，$R_L=2\text{k}\Omega$，$R_E=2\text{k}\Omega$，$U_{BE}\approx 0\text{V}$，$R_S=100\Omega$。试求放大电路的静态值、电压放大倍数 $\dot{A}_u$、输入电阻 r_i 和输出电阻 r_o。

解：根据图2-13所示的射极输出器的直流通路，可求得静态值如下：

$$I_B = \frac{U_{CC}-U_{BE}}{R_B+(1+\beta)R_E} \approx \frac{U_{CC}}{R_B+(1+\beta)R_E} = \frac{12\text{V}}{200\text{k}\Omega+(1+50)\times 2\text{k}\Omega} = 40\mu\text{A}$$

$$I_E = I_B + I_C = (1+\beta)I_B \approx 2\text{mA}$$

$$U_{CE}=U_{CC}-R_E I_E=12V-2\times2V=8V$$

根据图 2-14 所示的射极输出器的微变等效电路图，可求得

$$r_{be}\approx300\Omega+(1+\beta)\frac{26mV}{I_E}=300\Omega+51\times\frac{26mV}{2mA}=0.963k\Omega$$

$$\dot{A}_u=\frac{(1+\beta)R'_L}{r_{be}+(1+\beta)R'_L}=\frac{(1+50)\times1}{0.963+(1+50)\times1}\approx0.98$$

$$r_i=R_B/\!/[r_{be}+(1+\beta)R'_L]=200k\Omega/\!/[0.963+(1+50)\times1]k\Omega\approx40k\Omega$$

$$R'_S=R_S/\!/R_B=0.1k\Omega/\!/200k\Omega\approx0.1k\Omega$$

$$r_o\approx\frac{r_{be}+R'_S}{\beta}\approx\frac{963\Omega+100\Omega}{50}\approx21.26\Omega$$

射极输出器的应用：因为它的输入电阻高，所以常作为多级放大器的输入级；又因为它的输出电阻低，所以常作为多级放大器的输出级；它的电压放大倍数约等于1、输入电阻高和输出电阻低，所以常作为多级放大器的中间级，在电路中起阻抗变换的作用。

2.5　多级放大电路

2.5.1　多级放大电路的耦合方式

前面已经提过，放大电路的输入信号都很弱，一般为毫伏或微伏级，输入功率也很小，常在 1mW 以下，这样微弱的信号仅靠单级放大电路放大，其输出电压和功率是不能满足负载要求的。为了得到更大的放大倍数，常把若干个单级放大电路连接起来，组成多级放大电路，以满足负载对放大倍数和功率等方面的要求。

在多级放大电路中，级与级之间的连接方式称为耦合，耦合的方式有阻容耦合、直接耦合和变压器耦合三种方式。其中前两种应用较广，后一种应用很少。它们各自的优缺点如下。

1）阻容耦合：前后级之间是通过耦合电容连接的，其特点是前后级的静态值互不影响，静态工作点可单独调整；但它只能放大交流信号，不适宜传送缓慢变化的信号和直流信号，主要在分立元器件中应用较多，电路如图 2-15 所示。

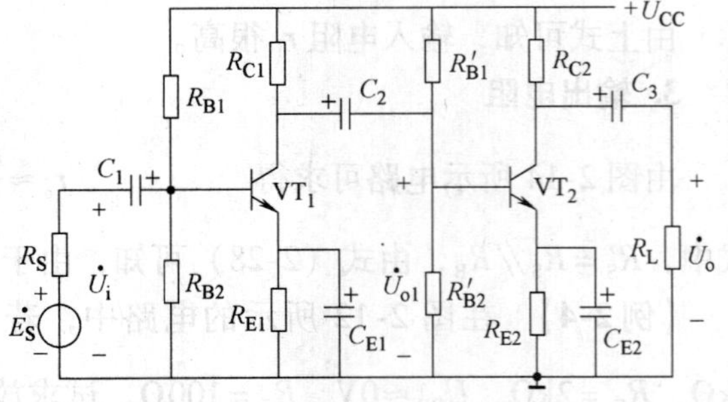

图 2-15　阻容耦合多级放大电路

2）直接耦合：前后级之间是通过导线连接的，其特点不但能放大交流信号，还能传送缓慢变化的信号和直流信号；但前后级的静态值会互相影响，静态工作点不可单独调整，主要应用在集成电路中，电路如图 2-16 所示。

3）变压器耦合：电路如图 2-17 所示，它的前后级之间是通过变压器连接的，其特点是前后级的静态值互不影响，静态工作点可单独调整，还能进行阻抗匹配和进行电流、电压变

换；但它只能放大交流信号，不适宜传送缓慢变化的信号和直流信号，再就是体积大、重量大、价格高，所以应用较少。

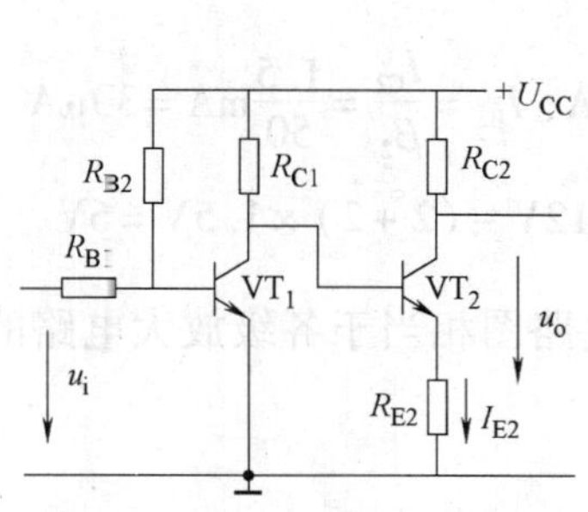

图 2-16　直接耦合多级放大电路

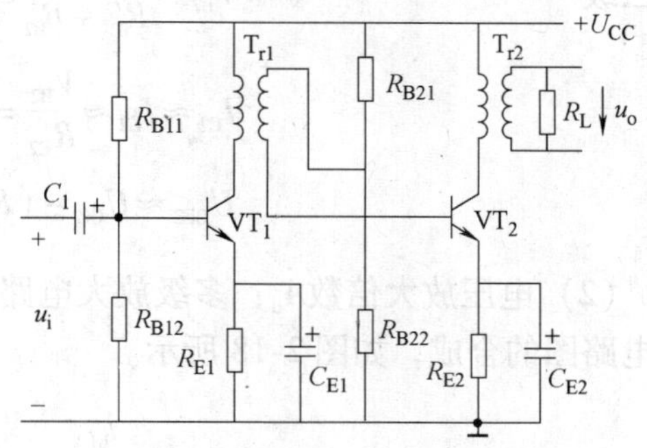

图 2-17　变压器耦合多级放大电路

2.5.2　多级放大电路的电压放大倍数、输入电阻和输出电阻

1）电压放大倍数$\dot{A}_u$的计算：对于 n 级电压放大电路，不论它为何种耦合方式和何种组合电路，其前级的输出信号$\dot{U}_{o(n-1)}$即为后级的输入信号$\dot{U}_{in}$；而后级的输入电阻 r_{in} 即为前级的负载电阻 $R_{L(n-1)}$；前级的输出电阻 $r_{o(n-1)}$ 为后一级的信号源内阻 R_{sn}，所以有下列关系：

$$\dot{U}_{o(n-1)}=\dot{U}_{in},\ r_{in}=R_{L(n-1)},\ r_{o(n-1)}=R_{sn}$$

总电压放大倍数为

$$\dot{A}_u=\frac{\dot{U}_o}{\dot{U}_i}=\frac{\dot{U}_{o1}}{\dot{U}_i}\frac{\dot{U}_{o2}}{\dot{U}_{i2}}\cdots\frac{\dot{U}_o}{\dot{U}_{in}}=\dot{A}_{u1}\cdot\dot{A}_{u2}\cdots\dot{A}_{um} \tag{2-29}$$

2）总输入电阻 r_i 的计算：多级放大电路的输入电阻等于第一级放大电路的输入电阻，即 $r_i=r_{i1}$。

3）总输出电阻 r_o 的计算：多级放大电路的输出电阻等于最后一级放大电路的输出电阻，即 $r_o=r_{on}$。

【例 2-5】　在图 2-15 所示阻容耦合多级放大电路中，已知 $U_{CC}=12\text{V}$，$R_{C1}=2\text{k}\Omega$，$R_{C2}=2\text{k}\Omega$，$R_{B1}=30\text{k}\Omega$，$R_{B2}=15\text{k}\Omega$，$R'_{B1}=30\text{k}\Omega$，$R'_{B2}=10\text{k}\Omega$，$\beta_1=\beta_2=50$，$R_L=2\text{k}\Omega$，$R_{E1}=2\text{k}\Omega$，$R_{E2}=2\text{k}\Omega$，$U_{BE}\approx 0\text{V}$，试求各级放大电路的下列参数：（1）静态值；（2）电压放大倍数$\dot{A}_u$；（3）输入电阻 r_i 和输出电阻 r_o。

解：根据前面介绍过的知识，可求得

（1）各级静态值：

第一级

$$V_{B1}\approx\frac{R_{B2}}{R_{B1}+R_{B2}}U_{CC}=\frac{15}{30+15}\times 12\text{V}=4\text{V}$$

$$I_{C1}\approx I_{E1}\approx\frac{V_{B1}}{R_{E1}}=\frac{4}{2}\text{mA}=2\text{mA},\ I_{B1}=\frac{I_{C1}}{\beta_1}=\frac{2}{50}\text{mA}=40\mu\text{A}$$

$$U_{CE1} \approx U_{CC} - (R_{C1} + R_{E1}) I_{C1} = 12\text{V} - (2+2) \times 2\text{V} = 4\text{V}$$

第二级 $$V_{B2} \approx \frac{R'_{B2}}{R'_{B1} + R'_{B2}} U_{CC} = \frac{10}{30+10} \times 12\text{V} = 3\text{V}$$

$$I_{C2} \approx I_{E2} \approx \frac{V_{B2}}{R_{E2}} = \frac{3}{2}\text{mA} = 1.5\text{mA}, \quad I_{B2} = \frac{I_{C2}}{\beta_2} = \frac{1.5}{50}\text{mA} = 30\mu\text{A}$$

$$U_{CE2} \approx U_{CC} - (R_{C2} + R_{E2}) I_{C2} = 12\text{V} - (2+2) \times 1.5\text{V} = 6\text{V}$$

（2）电压放大倍数$\dot{A}_u$：多级放大电路的微变等效电路图相当于各级放大电路的微变等效电路图的合成，如图 2-18 所示。

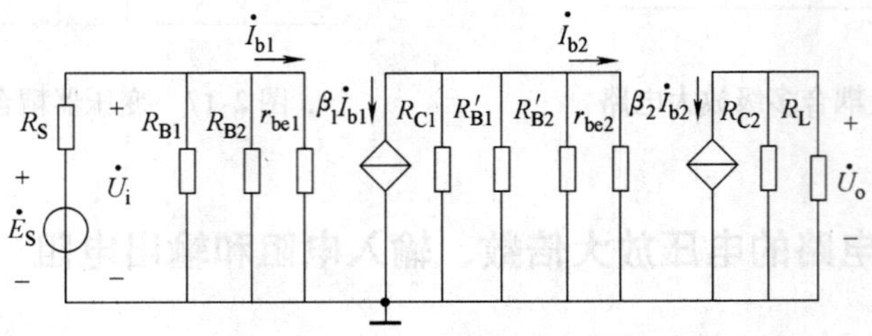

图 2-18　图 2-15 所示的多级放大电路的微变等效电路图

晶体管 VT_1 的输入电阻为 $r_{be1} = 300\Omega + (1+\beta_1)\dfrac{26\text{mV}}{I_{E1}} = 300\Omega + \left[(1+50) \times \dfrac{26}{2}\right]\Omega = 0.963\text{k}\Omega$

晶体管 VT_2 的输入电阻为 $r_{be2} = 300\Omega + (1+\beta_2)\dfrac{26\text{mV}}{I_{E2}} = 300\Omega + \left[(1+50) \times \dfrac{26}{1.5}\right]\Omega = 1.182\text{k}\Omega$

第二级的输入电阻为 $r_{i2} = R'_{B1} /\!/ R'_{B2} /\!/ r_{be2} \approx 1\text{k}\Omega$

第一级负载电阻为 $R'_{L1} = R_{C1} /\!/ r_{i2} \approx 0.667\text{k}\Omega$

第二级负载电阻为 $R'_{L2} = R_{C2} /\!/ R_L = 1\text{k}\Omega$

第一级电压放大倍数为 $\dot{A}_{u1} = -\beta_1 \dfrac{R'_{L1}}{r_{be1}} \approx -34.6$

第二级电压放大倍数为 $\dot{A}_{u2} = -\beta_2 \dfrac{R'_{L2}}{r_{be2}} \approx -42.3$

所以，总的电压放大倍数为 $\dot{A}_u = \dot{A}_{u1} \cdot \dot{A}_{u2} = (-34.6) \times (-42.3) \approx 1463.6$

$\dot{A}_u$为一个正实数，这说明输入电压$\dot{U}_i$经过两级放大后，输出电压$\dot{U}_o$和它同相。

（3）输入电阻：$r_i = r_{i1} = R_{B1} /\!/ R_{B2} /\!/ r_{be1} \approx 0.87\text{k}\Omega$

输出电阻：$r_o = r_{on} = R_{C2} = 2\ \text{k}\Omega$

2.5.3　多级放大电路的频率特性

1. 单级放大电路的频率特性

以前讨论放大电路的放大倍数时，其输入信号均为单一频率的正弦信号。实际上，放大电路的输入信号往往是非正弦量，都含有基波和各种频率的谐波分量。又由于在放大电路中，含有各种不同容量的电容元件（如耦合电容、旁路电容、晶体管的结电容及连线分布电容），它们对不同频率的信号所呈现的容抗值是不相同的。所以，放大电路对不同频率的信号在幅度和相位上的放大效果是不完全一样的，把造成输出信号的幅度失真叫幅频失真，造成输出信号的相位失真叫相频失真，二者统称为频率失真。

所谓频率特性，就是指放大电路的放大倍数的幅值和幅角与频率的关系，其中放大倍数幅值$|\dot{A}_u|$与频率f的关系叫幅频特性；放大倍数幅角φ_A（输出电压与输入电压之间的相位差）与频率f的关系叫相频特性。图 2-19a 和图 2-19b 分别为单级共发射极放大电路的幅频特性和相频特性。在工业电子技术中最常用的是低频放大电路，其频率范围约为 20 ~ 10 000Hz。但在分析放大电路的频率特性时，一般再将低频范围分为低、中、高三个频段，如图 2-19a 所示。

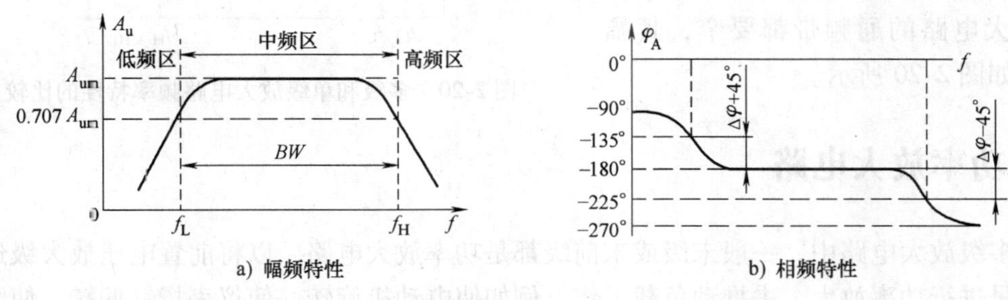

图 2-19　单级共发射极放大电路的频率特性

（1）中频区　由于耦合电容和发射极旁路电容的容量较大，故对中频段信号来讲它们的容抗很小，可看成短路。所以，在中频段，可认为电容不影响交流信号的传送，放大电路的放大倍数与信号频率无关。

（2）低频区　虽然耦合电容和发射极旁路电容的容量较大，但由于低频段信号频率较低，耦合电容的容抗较大，其分压作用不能忽略，故放大倍数要下降；对旁路电容来讲，其容抗也很大，信号在其上也有压降，不能忽略。所以，在低频段，放大电路的放大倍数将随着信号频率的降低而下降。

（3）高频区　由于耦合电容和发射极旁路电容的容量较大，再加上高频段信号频率很高，所以，其容抗更小，可看成短路；但此时存在晶体管的极间电容和连线分布电容，它们等效到输入端和输出端的电容若用C_i和C_o表示，C_o对高频段信号的容抗将减小，不能看成开路，C_o与输出端的电阻并联后，可使总输出阻抗减小，因而使输出电压减小，所以，电压放大倍数将降低。再就是在高频段，载流子从发射区到集电区需要一定的时间，若频率很高，在正半周时载流子尚未全部到达集电区时，输入信号就已改变了极性，这就使集电极电流的变化幅度下降，因而β值降低，即电压放大倍数将下降。所以，在高频段，放大电路的放大倍数将随着信号频率的升高而下降。

一般规定，当放大电路的电压放大倍数下降到中频放大倍数A_{um}的 0.707 倍时，其所对应的频率f_L和f_H分别称为放大电路的下限截止频率和上限截止频率。而且还规定f_H和f_L之间的频率范围称为放大电路的通频带，简称频带，用BW表示，即$BW=f_H-f_L$，如图 2-19a 所示。

通频带 BW 是表示放大电路频率特性的一个重要指标，它表明了放大电路对不同频率输入信号的响应能力。对通频带的要求，要视放大电路的用途、信号的特点及允许的失真度来确定，一般而言，希望放大电路的通频带尽可能宽一些。

2. 阻容耦合多级放大电路的频率特性

对于多级阻容耦合放大电路频率特性的分析，可先作出单级放大电路的频率特性，然后综合其各级放大电路的频率特性，即可得到多级放大电路的频率特性。虽然多级放大电路的电压放大倍数增加了，但它的通频带却变窄了，而且比组成它的任何一级单个放大电路的通频带都要窄，其幅频特性如图 2-20 所示。

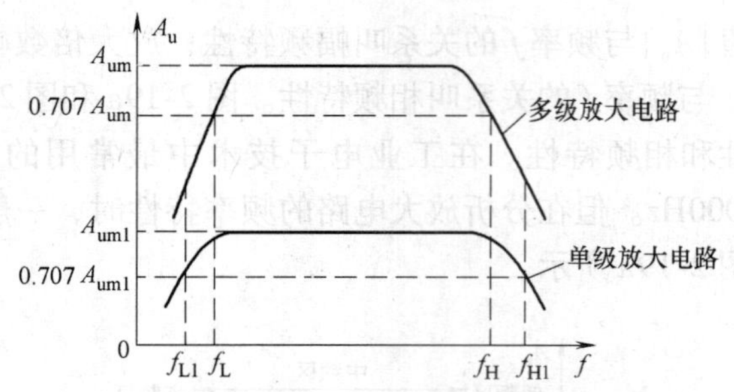

图 2-20　多级和单级放大电路频率特性的比较

2.6　功率放大电路

在多级放大电路中，一般末级或末前级都是功率放大电路，以将前置电压放大级送来的低频信号进行功率放大，去推动负载工作。例如使电动机旋转，使仪表指针偏转，使继电器动作，使扬声器发声等。电压放大电路和功率放大电路都是利用晶体管的放大作用将信号放大，但不同的是，电压放大电路的输入信号较小，目的是在不失真的前提下输出足够大的电压，讨论的主要问题是放大倍数、输入电阻和输出电阻等问题；功率放大电路的输入信号较大，目的是在不失真或少量失真的前提下输出足够大的功率，讨论的主要问题是失真、效率和输出功率等问题。

2.6.1　功率放大电路的基本要求和三种工作状态

1. 对功率放大电路的基本要求

1）在不失真或少量失真的前提下输出尽可能大的功率。为了获得较大的输出功率，往往让功率管（即功率放大电路中的晶体管）工作在极限状态，这时要考虑到功率管的极限参数 P_{CM}、I_{CM}、$U_{(BR)CEO}$ 和散热问题；同时，由于输入信号较大，功率放大电路工作的动态范围也大，所以也要考虑到失真问题。

2）尽可能提高放大电路的效率。所谓效率就是指负载得到的交流信号的功率与电源供给的直流功率之比值。由于输出功率较大，效率问题尤为突出，效率不高，不仅造成能量的浪费，而且消耗在放大电路内部的电能将转换成热能，使晶体管等电子元器件温度升高，造成电路本身的不稳定。所以，提高效率是功率放大电路的首要问题。

2. 放大电路的三种工作状态

放大电路的三种工作状态是甲类、甲乙类和乙类，如图 2-21 所示。

在图 2-21a 中，静态工作点 Q 大致落在交流负载线的中点，这种情况称为甲类工作状态。此时，不论有无输入信号，电源供给的功率 $P_E = U_{CC} I_C$ 总是不变的。当无输入信号时，电源功率全部消耗在功率管和电阻上，且以功率管的集电极损耗为主；当有输入信号时，电

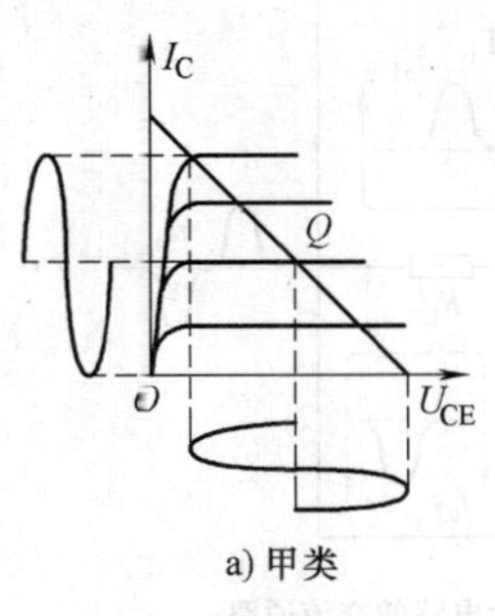

a) 甲类

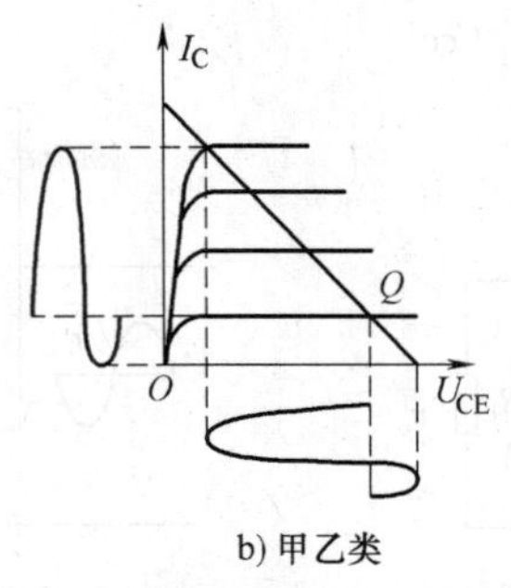

b) 甲乙类

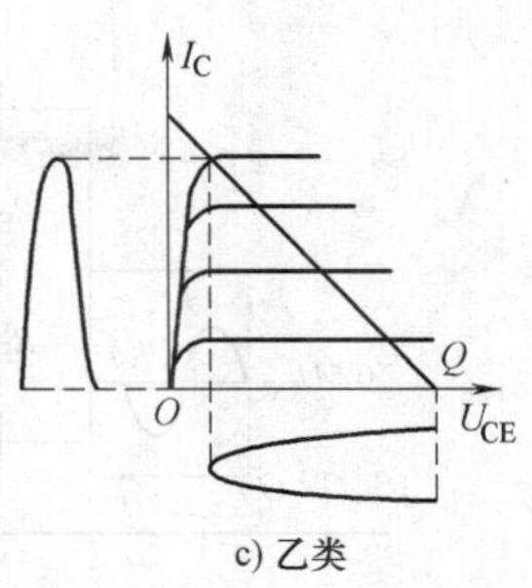

c) 乙类

图 2-21　放大电路的三种工作状态

源功率的一部分转换为有用的输出功率 P_o，输出信号愈大，输出功率也愈大。在理想情况下，甲类功率放大电路的最高效率也只能达到 50%。

若要提高效率，则需从两方面着手：一是增大放大电路的动态范围来增加输出功率提高效率；二是减小电路静态时所消耗的功率来提高效率。前者对功率管的要求更高，成本也增加，一般不采用。而后者要在 U_{CC} 一定的条件下使静态电流 I_C 减小，即静态工作点 Q 沿负载线下移，如图 2-21b 所示，这种状态称为甲乙类工作状态。

若将静态工作点 Q 下移到 $I_C \approx 0$ 处，则功率管的管耗更小，如图 2-21c 所示，这时的工作状态称为乙类工作状态。在甲乙类和乙类状态下工作时，电源供给的功率为

$$P_E = U_{CC} I_{C(AV)}$$

式中，$I_{C(AV)}$ 为集电极电流 I_C 的平均值，而在甲类状态下工作时，集电极电流的静态值即为它的平均值，所以减小了电路静态时所消耗的功率，提高了效率。但此时将产生严重的失真。为了解决上述问题，下面介绍工作于甲乙类或乙类状态的互补对称放大电路，此电路既能提高效率，又能减小信号波形的失真。

2.6.2　互补对称功率放大电路

1. 无输出变压器（OTL）的互补对称功率放大电路

无输出变压器（OTL）的单电源互补对称放大电路的原理图如图 2-22a 所示，VT_1 和 VT_2 是两个不同类型的晶体管，它们的特性基本上相同。在静态时，A 点的电位为 $\frac{1}{2}U_{CC}$，输出耦合电容 C_L 上的电压为 A 点和“地”之间的电位差，也等于 $\frac{1}{2}U_{CC}$。此时输入端的直流电位也调至 $\frac{1}{2}U_{CC}$，所以 VT_1 和 VT_2 均工作于乙类，处于截止状态。

当有信号输入时，对交流信号而言，输出耦合电容 C_L 的容抗及电源内阻均很小，可忽略不计，它的交流通路如图 2-22b 所示。在输入信号 u_i 的正半周，VT_1 和 VT_2 的基极电位均大于 $\frac{1}{2}U_{CC}$，VT_1 的发射结处于正向偏置，VT_2 的发射结处于反向偏置，故 VT_1 导通，VT_2 截止，流过负载 R_L 的电流等于 VT_1 集电极电流 i_{c1}，如图 2-22b 中实线所示。同理，在输入信号 u_i 的负半周，VT_1 截止，VT_2 导通，流过负载 R_L 的电流等于 VT_2 集电极电流 i_{c2}，如图 2-22b中虚线所示。

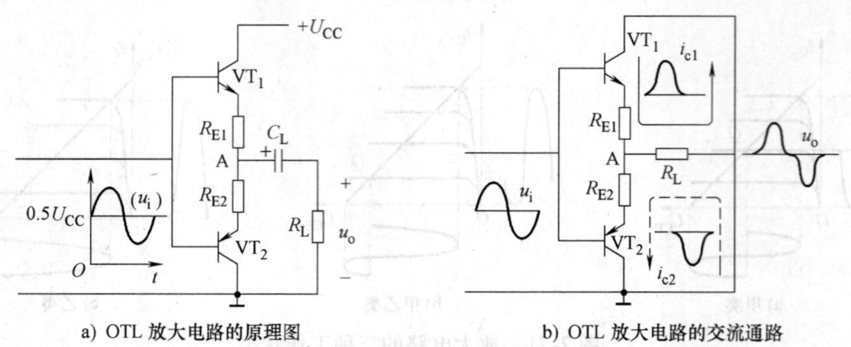

a) OTL 放大电路的原理图　　b) OTL 放大电路的交流通路

图 2-22　OTL 互补对称放大电路及其交流通路

在输入信号一个周期内，VT_1 和 VT_2 交替导通，它们互相补足，故称为互补对称放大电路，电流 i_{c1} 和 i_{c2} 以正反不同的方向交替流过负载电阻 R_L，所以在 R_L 上合成而得到一个交变的输出电压信号 u_o。并由图 2-22a 可看出，互补对称放大电路实际上是由两个射极输出器组成，所以，它还具有输入电阻高和输出电阻低的特点。此外，当输出端短路或 R_L 过小时，将引起发射极电流增加，这时电阻 R_{E1} 和 R_{E2} 将起限流保护作用。为了不使 C_L 放电过程中（VT_1 截止，VT_2 导通时），其电压下降过多，所以，C_L 的电容量必须足够大，且连接时应注意它的极性。

从图 2-22a 可看出，该放大电路工作于乙类状态，因为晶体管的输入特性曲线上有一段死区电压，当输入电压尚小，不足以克服死区电压时，晶体管就截止，所以在死区电压这段区域内（即输入信号过零时）输出电压为零，将产生失真，这种失真称为交越失真，基极电流 i_b 的交越失真波形如图 2-23 所示。为了避免交越失真，可使静态工作点稍高于截止点，即避开死区段，也就是使放大电路工作在甲乙类状态。

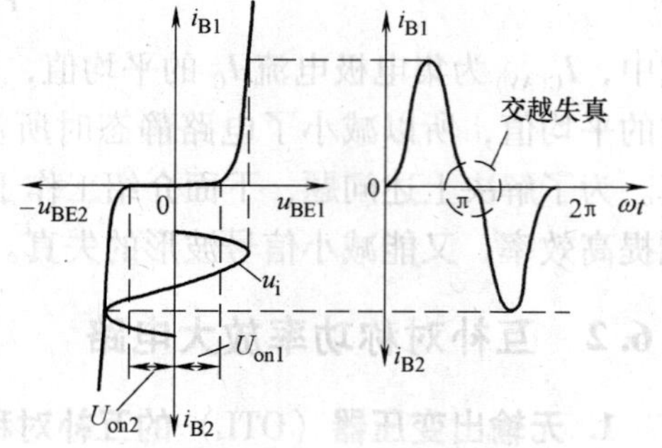

图 2-23　基极电流的交越失真波形

为了使互补对称放大电路尽可能地输出最大功率，一般要加推动级，以保证有足够的功率输出。图 2-24 所示电路为一种具有推动级的互补对称放大电路。下面介绍该电路各元器件的作用。VT_3 为工作于甲类状态的推动管，R_1 和 R_2 为它的分压式偏置电路。R_3 和 R_4 既是 VT_3 的集电极电阻，又是 VT_1 和 VT_2 的偏置电阻。调节 R_4 的大小，还可使 VT_3 的静态集电极电流 I_{C3} 在 R_4 上产生的压降恰好等于两管的死区电压，使 VT_1 和 VT_2 工作于甲乙类，避免产生交越失真。在电阻 R_4 上并联旁路电容 C_2，可使动态时 VT_1 和 VT_2 的基极交流电位相等，否则将会造成输出波形正、负半周不对称的现象。VT_3 的偏置电阻 R_1 不接到电源 U_{CC} 的正端而是接到 A 点上，

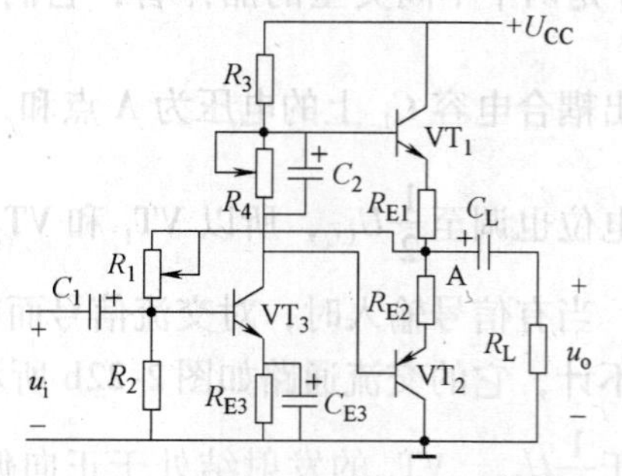

图 2-24　具有推动互补的 OTL 电路

是为了取得电压负反馈，以保证静态时 A 点的电位稳定在$\frac{1}{2}U_{CC}$。反馈原理如下：

$$温度升高 \rightarrow I_{C3}\uparrow \rightarrow R_3I_{C3}\uparrow \rightarrow V_A\downarrow \rightarrow V_{B3}\downarrow \rightarrow I_{C3}\downarrow \rightarrow V_A\uparrow$$

当有输入信号 u_i 时，C_1 和 C_{E3} 均可看成短路，故 u_i 直接加到 VT_3 的发射结，经 VT_3 放大后，从 VT_3 的集电极输出信号，即为 VT_1 和 VT_2 的输入信号，之后的工作情况与图 2-22 所示电路完全一样。

2. 由复合管组成的互补对称功率放大电路

图 2-22a 所示互补对称功率放大电路中的 VT_1 和 VT_2 要求为类型不同、但特性一致的功率管，这在实际中很难实现。所以，常用复合管来解决这一问题。图 2-25 所示为两种类型的复合管，复合管的连接原则是 VT_1 与 VT_2 的电流前后流向一致。

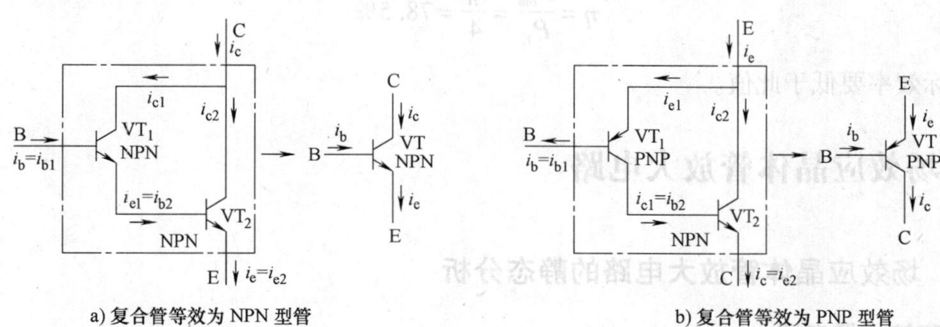

a) 复合管等效为 NPN 型管　　b) 复合管等效为 PNP 型管

图 2-25　复合管的组成原理图

由图 2-25a 中可得

$$i_c = i_{c1} + i_{c2} = \beta_1 i_{b1} + \beta_2 i_{b2} = \beta_1 i_{b1} + \beta_2 i_{e1} = \beta_1 i_{b1} + \beta_2(1+\beta_1)i_{b1} = (\beta_1+\beta_2+\beta_1\beta_2)i_{b1} \approx \beta_1\beta_2 i_{b1}$$

所以，复合管的电流放大系数近似等于两管电流放大系数的乘积，即

$$\beta \approx \beta_1\beta_2 \tag{2-30}$$

从图 2-25 中可看出，复合管的类型与第一个晶体管相同，而与后接的晶体管无关。图 2-25a所示的复合管可等效为一个 NPN 型管；图 2-25b 所示的复合管可等效为一个 PNP 型管。

若将图 2-24 中的 VT_1 和 VT_2 分别用图 2-25 中的复合管代替，便可得图 2-26 所示的电路。图 2-26 中 R_6 和 R_7 的作用是将复合管第一管的穿透电流 I_{CEO} 分流，以减小总的穿透电流，提高复合管的热稳定性。R_8 和 R_9 是用来得到电流负反馈，提高电路的稳定性，R_4 和二极管 VD_1、VD_2 的串联电路是避免产生交越失真的另一种电路。

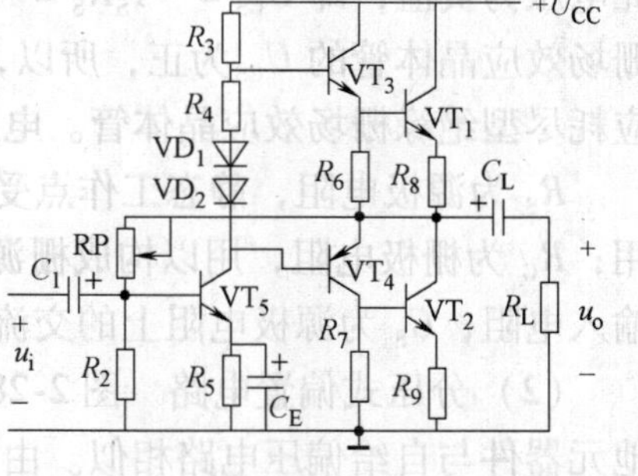

图 2-26　由复合管组成的 OTL 电路

至于无输出变压器（OTL）的单电源互补对称放大电路的功率，先假设电路工作在乙类和极限状态，且 $U_{om}=U_{cem}=\frac{1}{2}U_{CC}$，则最大输出功率为

$$P_{om}=\frac{U_{om}}{\sqrt{2}}\times\frac{I_{om}}{\sqrt{2}}=\frac{U_{om}}{\sqrt{2}}\times\frac{U_{om}}{\sqrt{2}R_L}=\frac{U_{om}^2}{2R_L}=\frac{U_{CC}^2}{8R_L} \tag{2-31}$$

式中，$I_{om}=\frac{U_{om}}{R_L}=\frac{U_{CC}}{2R_L}$。

电源供给的功率为

$$P_E=U_{CC}I_{C(AV)}=\frac{U_{CC}^2}{2\pi R_L} \tag{2-32}$$

式中，$I_{C(AV)}=\frac{1}{2\pi}\int_0^{\pi}I_{om}\sin\omega t\mathrm{d}(\omega t)=\frac{1}{2\pi}\int_0^{\pi}\frac{U_{CC}}{2R_L}\sin\omega t\mathrm{d}(\omega t)=\frac{U_{CC}}{2\pi R_L}$。

理想情况下，OTL 互补对称放大电路的效率为

$$\eta=\frac{P_{om}}{P_E}=\frac{\pi}{4}=78.5\%$$

实际效率要低于此值。

2.7 场效应晶体管放大电路

2.7.1 场效应晶体管放大电路的静态分析

1. 直流偏置电路

场效应晶体管放大电路和晶体管放大电路一样，也要建立合适的静态工作点。所不同的是，场效应晶体管是电压控制器件，需要有合适的栅源电压 U_{GS}；而晶体管为电流控制器件，需要的是有合适的基极偏置电流 I_B，场效应晶体管放大电路的偏置电路通常分为两类，即自给偏压电路和分压式偏置电路。

（1）自给偏压电路　图 2-27 所示的电路为 N 沟道耗尽型绝缘栅场效应晶体管的自给偏压电路。当源极电流 I_S（或 I_D）流经源极电阻 R_S 时，在 R_S 上产生电压降 R_SI_S，在静态时，此电压为负值，即 $U_{GS}=-I_SR_S=-I_DR_S$，此时的 U_{GS} 即为电路的自给偏压。因为增强型绝缘栅场效应晶体管的 U_{GS} 为正，所以，自给偏压电路不适应增强型绝缘栅场效应晶体管，只适应耗尽型绝缘栅场效应晶体管。电路中各元器件作用如下：

R_S 为源极电阻，静态工作点受它控制；R_D 为漏极电阻，能使放大电路具有电压放大作用；R_G 为栅极电阻，用以构成栅源极间的直流通路，它不能太小，否则会影响放大电路的输入电阻；C_S 为源极电阻上的交流旁路电容；C_1 和 C_2 分别为输入端和输出端的耦合电容。

（2）分压式偏置电路　图 2-28 所示为分压式偏置电路，其中 R_{G1} 和 R_{G2} 为分压电阻，其他元器件与自给偏压电路相似。由于此时电阻 R_G 中无电流通过，所以栅源电压为

$$U_{GS}=\frac{R_{G2}}{R_{G1}+R_{G2}}U_{DD}-R_SI_D=V_G-R_SI_D \tag{2-33}$$

式中，V_G 为栅极电位。对 N 沟道耗尽型场效应晶体管，U_{GS} 应为负值，所以 $R_SI_D>V_G$；对 N 沟道增强型场效应晶体管，U_{GS} 应为正值，所以 $R_SI_D<V_G$。

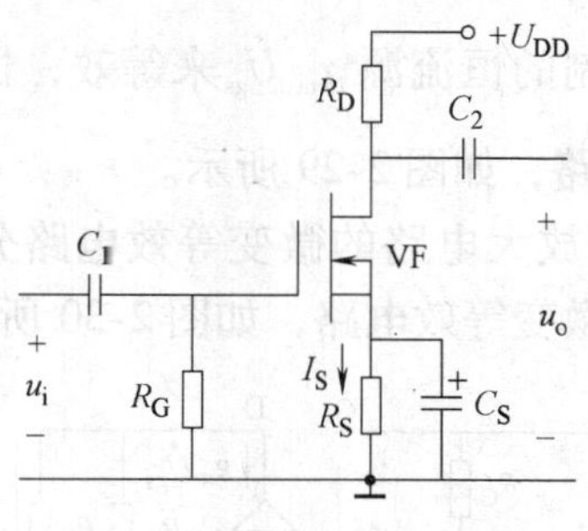

图 2-27　自给偏压电路

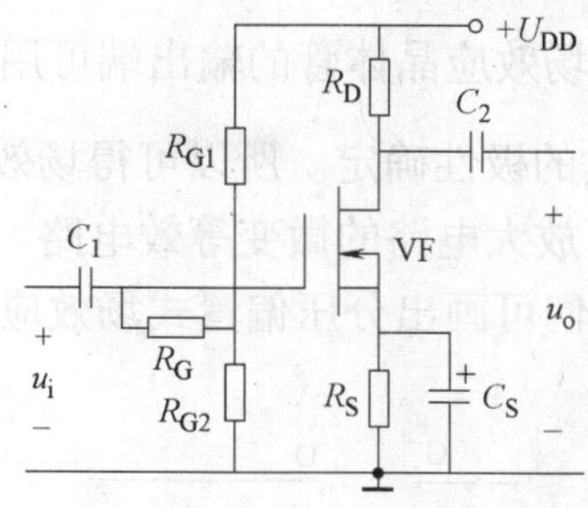

图 2-28　分压式偏置电路

2. 静态分析

对场效应晶体管放大电路的静态分析，有两种方法，即图解法和估算法。图解法的原理和晶体管的电路分析法相似，下面主要以 N 沟道场效应晶体管为例介绍估算法。

（1）自给偏压电路　从图 2-27 所示的电路可得

$$U_{GS} = -I_D R_S \tag{2-34}$$

由式（1-7）可知

$$I_D = I_{DSS}\left(1 - \frac{U_{GS}}{U_{GS(off)}}\right)^2$$

解上面两个联立方程就可确定自给偏压电路的静态工作点，此方法只适应耗尽型场效应晶体管。

（2）分压式偏置电路　从图 2-28 所示的电路可得

$$U_{GS} = -\left(R_S I_D - \frac{R_{G2}}{R_{G1}+R_{G2}}U_{DD}\right) \tag{2-35}$$

由式（1-7）可知

$$I_D = I_{DSS}\left(1 - \frac{U_{GS}}{U_{GS(off)}}\right)^2$$

解上面两个联立方程就可确定分压式偏置电路的静态工作点，此方法只适应耗尽型场效应晶体管。

若为增强型场效应晶体管分压式偏置电路，则可解下列两个联立方程就可确定它的静态工作点：

$$U_{GS} = -\left(R_S I_D - \frac{R_{G2}}{R_{G1}+R_{G2}}U_{DD}\right)$$

$$I_D = I_{Do}\left(\frac{U_{GS}}{U_{GS(th)}} - 1\right)^2$$

2.7.2　场效应晶体管放大电路的动态分析

若输入信号很小，则可认为场效应晶体管工作在线性放大区，和晶体管一样，场效应晶体管放大电路也可用微变等效电路来分析。

1. 微变等效电路

（1）场效应晶体管等效电路　从输入端来看，场效应晶体管的输入电阻 r_{gs} 很高，栅极电流 $\dot{I}_g$ 约为零. 所以可认为输入回路栅极和源极之间等效为开路，如图 2-29 所示。从输出端来看，场效应晶体管的输出端可用一个受栅源电压控制的恒流源 $g_m\dot{U}_{gs}$ 来等效，恒流源的方向由 $\dot{U}_{gs}$ 的极性确定。所以可得场效应晶体管的等效电路，如图 2-29 所示。

（2）放大电路的微变等效电路　与前面所讲的单管放大电路的微变等效电路分析方法相同，我们可画出分压偏置式场效应晶体管放大电路的微变等效电路，如图 2-30 所示。

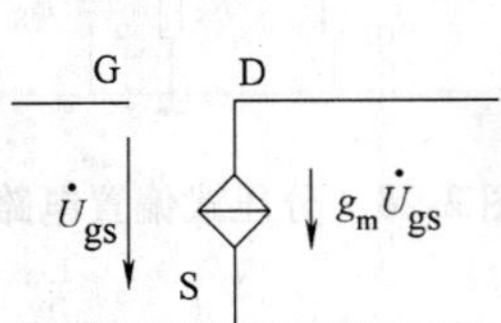

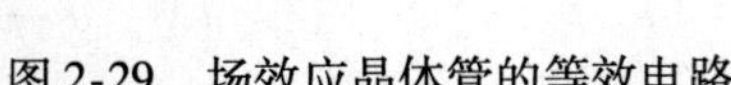
图 2-29　场效应晶体管的等效电路

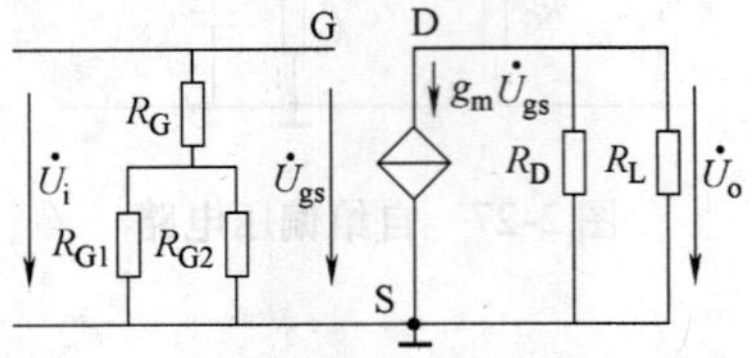

图 2-30　场效应晶体管放大电路的微变等效电路

2. 电压放大倍数 $\dot{A}_u$

由图 2-30 可得：
$$\dot{U}_o = -g_m\dot{U}_{gs}(R_D /\!/ R_L) = -g_m\dot{U}_{gs}R'_L \tag{2-36}$$

式中，$R'_L = R_D /\!/ R_L$。所以，电压放大倍数 $\dot{A}_u$ 为
$$\dot{A}_u = \frac{\dot{U}_o}{\dot{U}_i} = -g_m R'_L \tag{2-37}$$

由于场效应晶体管的跨导 g_m 很小，所以，其放大电路的电压放大倍数比晶体管放大电路的电压放大倍数要小。

3. 输入电阻 r_i 和输出电阻 r_o

输入电阻为
$$r_i = R_G + (R_{G1} /\!/ R_{G2}) \tag{2-38}$$

当 R_G 远大于（$R_{G1} /\!/ R_{G2}$），输入电阻 r_i 约等于 R_G，且很大。

输出电阻为
$$r_o = R_D /\!/ r_{ds} \tag{2-39}$$

式中，r_{ds} 为场效应晶体管的输出电阻，一般情况下 r_{ds} 远大于 R_D，所以输出电阻约等于 R_D。

【例 2-6】　在图 2-28 所示电路的 N 沟道耗尽型分压式偏置放大电路中，已知 $U_{DD}=16\text{V}$，$R_D=10\text{k}\Omega$，$R_S=10\text{k}\Omega$，$R_{G1}=120\text{k}\Omega$，$R_{G2}=40\text{k}\Omega$，$R_G=2\text{M}\Omega$，$R_L=10\text{k}\Omega$，$I_{DSS}=0.9\text{mA}$，$U_{GS(off)}=-4\text{V}$，$g_m=1.5\text{mA/V}$，试求各级放大电路的下列参数：（1）静态值；（2）电压放大倍数 $\dot{A}_u$；（3）输入电阻 r_i 和输出电阻 r_o。

解：（1）
$$U_{GS} = \frac{R_{G2}}{R_{G1}+R_{G2}}U_{DD} - R_S I_D = 4\text{V} - 10^4\Omega I_D$$

$$I_D = I_{DSS}\left(1-\frac{U_{GS}}{U_{GS(off)}}\right)^2 = 9\times10^{-4}\text{A}\left(1+\frac{U_{GS}}{4\text{V}}\right)^2$$

解上述两方程可得：$I_D = 0.5\text{mA}$，$U_{GD} = -1\text{V}$

$$U_{DS} = U_{DD} - (R_D + R_S)I_D = 16\text{V} - (10\text{k}\Omega + 10\text{k}\Omega)\times0.5\text{mA} = 6\text{V}$$

（2）由于 $R'_L = R_D /\!/ R_L = \frac{10\times10}{10+10}\text{k}\Omega = 5\text{k}\Omega$，所以：$\dot{A}_u = -g_m R'_L = -1.5\times5 = -7.5$

(3) 输入电阻为：$r_i = R_G + (R_{G1} // R_{G2}) = 2\times10^6\Omega + 30\times10^3\Omega = 2.03\times10^6\Omega \approx 2\text{M}\Omega$

输出电阻为：$r_o = R_D // r_{ds} \approx R_D = 10\text{k}\Omega$

本章小结

1. 放大电路的分析包括静态分析和动态分析。静态分析是确定放大电路的直流状态，为交流放大提供一个合适的静态工作点。静态工作点的确定可用估算法，静态工作点的选择、调整和稳定是静态分析的主要问题，静态工作点过高，电路将出现饱和失真，过低又会产生截止失真。动态分析，主要是分析放大电路对交流信号的放大能力，对信号源信号的利用率及带负载能力。可用电压放大倍数、输入电阻和输出电阻三个动态性能指标来衡量。

(1) 无输入信号时，放大电路中只有直流分量（也就是静态工作点的数值，由偏置电路决定）。有输入信号时，放大电路中除直流分量外，还有交流分量（随输入信号的变化而变化）。一个放大电路的电压放大倍数是指输出电压的变化量与输入电压的变化量之比，对交流放大电路来说，即为两者交流分量的最大值或有效值之比。

(2) 画直流通路的原则是：将电路中的电容视为开路，电感视为短路；只考虑直流，不考虑交流。

画交流通路的原则是：将电路中的电容视为短路，电感视为开路；只考虑交流，对直流电源而言，其内阻约为零，也可看成短路。

(3) 微变等效电路法：在小信号的工作情况下，晶体管的输入特性和输出特性可看成是线性的，此时从输入端向里看可等效为电阻 $r_{be}\left[r_{be} \approx 300\Omega + (1+\beta)\dfrac{26(\text{mV})}{I_E(\text{mA})}\right]$，从输出端向里看可等效为一个受控电流源（$\dot{i}_c = \beta\dot{i}_b$）的线性电路。此方法可求交流参数 $\dot{A}_u$、r_i 和 r_o。

(4) 静态工作点稳定电路是针对晶体管的热不稳定性而提出的，利用分压式偏置放大电路可提高放大电路的热稳定性，稳定静态工作点。

2. 多级放大电路的耦合方式主要有阻容耦合和直接耦合两种方式，它们各有优缺点。

(1) 阻容耦合：前后级之间是通过耦合电容连接的，其特点是前后级的静态工作点互不影响，可单独调整；但它只能放大交流信号，不适宜传送缓慢变化的信号和直流信号，不便于制成集成电路。

(2) 直接耦合：前后级之间是通过导线连接的，其特点不但能放大交流信号，还能传送缓慢变化的信号和直流信号；但前后级的静态工作点会互相影响，不可单独调整，主要应用在集成电路中。

3. 对于 n 级电压放大电路，有下列关系：前级的输出电阻 $r_{o(n-1)}$ 对后级来讲相当于后级的信号源的内阻 R_{sn}，后级的输入电阻 r_{in} 对前级来讲相当于前级的负载电阻 $R_{L(n-1)}$。其电压放大倍数、输入电阻和输出电阻的计算方法如下：

(1) $r_i = r_{i1}$；(2) $r_o = r_{on}$；(3) $\dot{A}_u = \dfrac{\dot{U}_o}{\dot{U}_i} = \dfrac{\dot{U}_{o1}}{\dot{U}_i}\dfrac{\dot{U}_{o2}}{\dot{U}_{i2}}\cdots\dfrac{\dot{U}_o}{\dot{U}_{in}} = \dot{A}_{u1}\cdot\dot{A}_{u2}\cdots\dot{A}_{um}$

放大电路的频率特性是指放大倍数的幅值和幅角与频率的关系，其中放大倍数幅值 $|\dot{A}_u|$ 与频率 f 的关系叫幅频特性；放大倍数幅角 φ_A（输出电压与输入电压之间的相位差）与频率 f 的关系叫相频特性。当放大电路的电压放大倍数下降到中频放大倍数 A_{um} 的0.707倍时，其所对应的频率 f_L 和 f_H 分别称为放大电路的下限截止频率和上限截止频率。f_H 和 f_L 之间的频率范围称为放大电路的通频带，简称频带，用 BW 表示，即 $BW=f_H-f_L$。多级阻容耦合放大电路，虽然其电压放大倍数增加了，但它的通频带却变窄了。

4. 功率放大电路的主要任务是在不失真或少量失真的前提下输出尽可能大的功率和尽可能提高放大电路的效率。功率放大电路的三种工作状态是甲类、甲乙类和乙类，一般工作在大信号状态，通常采用图解法进行分析。为了避免交越失真，可使静态工作点稍高于截止点，即避开死区段，也就是使放大电路工作在甲乙类状态。

复合管的电流放大系数近似等于两管电流放大系数的乘积，即 $\beta\approx\beta_1\beta_2$。典型的功率放大电路有OTL，它的功率和效率（假设电路工作在乙类和极限状态）为

$$P_{om}=\frac{U_{CC}^2}{8R_L},\ P_E=\frac{U_{CC}^2}{2\pi R_L},\ \eta=78.5\%$$

5. 场效应晶体管按其结构可分为结型场效应晶体管和绝缘栅场效应晶体管两类，是电压控制器件，具有很高的输入电阻。其电路的分析方法仍然是采用图解法和微变等效电路法；分析的内容仍然是静态和动态。

习　题　2

2.1　晶体管放大电路为什么要设置静态工作点，它的作用是什么？

2.2　在分压式偏置电路中，怎样才能使静态工作点稳定，发射极电阻的旁路电容 C_E 的作用是什么？

2.3　多级放大电路的通频带为什么比单级放大电路的通频带要窄？

2.4　对于共集电极放大电路，下列说法是否正确？

(1) 输出信号方向与输入信号方向相反。

(2) 电压放大倍数小于且约等于1。

(3) 输入电阻大。

(4) 输出电阻小。

2.5　放大电路的甲类、乙类和甲乙类三种工作状态各有什么优缺点？

2.6　什么是交越失真？如何克服交越失真，试举例说明？

2.7　为什么增强型绝缘栅场效应晶体管放大电路无法采用自给偏压电路？

2.8　为什么在绝缘栅场效应晶体管低频放大电路中，其输入端耦合电容通常取值很小，而在晶体管低频放大电路中，其输入端的耦合电容往往取值较大。

2.9　晶体管放大电路如图2-31所示，已知 $U_{CC}=12V$，$R_C=3k\Omega$，$R_B=240k\Omega$，晶体管的 $\beta=40$，试求：(1) 估算静态值 I_B、I_C、U_{CE}；(2) 在静态时，C_1 和 C_2 上的电压各为多少？极性如何？

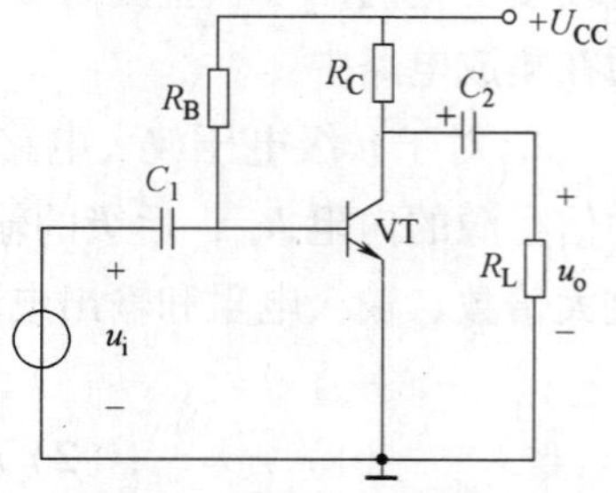

图2-31　习题2.9的图

2.10　在习题2.9中，若调节 R_B，使 $U_{CE}=3V$，则此时 R_B 为多少？若调节 R_B，使 $I_C=1.5mA$，此时 R_B 又等于多少？

2.11　在习题2.9中，若 $U_{CC}=10V$，现要求 $U_{CE}=5V$，$I_C=2mA$，$\beta=40$，试求 R_C 和 R_B 的阻值。

2.12　在习题2.9中，在下列两种情况下，试利用微变等效电路

法计算放大电路的电压放大倍数 A_u（假设 $r_{be}=1k\Omega$）：(1) 输出端开路；(2) $R_L=6k\Omega$。

2.13　试判断图 2-32 所示的电路是否具有放大作用，为什么？若不能，应如何改正？

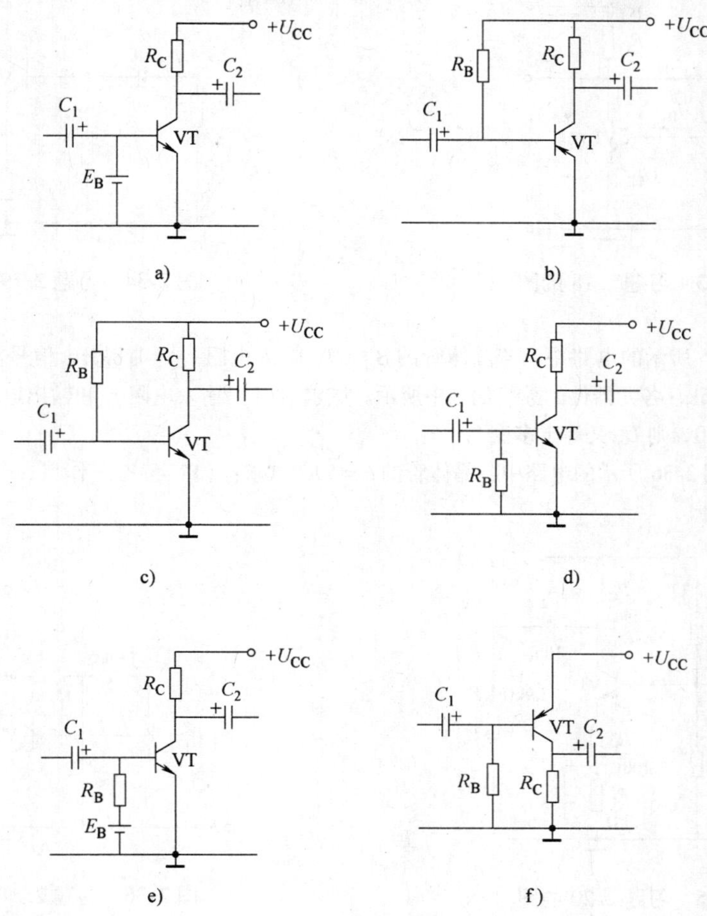

图 2-32　习题 2.13 的图

2.14　某放大电路的输出电阻 $r_o=4k\Omega$。输出端的开路电压有效值 $U_o=2V$，若该电路负载电阻 $R_L=6k\Omega$ 时，问此时输出电压将下降多少？

2.15　在图 2-10a 所示的分压式偏置电路中，已知 $U_{CC}=15V$，$R_C=3.3k\Omega$，$R_E=1.5k\Omega$，$R_{B1}=33k\Omega$，$R_{B2}=10k\Omega$，$R_L=5.1k\Omega$，晶体管的 $\beta=66$，$R_S=0$。试求：(1) 用估算法计算静态值；(2) 画出微变等效电路图；(3) 计算晶体管的输入电阻 r_{be}、电压放大倍数 A_u、放大电路的输入电阻 r_i 和输出电阻 r_o；(4) 计算放大电路输出端开路时的电压放大倍数，并说明负载 R_L 对电压放大倍数的影响。

2.16　在习题 2.15 中，若 $R_S=1k\Omega$，试计算输出端接有负载时的电压放大倍数 $A_u=\frac{\dot{U}_o}{\dot{U}_i}$ 和 $A_{us}=\frac{\dot{U}_o}{\dot{E}_s}$，并说明信号源内阻 R_S 对电压放大倍数的影响。

2.17　在习题 2.15 中若将图 2-10a 所示电路中的旁路电容 C_E 除去，试问：(1) 静态值有无变化；(2) 画出微变等效电路图；(3) 计算电压放大倍数。

2.18　电路如图 2-33 所示，若 $U_{CC}=20V$，$R_C=10k\Omega$，$R_B=330k\Omega$，$\beta=50$，试估算其静态值（I_C，I_B，U_{CE}）并说明静态工作点稳定的原理。

2.19　在图 2-34 所示的射极输出器电路中，若已知 $R_S=50\Omega$，$R_{B1}=100k\Omega$，$R_{B2}=30k\Omega$，$R_E=1k\Omega$，

晶体管的 $\beta=50$，$r_{be}=1k\Omega$。试求 A_u、r_i、r_o。

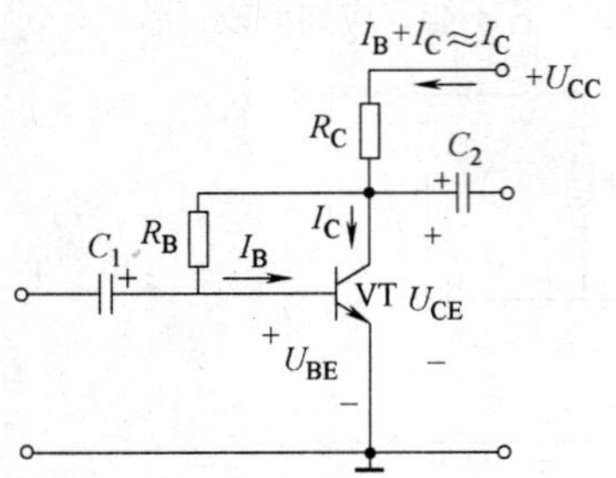

图 2-33　习题 2.18 的图

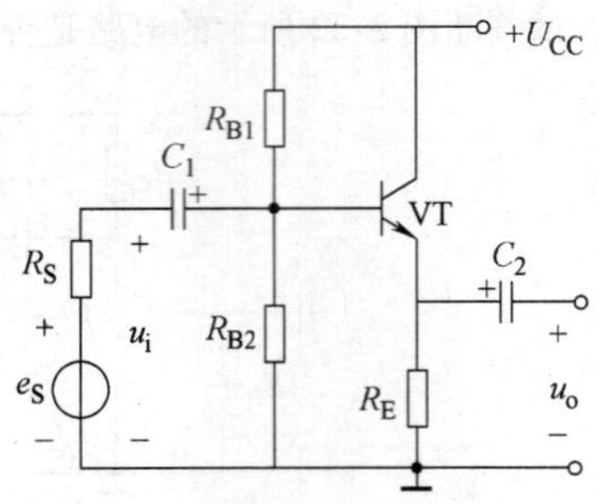

图 2-34　习题 2.19 的图

2.20　在图 2-35 所示的电路中，若晶体管的 $\beta=60$，输入电阻 $r_{be}=1.8k\Omega$，信号源的输入信号 $E_S=15mV$，内阻 $R_S=0.6k$，各元器件的数值如图中所示。试求：（1）输入电阻 r_i 和输出电阻 r_o；（2）输出电压 U_o；（3）若 $R''_E=0$，则 U_o 又等于多少？

2.21　已知在图 2-36 所示的电路中，晶体管的 $\beta=50$，试求：（1）静态工作点；（2）电压放大倍数、输入电阻和输出电阻。

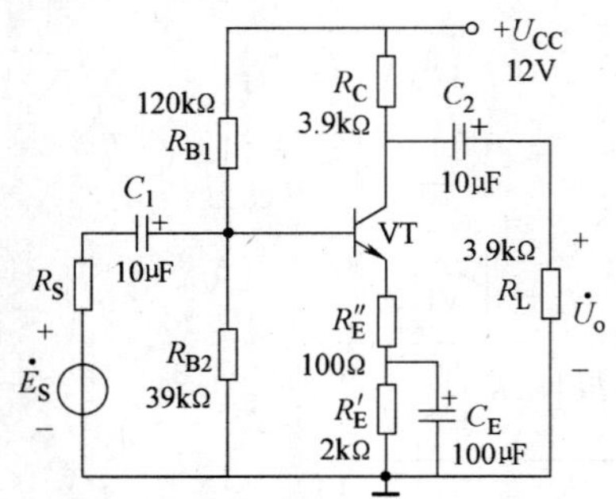

图 2-35　习题 2.20 的图

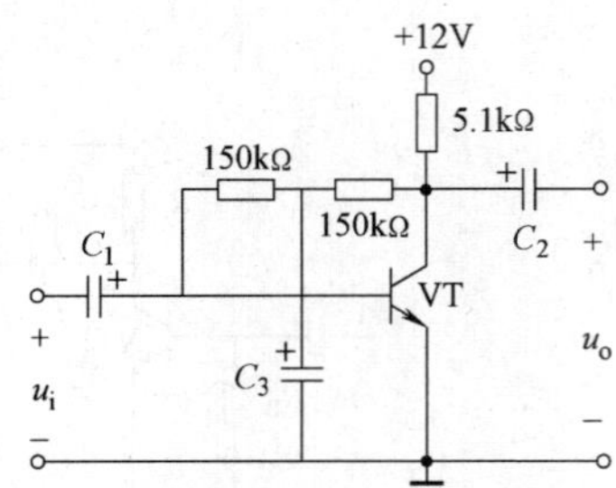

图 2-36　习题 2.21 的图

2.22　在图 2-22a 所示的 OTL 电路中，若负载 $R_L=8\Omega$，现要求最大不失真输出功率为 6.25W，设晶体管的饱和压降约为零，试问电源电压 U_{CC} 应为多少？

2.23　在图 2-28 所示的场效应晶体管分压式偏置电路中，若已知 $R_{G1}=2M\Omega$，$R_{G2}=47k\Omega$，$R_G=10M\Omega$，$R_D=30k\Omega$，$R_S=2k\Omega$，$U_{DD}=18V$，且静态时 $U_{GS}=-0.2V$，$g_m=1.2mA/V$，试求：（1）静态值 I_D 和 U_{DS}；（2）A_u，r_i 和 r_o；（3）若不要旁路电容 C_S，则 A_{uf} 为多少？

第3章　集成运算放大器及其应用

【学习目标】

通过本章学习，应主要了解差动放大电路的工作原理和集成运算放大器的主要参数，重点掌握放大电路反馈类型判定方法和负反馈对放大器性能的影响以及集成运算放大器的应用，还应理解集成运算放大器使用时应注意的问题。

3.1　差动放大电路

从电路结构上说，差动放大电路由两个完全对称的单管放大电路组成。由于该电路具有许多突出优点，因而成为集成运算放大器的基本组成单元。

3.1.1　差动放大电路的工作原理

最简单的差动放大电路如图3-1所示，它由两个完全对称的单管放大电路拼接而成。在该电路中，晶体管VT_1、VT_2型号一样、特性相同，是两个对称的晶体管。R_{B1}为输入回路限流电阻，R_{B2}为基极偏流电阻，R_C为集电极负载电阻。输入信号电压由两管的基极输入，输出电压从两管的集电极之间提取（也称双端输出），由于电路的对称性，在理想情况下，它们的静态工作点必然一一对应相等。

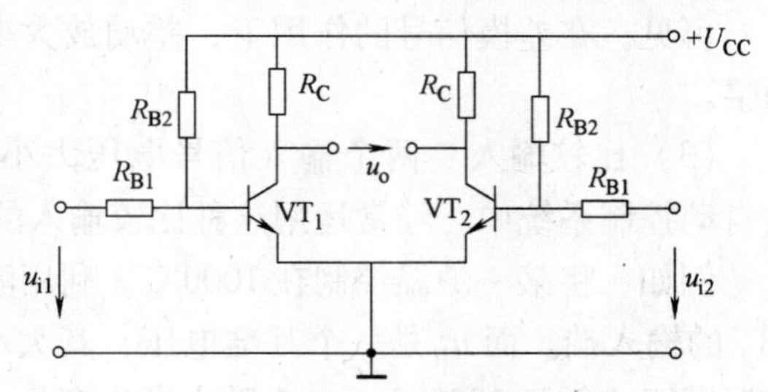

图3-1　差动放大原理电路

1. 抑制零点漂移

在输入电压$u_{i1}=u_{i2}=0$时，由于电路对称，存在$I_{C1}=I_{C2}$，所以两管的集电极电位相等，即$V_{C1}=V_{C2}$，故，$u_o=V_{C1}-V_{C2}=0$。

当温度升高引起晶体管集电极电流增大时，集电极电位都下降了，由于电路对称，导致两边的变化量相等，即：

$$\Delta I_{C1}=\Delta I_{C2},\ \Delta V_{C1}=\Delta V_{C2}$$

虽然每个管都产生了零点漂移，但是，由于两集电极电位的变化相同的，所以输出电压依然为零，即$u_o=V_{C1}+\Delta V_{C1}-(V_{C2}+\Delta V_{C2})=0$。

由以上分析可知，在理想情况下，由于电路的对称性，输出信号电压采用从两管集电极间提取的双端输出方式，对于无论什么原因引起的零点漂移，均能有效地抑制。

抑制零点漂移是差动放大电路最突出的优点。但必须注意，在这种最简单的差动放大电路中，每个管子的漂移仍然存在。

2. 动态分析

差动放大电路的信号输入有共模输入、差模输入、比较输入三种类型，输出方式有单端输出、双端输出两种。

（1）共模输入　在电路的两个输入端输入大小相等、极性相同的信号电压，即 $u_{i1}=u_{i2}$，这种输入方式称为共模输入。大小相等、极性相同的信号为共模信号。

很显然，由于电路的对称性，在共模输入信号的作用下，两管集电极电位的大小、方向变化相同，输出电压为零（双端输出），说明差动放大电路对共模信号无放大作用，共模信号的电压放大倍数为零。实际上温漂电压折合到两个输入端，就相当于一对共模信号。所以差动电路抑制共模信号能力的大小，也反映出它对零点漂移的抑制水平。这一作用是很有意义的。

（2）差模输入　在电路的两个输入端输入大小相等、极性相反的信号电压，即 $u_{i1}=-u_{i2}$，这种输入方式称为差模输入。大小相等、极性相反的信号，为差模信号。在图 3-1 所示电路中，设 $u_{i1}>0$，$u_{i2}<0$，则在 u_{i1} 的作用下，VT_1 管的集电极电流增大了 ΔI_{C1}，导致集电极电位下降了 ΔV_{C1}（为负值）；同理，在 u_{i2} 的作用下，VT_2 管的集电极电流减小了 ΔI_{C2}，导致集电极电位升高了 ΔV_{C2}（为正值），很显然，ΔV_{C1} 和 ΔV_{C2} 大小相等、一正一负，输出电压为

$$u_o=\Delta V_{C1}-\Delta V_{C2}$$

若 $\Delta V_{C1}=-2V$，$\Delta V_{C2}=2V$，则，$u_o=\Delta V_{C1}-\Delta V_{C2}=-2V-2V=-4V$

可见，在差模信号的作用下，差动放大电路的输出电压为两管各自输出电压变化量的两倍。

（3）比较输入　两个输入信号电压大小和相对极性是任意的，既非差模，又非共模。在自动控制系统中，经常运用这种比较输入的方式。

例如，将某一炉温控制在 1000℃。利用温度传感器将炉温转变成电压信号作为 u_{i2} 加在 VT_2 的输入端。而 u_{i1} 是一个基准电压，其大小等于 1000℃ 时温度传感器的输出电压。如果炉温高于或低于 1000℃，u_{i2} 会随之发生变化，使 u_{i2} 与基准电压 u_{i1} 之间出现差值。差动放大电路将其差值进行放大，其输出电压为

$$u_o=A_u(u_{i1}-u_{i2})$$

$u_{i1}-u_{i2}$ 的差值为正，说明炉温低于 1000℃，此时 u_o 为正值；反之，u_o 为负值。利用输出电压的正负就可以控制炉子降温或升温。

（4）主要技术指标差模电压增益 A_{ud}、共模电压增益 A_{uc} 和共模抑制比 K_{CMRR} 的估算　在图 3-1 所示电路中，若输入为差模信号，即 $u_{i1}=-u_{i2}=\dfrac{u_{id}}{2}$，则因一管的电流增加，另一管的电流减小，在电路完全对称的条件下，i_{C1} 的增加量等于 i_{C2} 的减小量，所以当从两管集电极作双端输出时，其差模电压增益与单管放大电路的电压增益相同，即

$$A_{ud}=\frac{u_o}{u_{id}}=\frac{u_{o1}-u_{o2}}{u_{i1}-u_{i2}}=\frac{2u_{o1}}{2u_{i1}}=-\beta\frac{R_c}{r_{be}} \tag{3-1}$$

在共模信号作用下，图 3-1 所示电路中的 VT_1 管和 VT_2 管相对应电量的变化完全相同，显然，其输出电压 $u_o=u_{o1}-u_{o2}=0$，则其共模电压放大倍数为 $A_{uc}=0$。

理想的差动放大器能有效地放大差模信号，完全抑制共模信号。实际电路中，由于 VT_1 管和 VT_2 管不能完全对称，所以共模电压放大倍数不可能为零。通常把差动放大器的差模电压放大倍数 A_{ud} 与共模电压放大倍数 A_{uc} 之比，称为共模抑制比，用 K_{CMRR} 表示：

$$K_{CMRR}=\left|\frac{A_{ud}}{A_{uc}}\right| \tag{3-2}$$

也可以用对数形式来表示，其单位为分贝（dB）。

$$K_{CMRR}=20\lg\left|\frac{A_{ud}}{A_{uc}}\right|(\mathrm{dB}) \tag{3-3}$$

共模抑制比 K_{CMRR} 是用来衡量差动放大器放大差模信号、抑制共模信号能力，K_{CMRR} 的值越大，表示差动放大器放大差模信号、抑制共模信号能力越强，差动放大器性能也就越好。

3.1.2 典型差动放大电路

差动放大电路是依靠电路的对称性和采用双端输出方式，用双倍的元器件换取有效抑制零漂的能力。每个管子的零漂并未受到抑制。再者，电路的完全对称是不可能的。如果采用单端输出（从一个管子的集电极与地之间取输出电压）零点漂移就根本得不到抑制。为此，必须采用有效措施抑制每个管子的零点漂移。典型差动放大电路如图 3-2 所示，与最简单的差动放大电路相比，该电路增加了调零电位器 RP、发射极公共电阻 R_E 和负电源 $-E_E$。

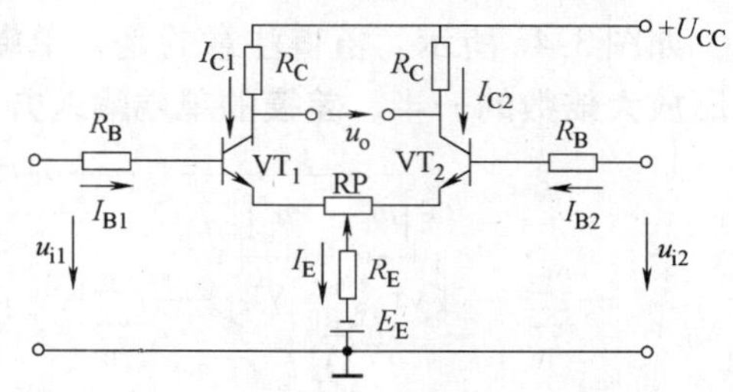

图 3-2 典型差动放大电路

下面分析电路抑制零点漂移的原理以及发射极公共电阻 R_E（可以认为调零电位器 RP 是 R_E 的一部分）和负电源 E_E 的作用。

由于电路的对称性，无论是温度的变化还是电源电压的波动，都会引起两个晶体管集电极电流和电压的相同变化，因此，其中相同的变化量互相抵消，使输出电压不变，从而抑制了零点漂移。当然，实际情况是：为了克服电路不完全对称引起的零点漂移及减小每个晶体管集电极对地的漂移电压，电路中增加了发射极公共电阻 R_E，它具有电流负反馈作用，可以稳定静态工作点。例如温度升高时，VT_1 和 VT_2 的集电极电流都要增大，它们的发射极电流会增大，流过发射极公共电阻的电流 I_E 也会增大，R_E 上的电压增大，VT_1 和 VT_2 的发射极电位升高，使 U_{BE1} 和 U_{BE2} 减小，则 I_{B1} 和 I_{B2} 减小，从而抑制了 I_{C1} 和 I_{C2} 的增加。这样，由于温度变化引起的每个管子的漂移，通过 R_E 的作用得到了一定程度的抑制，抑制零点漂移的过程如图 3-3 所示。由温度变化造成每个晶体管输出电压的漂移都得到一定程度的抑制，且 R_E 的阻值越大，抑制零漂的作用就会越强。

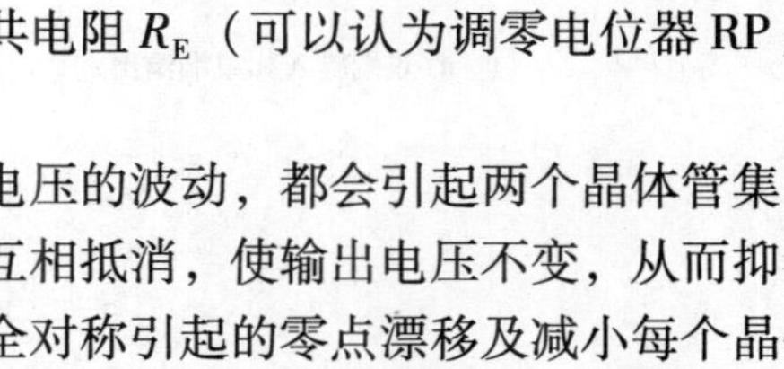

温度↑ → I_{C1}↑、I_{C2}↑ → I_E↑ U_{RE}↑ → U_{BE1}↓ → I_{B1}↓ → I_{C1}↓；U_{BE2}↓ → I_{B2}↓ → I_{C2}↓

图 3-3 典型差动放大电路抑制零点漂移的过程

由于差模信号使两个晶体管的集电极电流一增一减，只要电路的对称性足够好，其变化量的大小相等，流过 R_E 的电流就等于静态值不变，因此 R_E 对差模信号的放大基本上不产生影响。

既然 R_E 不影响差模信号的放大，为了使 R_E 抑制零漂的作用显著一些，其阻值可以取得大一些。但是，在 U_{CC} 一定的情况下，过大的 R_E 会使管压降 U_{CE} 变小，静态工作点下移，集电极电流减小，电压放大倍数下降。为此，接入负电源 E_E 来补偿 R_E 上的静态压降，从而保证两个晶体管有合适的静态工作点。

在输入信号电压为零时，因电路不会完全对称，会使输出电压不等于零。这时可调节电位器 RP 使输出电压为零，所以 RP 称为调零电位器。但因 RP 会使电压放大倍数降低，所以其阻值不宜过大，一般为几十欧到几百欧。

由以上分析可知，典型差动放大电路既可利用电路的对称性、采用双端输出的方式抑制零点漂移；又可利用发射极公共电阻 R_E 的作用抑制每个晶体管的零点漂移、稳定静态工作点。因此，这种典型差动放大电路即使是采用单端输出，其零点漂移也能得到有效的抑制。所以这种电路得到了广泛的应用。

差动放大器除了前面所介绍的双端输入和双端输出方式外，还有双端输入和单端输出方式，如图 3-4a 所示；单端输入和双端输出方式，如图 3-4b 所示；单端输入和单端输出方式，如图 3-4c 所示。值得注意的是，**单端输出时，差模电压放大倍数只有双端输出时差模电压放大倍数的一半，差模的单端输入方式等效于差模的双端输入方式。**

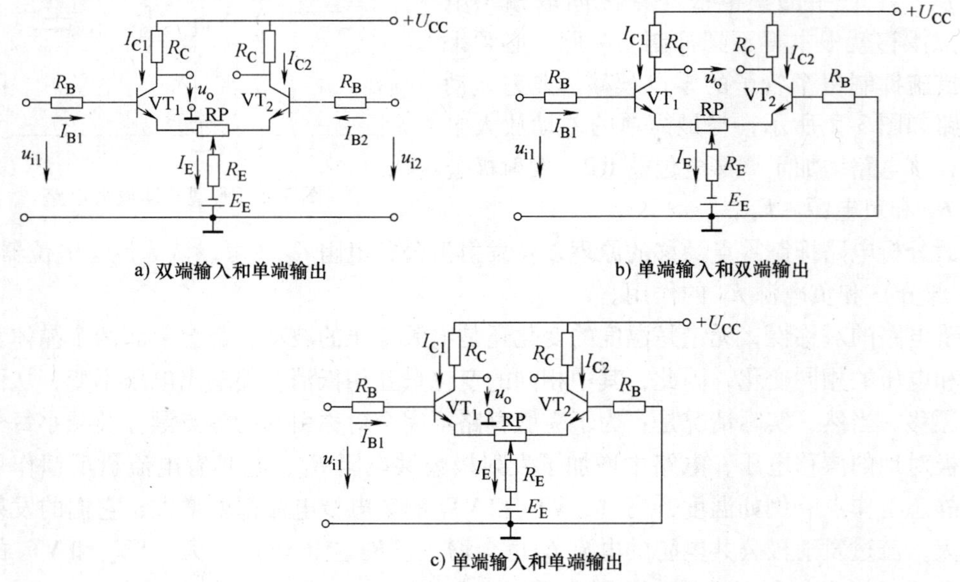

图 3-4　差动放大器的其他输入和输出方式

3.2　集成运算放大器简介

3.2.1　集成运算放大器的组成

1. 集成电路的概念

所谓集成电路，是相对于分立元器件而言的，就是把整个电路的各个元器件以及相互之间连接同时制造在一块半导体芯片上，组成一个不可分割的整体。

2. 集成运算放大器的基本组成

从电路的总体结构上看，集成运算放大器基本上都由输入级、中间放大级、输出级和偏置电路四个部分组成，如图 3-5 所示。各部分的作用如下：

1）输入级：一般采用具有恒流源的双输入端的差分放大电路，主要作用是减小放大电路的零点漂移、提高输入阻抗。

2）中间放大级：一般采用多级放大电路，主要作用是放大电压，使整个集成运算放大器有足够高的电压放大倍数。

3）输出级：一般采用射极输出器或互补对称电路，其目的是实现与负载的匹配，使电路有较大的输出功率和较强的带负载能力。

4）偏置电路：是为上述各级电路提供稳定合适的偏置电流，稳定各级的静态工作点，一般由各种恒流源电路构成。

3. LM741

LM741 是最典型的集成运算放大器，其电路图符号如图 3-6 所示，它有 8 个引脚，各引脚的用途是：

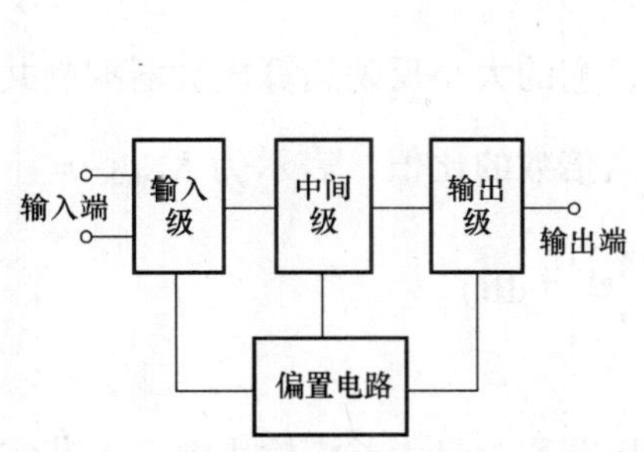

图 3-5　集成运算放大器的基本组成框图

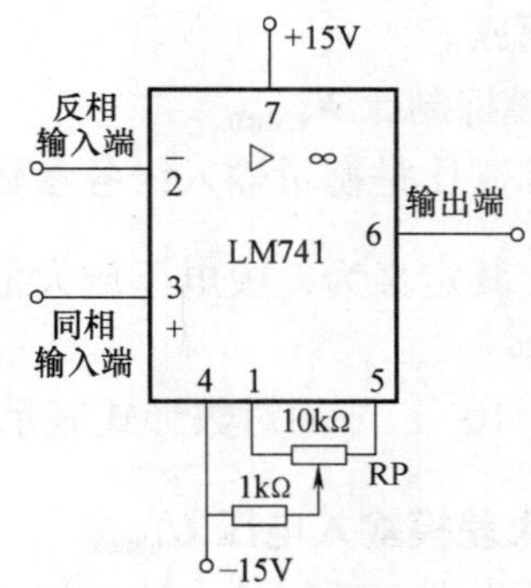

图 3-6　LM741 的电路图符号

1）输入和输出端：LM741 的引脚 2（反相输入端）和 3（同相输入端）为差分输入级的两个输入端，引脚 6 为输出级的输出端，输入信号由引脚 2 输入时，6 端的输出信号与输入信号反相（或极性相反）。输入信号由引脚 3 输入时，6 端的输出信号则与输入信号同相（或极性相同），运算放大器的反相和同相输入端对于它的应用极为重要，绝对不能搞错。

2）电源端：引脚 7 与 4 为外接电源端，为集成运算放大器提供直流电源。运算放大器通常采用双电源供电方式，引脚 4 接负电源组的负极，引脚 7 接正电源组的正极，使用时不能接错。

3）调零端：引脚 1 和 5 为外接调零补偿电位器端。集成运算放大器的输入级虽为差动电路，但电路参数和晶体管特性不可能完全对称，因而当输入信号为零时，输出一般不为零。调节电位器 RP，可使输入信号为零时，输出信号也为零。

3.2.2　集成运算放大器的主要参数

1. 开环差模电压增益

开环差模电压增益 A_{ud}，是指集成运算放大器组件没有外接反馈电阻（开环）时，对差模信号的电压增益。A_{ud} 愈大，运算放大器的准确度愈高，工作愈稳定，集成运算放大器的

A_{ud}很高，为 $10^4 \sim 10^7$。

2. 输入失调电压 U_{io}

当输入信号为零时，输出 u_o 不等于 0，在输入端加上相应的补偿电压使其输出电压为零，该补偿电压称为输入失调电压 U_{io}。U_{io}一般为毫伏级。

3. 输入失调电流 I_{io}

由于电路参数不对称，当输入信号为零时，运算放大器两个输入端的静态基极电流不相等，其差值 $I_{io} = |I_{B1} - I_{B2}|$。$I_{io}$一般在微安数量级，其值愈小愈好。

4. 差模输入电阻 r_{id}和输出电阻 r_o

运算放大器两个输入端之间的电阻 $r_{id} = \dfrac{\Delta U_{id}}{\Delta I_{id}}$，称为差模输入电阻。这是一个动态电阻，它反映了运算放大器的差分输入端向差模输入信号源所取用电流的大小。通常希望 r_{id}尽可能大一些。一般为几百千欧到几兆欧。

输出电阻 r_o 是指运算放大器在开环状态下，输出端电压变化量与输出电流变化量的比值。它的值反映运算放大器带负载的能力。其值越小带负载的能力越强，r_o 的数值一般是几十欧到几百欧。

5. 共模抑制比 K_{CMRR}

共模抑制比是衡量输入级各参数对称程度的标志，它的大小反映运算放大器抑制共模信号的能力，其定义为差模电压放大倍数与共模电压放大倍数的比值，表示为 $K_{CMRR} = \left|\dfrac{A_{ud}}{A_{uc}}\right|$，约为 $10^3 \sim 10^4$，或用对数形式表示为 $K_{CMRR} = 20\lg\left|\dfrac{A_{ud}}{A_{uc}}\right|$（dB）。

6. 最大差模输入电压 U_{idmax}

同相输入端和反相输入端之间所允许加的最大电压差称为最大差模输入电压。若实际所加的电压超过这个电压值，运算放大器输入级的晶体管将出现反向击穿现象，使运算放大器输入特性显著恶化，甚至造成永久性损坏，LM741 的 U_{idmax}约为 +36V。

7. 最大共模输入电压 U_{icmax}

运算放大器对共模信号具有抑制的性能，但这个性能是在规定的共模电压范围内才具有。如超出这个电压，运算放大器的共模抑制性能就大为下降，甚至造成器件损坏。LM741 的 U_{icmax} 约为 +16V。

8. 静态功耗 P_{co}

静态功耗是指不接负载，且输入信号为零时，运算放大器本身所消耗的电源总功率。一般 P_{co}为几十毫瓦。

9. 最大输出电压 U_{opp}

使输出电压和输入电压保持不失真关系的最大输出电压叫最大输出电压。LM741 的最大输出电压约为 +16V。

3.2.3　理想的集成运算放大器

1. 理想集成运算放大器的主要条件

1）开环差模电压增益 $A_{ud} = \infty$；

2）共模抑制比 $K_{CMRR}=\infty$；

3）开环差模输入电阻 $r_{id}=\infty$；

4）开环共模输入电阻 $r_{ic}=\infty$；

5）开环输出电阻 $r_o=0$。

集成运算放大器可以工作在线性区，也可以工作在非线性区。

2. 理想集成运算放大器的表示符号

理想集成运算放大器的图形符号如图 3-7 所示。在直流信号放大电路中使用的集成运算放大器是工作在线性区域的，把集成运算放大器作为一个线性放大器件应用，它的输出和输入之间应满足如下的关系：

$$u_o=A_{ud}u_i=A_{ud}(u_+-u_-) \tag{3-4}$$

3. 理想集成运算放大器的特性

1）集成运算放大器的电压传输特性如图 3-8 所示。图中横坐标为 $u_i=u_+-u_-$。

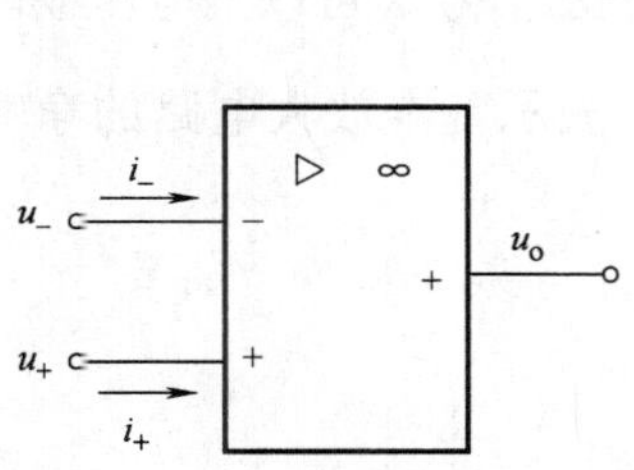

图 3-7　理想集成运算放大器的表示符号

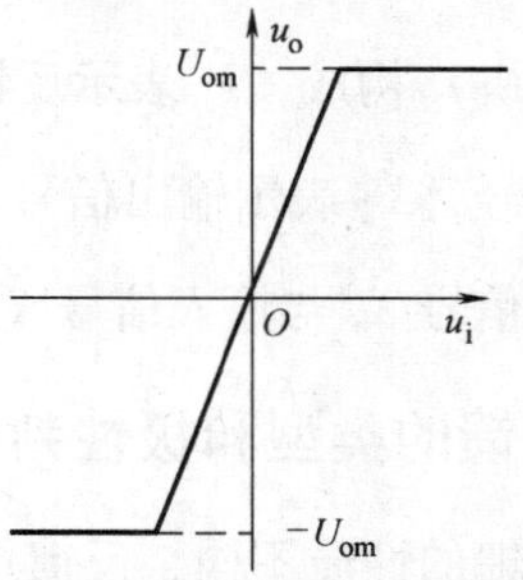

图 3-8　集成运算放大器的电压传输特性

2）为了使集成运算放大器工作在线性区，通常把外部电阻、电容、半导体器件等跨接在集成运算放大器的输出端与输入端之间，构成闭环负反馈工作状态，限制其电压放大倍数。

3）工作在线性区域的理想集成运算放大器有两个重要理论：

① 集成运算放大器同相输入端和反相输入端的电位相等（虚短）。由式（3-4）可知，在线性工作范围内，$u_i=u_+-u_-=\frac{u_o}{A_{ud}}$，而理想集成运算放大器 $A_{ud}=\infty$，输出电压 u_o 又是一个有限值，所以有 $u_i=u_+-u_-=0$，即

$$u_+=u_- \tag{3-5}$$

② 集成运算放大器同相输入端和反相输入端的输入电流等于零（虚断）。因为理想集成运算放大器的 $r_{id}=\infty$，所以由同相输入端和反相输入端流入集成运算放大器的信号电流为零，即

$$i_+=i_-=0 \tag{3-6}$$

应用上述两个结论，可以使集成运算放大器应用电路的分析大大简化，因此，这两个结论是分析具体运算放大器组成电路的依据。

4）运算放大器工作在饱和区时，式（3-4）不能满足，这时输出电压 u_o 只有两种可能，或等于 u_{om} 或等于 $-u_{om}$，而 u_+ 与 u_- 不一定相等。当 $u_+>u_-$ 时，$u_o=u_{om}$；当 $u_+<u_-$ 时，$u_o=-u_{om}$。

3.3　负反馈放大电路

3.3.1　反馈的基本概念

反馈，就是在放大电路中，将放大电路输出信号（电压或电流）的一部分或全部通过某种电路返送到输入端的现象。反向传输信号的电路称为反馈电路或反馈网络，它是把输入回路和输出回路联系起来的环节。带有反馈网络的放大电路称为反馈放大电路。反馈放大电路的框图如图 3-9 所示。

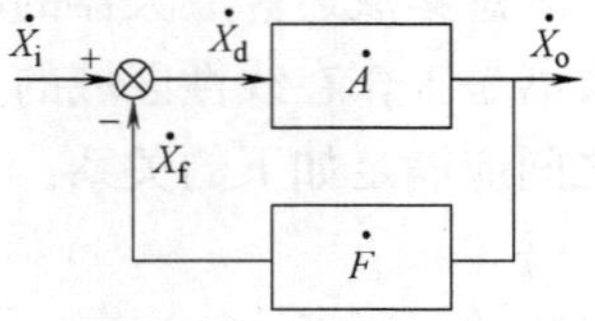

图 3-9　反馈放大电路的框图

图中 $\dot{A}$ 表示放大电路的放大倍数，可以是单级放大电路，也可以是多级或集成运算放大器（关于集成运算放大器后面会详细讲）构成，$\dot{F}$ 表示反馈电路的反馈系数，$\dot{X}$ 表示信号（可以是电压或电流），$\dot{X}_i$ 表示输入信号，$\dot{X}_o$ 表示输出信号，$\dot{X}_f$ 表示反馈信号，$\dot{X}_d$ 表示基本放大电路的净输入信号，⊗表示反馈信号 $\dot{X}_f$ 与输入信号 $\dot{X}_i$ 的比较环节。

3.3.2　反馈的类型和极性判定

根据反馈的性质不同，反馈可分为以下几种类型。

1. 正反馈和负反馈

1）正反馈：反馈信号使净输入信号增加，以使电路的输出信号增加的反馈称为正反馈。

2）负反馈：反馈信号使净输入信号减小，以使电路的输出信号减小的反馈称为负反馈。

通常采用“瞬时极性法”判别正、负反馈，即先假定输入信号处于某一瞬时极性（在电路中用符号⊕⊖来表示瞬时极性的正、负，分别代表该点的瞬时信号的变化为升高和下降），然后逐级推出电路其他各有关点的瞬时极性，最后判断反馈到输入端信号的瞬时极性是增强还是削弱了原来的信号。若是增强了原来的信号，则为正反馈；若是减弱了原来的信号，则为负反馈。

【例 3-1】　试判断图 3-10 所示电路中的反馈为正反馈还是负反馈。

解：对图 3-10a 所示电路来说，假设在 VT_1 的基极有一个瞬时极性对地为正的信号，则可得 VT_2 的基极有一个瞬时极性对地为负的信号，所以，VT_2 发射极电压瞬时极性为负，使通过反馈元件 R_f 的反馈电流增大，流入 VT_1 基极的电流将减小，即反馈信号削弱了 VT_1 原来的输入信号，所以为负反馈。

对图 3-10b 所示电路来说，假设在 VT_1 的基极有一个瞬时极性对地为正的信号，则可得 VT_2 发射极反馈到 VT_1 发射极的电压瞬时极性为负，VT_1 发射极的电位将下降，VT_1 发射极的净输入信号将增加，即反馈信号增强了 VT_1 原来的输入信号，所以为正反馈。

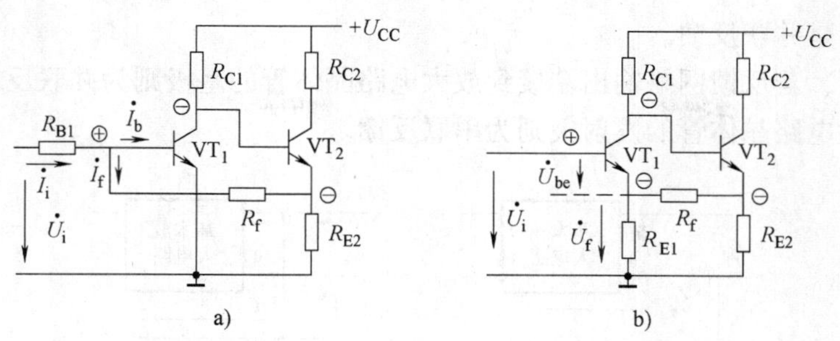

图 3-10　瞬时极性法判断正、负反馈的实例图

2. 直流反馈和交流反馈

1）直流反馈：如果反馈信号中只有直流分量，没有交流分量，则为直流反馈。

2）交流反馈：如果反馈信号中只有交流分量，没有直流分量，则为交流反馈。

3. 电压反馈和电流反馈

1）电压反馈：如果反馈信号是取自输出电压，则为电压反馈。其电路框图如图 3-11a 所示。

2）电流反馈：如果反馈信号是取自输出电流，则为电流反馈。其电路框图如图 3-11b 所示。

判别的方法是：假设把输出端短路，若反馈信号消失，则属于电压反馈；若反馈信号还存在，则属于电流反馈。

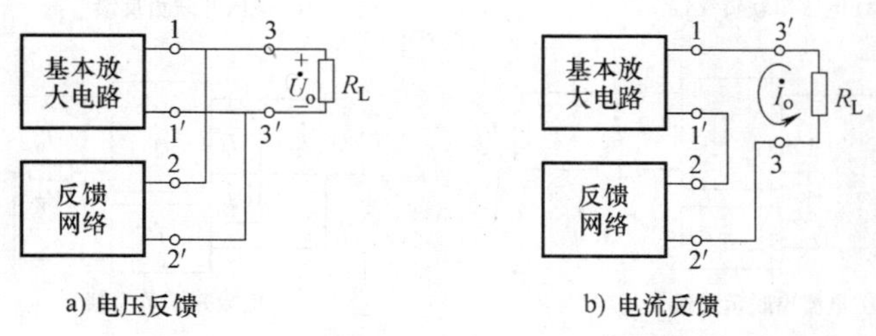

图 3-11　电压反馈和电流反馈的框图

4. 串联反馈和并联反馈

1）串联反馈：如果放大电路的净输入信号 $\dot{X}_d$ 是由输入信号 $\dot{X}_i$ 和反馈信号 $\dot{X}_f$ 串联而成的，则为串联反馈，此时反馈信号总是以电压的形式出现在输入回路。其电路框图如图 3-12a 所示，此时，$\dot{U}_d=\dot{U}_i-\dot{U}_f$。

2）并联反馈：如果放大电路的净输入信号 $\dot{X}_d$ 是由输入信号 $\dot{X}_i$ 和反馈信号 $\dot{X}_f$ 并联而成的，则为并联反馈，此时反馈信号总是以电流的形式出现在输入回路。其电路框图如图 3-12b 所示，此时，$\dot{I}_d=\dot{I}_i-\dot{I}_f$。

判别的方法是：假设把反馈网络输出端短路（$\dot{I}_f=0$ 或 $\dot{U}_f=0$），由图 3-12 可知，对于并联反馈，因输入信号同时也被短路而不能进入放大电路，但串联反馈输入信号没有被短路仍可进入放大电路。所以把反馈网络输出端短路，根据原输入信号能否进入放大电路就可判定是串联反馈还是并联反馈。

一般情况下，若反馈网络输出端接到放大电路晶体管的基极则为并联反馈，若反馈网络输出端接到放大电路晶体管的发射极则为串联反馈。

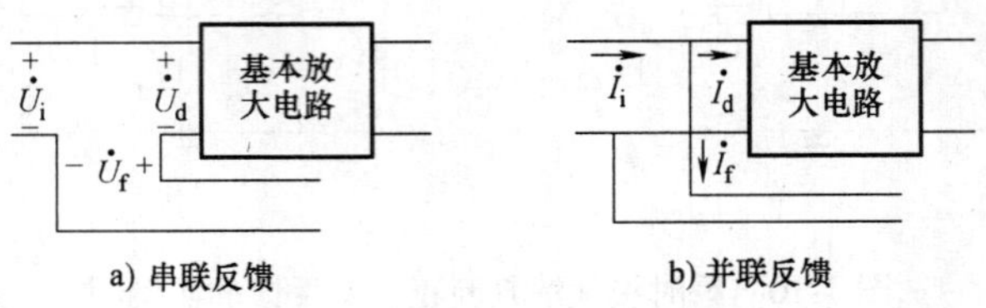

图 3-12 串联反馈和并联反馈的框图

5. 负反馈放大电路的四种基本类型

由上述讨论可知，根据反馈信号和输入信号及输出信号之间的关系，可把负反馈电路分成四种基本类型，即电压串联负反馈；电压并联负反馈；电流串联负反馈；电流并联负反馈。它们的电路框图如图 3-13 所示。

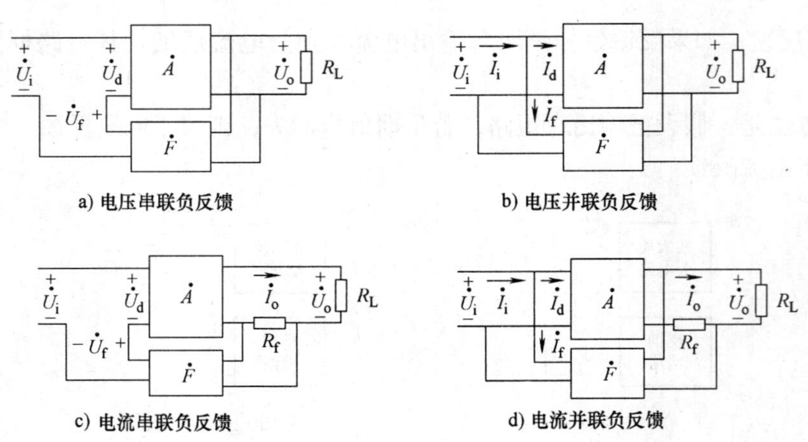

图 3-13 负反馈放大器四种基本类型的框图

3.3.3 负反馈对放大电路性能的影响

1. 降低了放大电路的放大倍数，并提高放大电路的稳定性

从图 3-9 所示的反馈放大电路框图可得：

开环放大倍数（无反馈时的放大倍数）： $\dot{A}=\dot{X}_o/\dot{X}_d$ (3-7)

闭环放大电路（有反馈时）的反馈系数： $\dot{F}=\dot{X}_f/\dot{X}_o$ (3-8)

闭环放大倍数（有反馈时的放大倍数）： $\dot{A}_f=\dot{X}_o/\dot{X}_i$ (3-9)

即闭环放大倍数可表示为

$$\dot{A}_f=\frac{\dot{X}_o}{\dot{X}_d+\dot{X}_f}=\frac{\dot{X}_o}{\dot{X}_d+\dot{A}\dot{F}\dot{X}_d}=\frac{\dot{X}_o}{\dot{X}_d}\cdot\frac{1}{1+\dot{A}\dot{F}}=\frac{\dot{A}}{1+\dot{A}\dot{F}} \tag{3-10}$$

由式（3-7）和式（3-8）可得：

$$\dot{A}\dot{F}=\dot{X}_f/\dot{X}_d \tag{3-11}$$

式中，$\dot{X}_f$ 和 $\dot{X}_d$ 因同为电压或电流，并且是同相，所以 $\dot{A}\dot{F}$ 为正实数。由此可见，$|\dot{A}_f|<|\dot{A}|$。即引入负反馈后，放大倍数将下降。$|1+\dot{A}\dot{F}|$称为反馈深度，其值愈大，负反馈作用愈强，$\dot{A}_f$ 也就愈小。

若负反馈深度愈深，即$|1+\dot{A}\dot{F}|>>1$ 时，则

$$\dot{A}_f\approx\frac{1}{\dot{F}} \tag{3-12}$$

从上式可看出，**在深度负反馈的情况下，闭环放大倍数仅与反馈电路的参数有关**（如电阻和电容等），**而它们基本上不受外界因素变化的影响。这时放大电路的工作**（放大倍数）**非常稳定。**

2. 减小非线性失真

无反馈时放大电路的框图如图 3-14a 所示，设其输入信号 $\dot{X}_i$ 为正弦波，由于非线性失真，输出信号 $\dot{X}_o$ 为一个上半波大、下半波小的失真波形。在电路引入负反馈后，由于反馈信号 $\dot{X}_f$ 与输出信号 $\dot{X}_o$ 成正比，所以，反馈信号 $\dot{X}_f$ 也是一个上半波大、下半波小的波形，这个波形 $\dot{X}_f$ 与输入信号 $\dot{X}_i$ 比较后得到的净输入信号 $\dot{X}_d$ 为上半波小、下半波大的波形，这个波形 $\dot{X}_d$ 经过放大电路放大后，可使输出信号 $\dot{X}_o$ 的失真得到一定程度的补偿，**即从本质上说，负反馈是利用失真了的波形来改善波形的失真，所以只能减小失真，而不能完全消除失真，**如图 3-14b 所示。

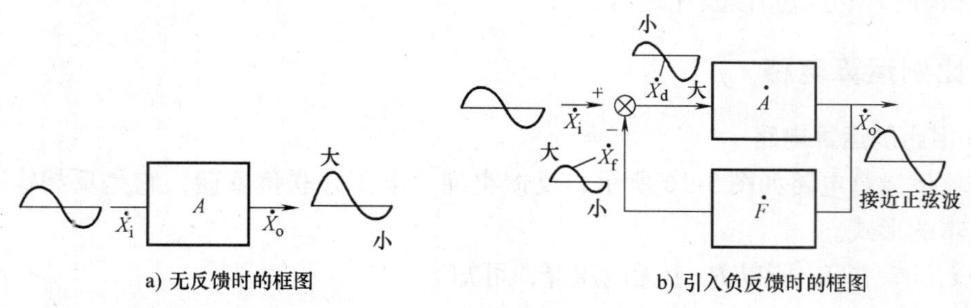

图 3-14　负反馈减小非线性失真

3. 展宽放大电路的通频带

放大电路引入负反馈后，放大倍数将下降，但在低频区、高频区和中频区下降的程度是不同的。在中频区内，放大电路的放大倍数较大，因此放大倍数下降较多；而在低频区和高频区内，放大电路的放大倍数较小，因此放大倍数下降较少。所以，放大电路的幅频特性变得平坦，使上限频率移至 f_{Hf}，下限频率移至 f_{Lf}，如图 3-15 所示，结果通频带变宽，即

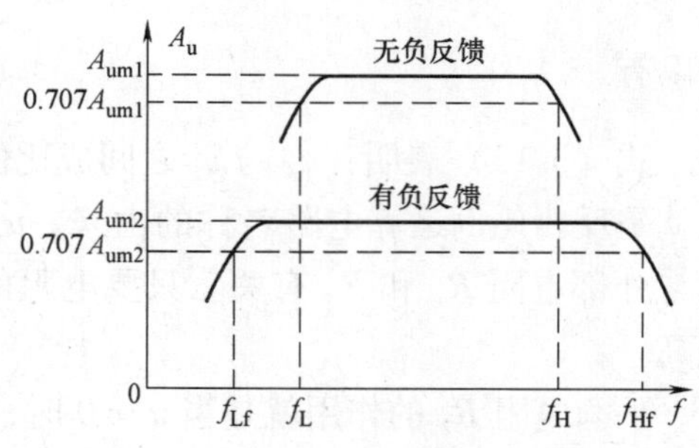

图 3-15　负反馈展宽放大电路的通频带

$$(f_{Hf}-f_{Lf})>(f_H-f_L)$$

4. 减小放大电路的内部噪声和内部干扰

对于放大电路内部产生的噪声，在无负反馈时，它可同有用信号一道从输出端输出，严重影响了放大电路的工作质量。若引入负反馈后，有用信号电压、噪声和干扰信号将同时减小，而有用信号减小后，可通过增大输入信号进行弥补，但噪声和干扰信号不会再增大，从而提高了信噪比。所谓信噪比就是有用信号和无用信号（包括噪声和干扰信号）的比。但对于放大电路的外部噪声和干扰信号，负反馈是无能为力的。

5. 对放大电路输入电阻和输出电阻的影响

对于串联负反馈来说，由于负反馈使净输入电压减小，而净输入电流不变，所以输入电阻变大，此时信号源的内阻 R_S 越小，反馈效果越明显；对于并联负反馈来说，由于负反馈使净输入电流减小，而净输入电压不变，所以输入电阻变小，此时信号源的内阻 R_S 不能为零，且信号源的内阻较大时，反馈效果越明显。

由于电压负反馈具有稳定输出电压的作用，即恒压输出的特性，而恒压源内阻很低，故放大电路的输出电阻很低；由于电流负反馈具有稳定输出电流的作用，即恒流输出的特性，而恒流源内阻很高，故放大电路（不含 R_C）的输出电阻很高。但与 R_C 并联后，近似等于 R_C。

3.4　集成运算放大器的应用

由集成运算放大器可以组成各种线性和非线性应用电路，例如比例运算电路、加法和减法电路、微分和积分电路以及比较器等。

3.4.1　比例运算电路

1. 反相比例运算电路

反相比例运算电路如图 3-16 所示，反馈类型为电压并联负反馈，它是反相输入运算电路中最基本的形式。

因为 $i_+=i_-=0$，所以 R_2 上无电压降，可知

$$u_+=u_-=0$$

$$i_1=\frac{u_i-u_-}{R_1}=\frac{u_i-0}{R_1}=\frac{u_i}{R_1},\quad i_F=\frac{u_--u_o}{R_F}=\frac{0-u_o}{R_F}=-\frac{u_o}{R_F},\quad i_1=i_F$$

所以有

$$u_o=-\frac{R_F}{R_1}u_i \tag{3-13}$$

式（3-13）表明，u_o 与 u_i 之间成比例关系。式中负号表示输出电压与输入电压反相位。这就是反相比例运算电路名称的由来。u_o 与 u_i 的关系与集成运算放大器本身的参数无关，仅与外部电阻 R_1 和 R_F 有关。只要电阻的准确度和稳定性很高，电路的准确度和稳定性就很高。

平衡电阻 R_2 的作用就是当 $u_i=0$ 时，使输出信号也为零，其值为

$$R_2\approx R_1/\!/R_F \tag{3-14}$$

反相比例运算电路的特点是：u_o 与 u_i 之间相位相反，大小成正比关系，输出阻抗较小。

当选取 $R_- = R_F$ 时，$u_o = -u_i$，即 u_o 与 u_i 大小相等、相位相反。这时图3-16电路称为反相器或倒相器。

【例3-2】 有一电阻式压力传感器，其输出阻抗为500Ω，测量范围是0～10MPa，其灵敏度为1mV/0.1MPa，现在要用一个输入为0～3V的标准表来显示这个传感器测量的压力变化，需要一个放大器把传感器输出的信号放大到标准表输入需要的状态，设计一个放大器并确定各元器件参数。

解：因为传感器的输出阻抗较低，所以可采用由输入阻抗较小的反相比例电路构成放大器，因为标准表的最高输入电压对应着传感器10MPa时的输出电压值，而传感器这时的输出电压为1×100mV=100mV，也就是放大器的最高输入电压，而这时放大器的输出电压应是3V，所以放大器的电压放大倍数是$\frac{3}{0.1}=30$倍。由于相位与需要相反，所以在第一级放大器后再接一级反相器，使相位符合要求。根据这些条件来确定电路的参数：

1）取放大器的输入阻抗是信号源内阻的20倍（可满足工程需求），即 $R_1 = 10\text{k}\Omega$；

2）$R_F = 30R_1 = 300\text{k}\Omega$；

3）$R_2 \approx R_1 /\!/ R_F = 10 /\!/ 300 \approx 9.7\text{k}\Omega$；

4）运算放大器均采用LM741；

5）采用对称电源供电，电压可采用10V（因为放大器最大输出电压是3V）；

6）$R_{F2} = R_3 = 50\text{k}\Omega$；

7）$R_4 = R_{F2} /\!/ R_3 = 25\text{k}\Omega$。

电路原理图如图3-17所示。

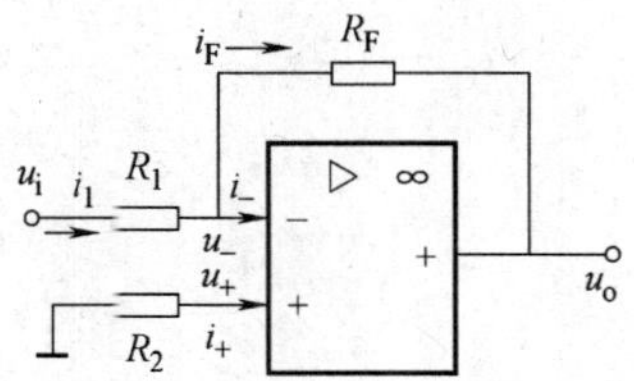

图3-16　反相比例运算电路图

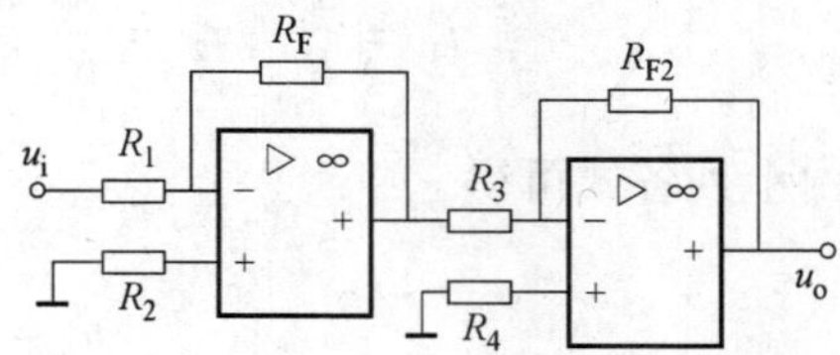

图3-17　例3-2电路原理图

2. 同相比例运算电路

同相比例运算电路如图3-18所示，反馈类型为电压串联负反馈，它是同相输入运算电路中最基本的形式。

因为 $i_+ = i_- = 0$，所以 R_2 上无电压降，可知

$$u_+ = u_- = u_i \qquad i_1 = \frac{0-u_-}{R_1} = \frac{0-u_i}{R_1} = -\frac{u_i}{R_1}, \qquad i_F = \frac{u_- - u_o}{R_F} = \frac{u_i - u_o}{R_F}, \; i_1 = i_F$$

所以有

$$u_o = \left(1 + \frac{R_F}{R_1}\right) u_i \tag{3-15}$$

式（3-15）表明：u_o 与 u_i 之间成比例关系，输出电压与输入电压同相位。这就是同相

比例运算电路名称的由来。u_o 与 u_i 的关系与集成运算放大器本身的参数无关，仅与外部电阻 R_1 和 R_F 有关。只要电阻的准确度和稳定性很高，电路的准确度和稳定性就很高。

平衡电阻 R_2 的作用就是当 $u_i=0$ 时，使输出信号也为零，其值为

$$R_2 \approx R_1 /\!/ R_F \tag{3-16}$$

同相比例运算电路的特点是：u_o 与 u_i 之间相位相同，大小之间成正比关系，输出阻抗较小。

当选取 $R_1=\infty$或 $R_F=0$ 时，$u_o=u_i$，即 u_o 与 u_i 大小相等、相位相同。此时同相比例运算放大器称为同相器，其电路如图 3-19 所示。

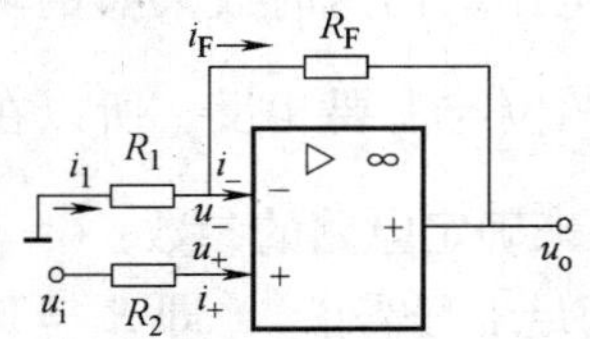

图 3-18　同相比例运算电路图

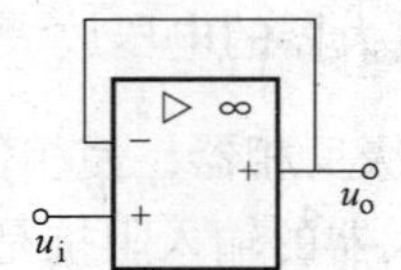

图 3-19　同相器电路图

3.4.2　加法和减法运算电路

1. 反相加法运算电路

在图 3-16 所示电路的基础上增加若干个输入回路，就可以对多个输入信号实现代数相加运算，图 3-20 是具有两个输入信号的反相加法运算电路。由图 3-20 可知

$$i_1=\frac{u_{i1}}{R_1},\ i_2=\frac{u_{i2}}{R_2},\ i_F=\frac{0-u_o}{R_F}=-\frac{u_o}{R_F},\ i_F=i_1+i_2$$

由上列各式可得

$$u_o=-\left(\frac{R_F}{R_1}u_{i1}+\frac{R_F}{R_2}u_{i2}\right) \tag{3-17}$$

由式（3-17）可以看出，u_o 与 u_{i1} 和 u_{i2} 的关系仅与外部电阻有关，所以反相加法运算电路也能做到很高的运算精度和稳定性。若使 $R_F=R_1=R_2$，则有

$$u_o=-(u_{i1}+u_{i2}) \tag{3-18}$$

式（3-18）表明，输出电压等于输入电压的代数和。

图 3-20 中的平衡电阻为　　$R_3 \approx R_1 /\!/ R_2 /\!/ R_F$

2. 减法运算电路

当集成运算放大器的同相输入端和反相输入端都接有输入信号时，称为减法运算电路，又称差分输入运算电路，如图 3-21所示。对图 3-21 分析可得到如下关系式：

$$u_+=u_-=\frac{R_3u_{i2}}{R_2+R_3},\ i_1=\frac{u_{i1}-u_-}{R_1},\ i_F=\frac{u_--u_o}{R_F},\ i_1=i_F$$

综合上面的几个关系式可以得到

$$u_o = \frac{u_{i2}R_3}{R_2 + R_3}\left(1 + \frac{R_F}{R_1}\right) - \frac{R_F u_{i1}}{R_1}$$

当 $R_3 = R_F$，$R_2 = R_1$ 时，有

$$u_o = \frac{R_F}{R_1}(u_{i2} - u_{i1}) \tag{3-19}$$

式（3-19）表明，输出电压 u_o 与两个输入电压的差值成正比。

若 $R_2 = R_1 = R_3 = R_F$ 时，有

$$u_o = u_{i2} - u_{i1} \tag{3-20}$$

减法运算电路在测量与控制系统中得到了广泛的应用。

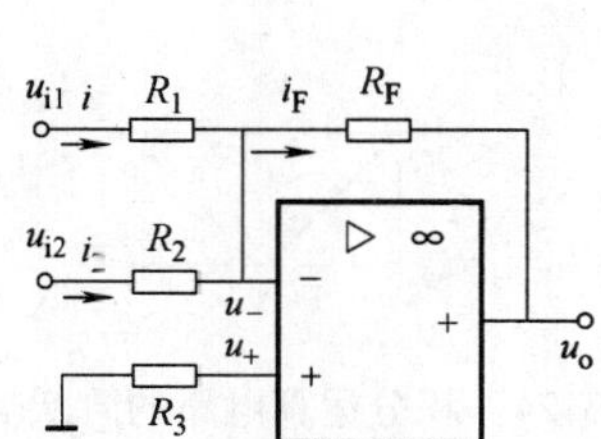

图 3-20　反相加法运算电路图

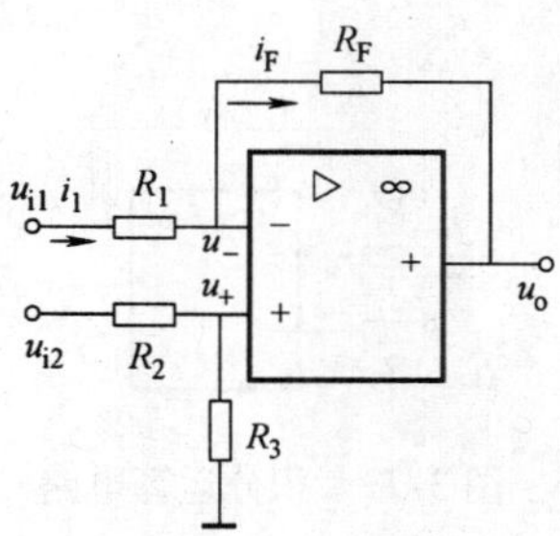

图 3-21　减法运算电路图

3.4.3　微分和积分运算电路

1. 微分运算电路

如果把反相比例运算电路中的电阻 R_1 换成电容 C，则称为微分运算电路，如图 3-22 所示，对图 3-22 分析可得

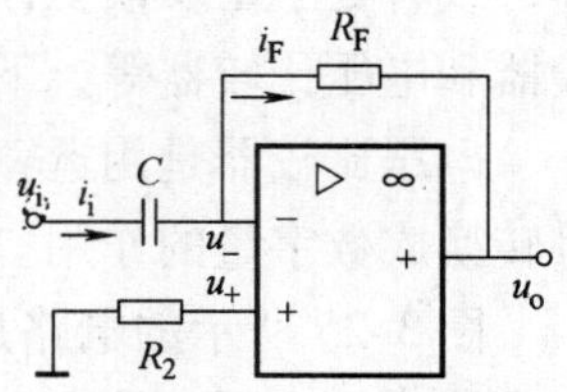

图 3-22　微分运算电路图

$$i_1 = i_C = i_F,\ u_i = u_C,\ u_o = -i_F R_F,\ i_C = C\frac{du_C}{dt}$$

综合上面的几个关系式可以得到

$$u_o = -R_F C\frac{du_C}{dt} = -R_F C\frac{du_i}{dt} \tag{3-21}$$

式中，$R_F C$ 称为微分时间常数。

2. 积分运算电路

把反相比例运算电路中的反馈电阻 R_F 换成电容 C_F，就构成了积分运算电路，如图 3-23 所示。根据虚地的特点，对图 3-23 分析可得

$$i_1 = i_C = i_F,\ u_o = -u_C = -\frac{1}{C_F}\int i_C dt,\ i_1 = \frac{u_i - 0}{R_1} = \frac{u_i}{R_1}$$

综合上面的几个关系式可以得到

$$u_o = -\frac{1}{C_F}\int \frac{u_i}{R_1}dt = -\frac{1}{C_F R_1}\int u_i dt \tag{3-22}$$

式（3-22）表明，u_o 与 u_i 是积分运算关系，式中负号反映 u_o 与 u_i 的相位关系。R_1C_F 称为积分时间常数，它的数值越大，达到 u_o 值所需的时间越长。

若 u_i 是一个正阶跃电压信号（$u_i = U$）时，则有

$$u_o = -\frac{U}{C_F R_1}t \tag{3-23}$$

u_o 随时间近似线性关系下降，对于图 3-23 所示的电路，输出电压最大数值为集成运放的负饱和电压值 $-U_{om}$。输入输出电压波形如图 3-24 所示。

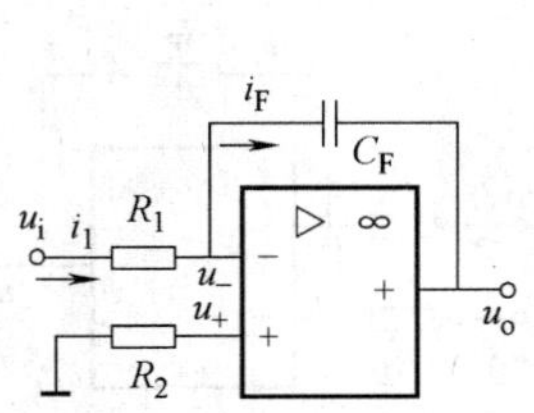

图 3-23　积分运算电路

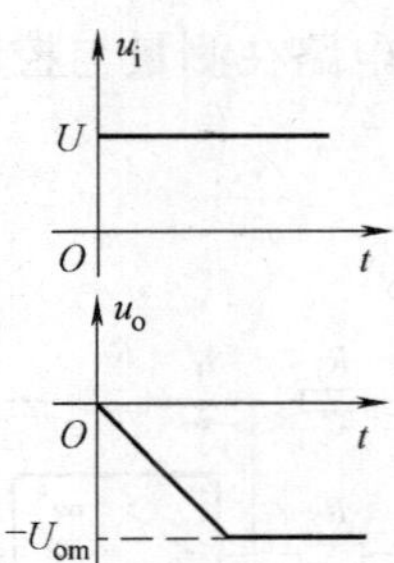

图 3-24　积分运算电路的阶跃响应

3.4.4　比较器

用运算放大器构成的非线性电路主要有比较器和信号发生器。当运算放大器工作于开环，或者处于正反馈工作状态时，运算放大器就进入非线性工作区域。比较器主要有滞回比较器和电压比较器等，下面主要介绍电压比较器。

电压比较器是用运算放大器构成的最基本的非线性电路，在电路中起着开关作用或模拟量转换成数字量的作用。

图 3-25 所示的电路是一个模拟量转换成数字量的电路。图 3-25 中运算放大器接成电压比较器形式，同相输入端接参考电压 U_{REF}。输入的正弦模拟电压信号 u_i 接在反相输入端，当 u_i 略大于 U_{REF}时，由于净输入电压 $u_+ < u_-$，$u_o = -u_{om}$；当 u_i 略小于 U_{REF}时，由于 $u_+ > u_-$，$u_o = u_{om}$。在电压比较器的输入端进行模拟信号大小的比较，在输出端则以高电平或低电平来反映比较结果。输出电压与输入电压的关系称为电压比较器的传输特性。

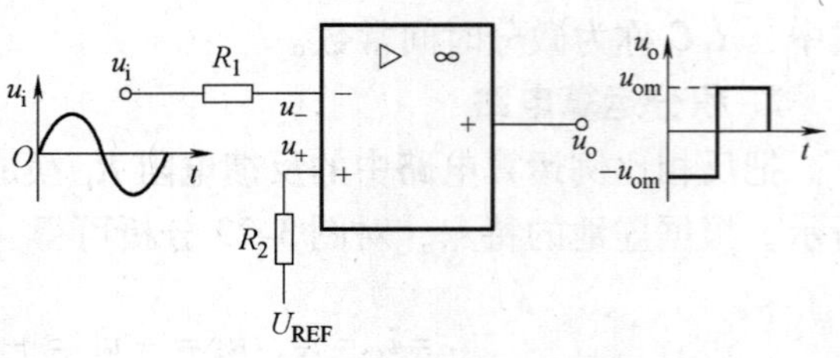

图 3-25　电压比较器电路图

对于图 3-25 所示的电路，输入电压 u_i 相同时，当基准电压 U_{REF}为 0V、1V、－1V 时，其传输特性曲线分别如图 3-26a、b、c 所示。

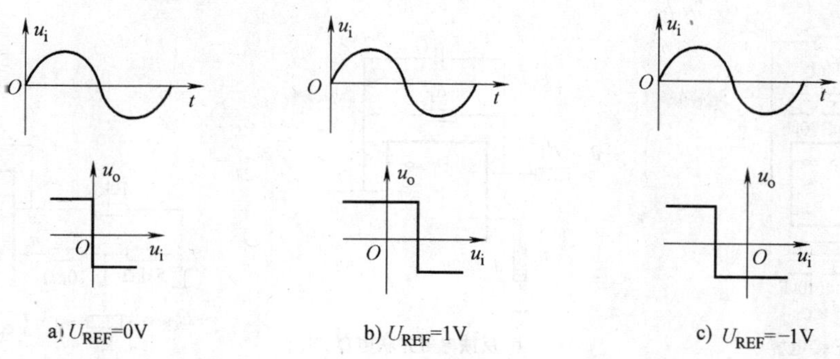

a) U_{REF}=0V b) U_{REF}=1V c) U_{REF}=-1V

图 3-26 电压比较器的传输特性曲线

若参考电压 $U_{REF}=0$，则输入信号 u_i 每次过零时，输出电压都会发生变化，其转折点在坐标原点，如图 3-26a 所示，这样的比较器叫过零比较器。若参考电压不为零，则转折点也随着改变。

3.5 使用集成运算放大器应注意的几个问题

3.5.1 合理选用集成运算放大器型号

1）高输入阻抗型：主要用作测量放大器、模拟调节器、有源滤波器及采样－保持电路等，国产典型器件为 5G28。

2）低漂移型：一般用于精密检测、精密模具计算、自控仪表、人体信息检测等。典型器件为 5G7650。

3）高速型：一般用于快速模-数和数-模转换器、有源滤波器、锁相环、精密比较器、高速采样保持电路和视频放大器等。

4）低功耗型：用于遥测、遥感、生物医学和空间技术研究等对能源消耗有限制的场合，其电源电压可低到 1.5V。

5）大功率型：用于要求输出功率大的场合。典型器件为 MCELI65 型。

选型时，除了满足主要技术性能以外，还应考虑经济性。

3.5.2 消振和调零

1）消振：通常的方法是外接 RC 消振电路或消振电容，可在电源端子接上电容或在反馈电阻两端并联电容来实现，电路分别如图 3-27a 和图 3-27b 所示。是否已消振，可将输入端接“地”，用示波器观察输出端有无自激振荡来判断。

2）电路的调零：调零时应将电路接成闭环，可分为无输入时调零和有输入时调零。

对于没有专用调零引脚的运算放大器，可在输入端采取辅助调零措施，如图 3-28 所示。

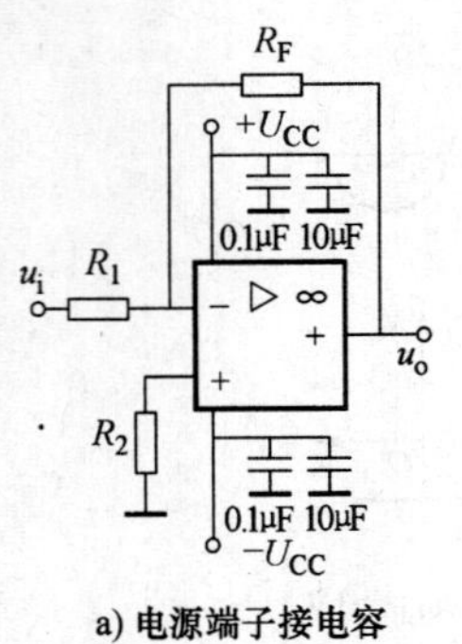

a) 电源端子接电容

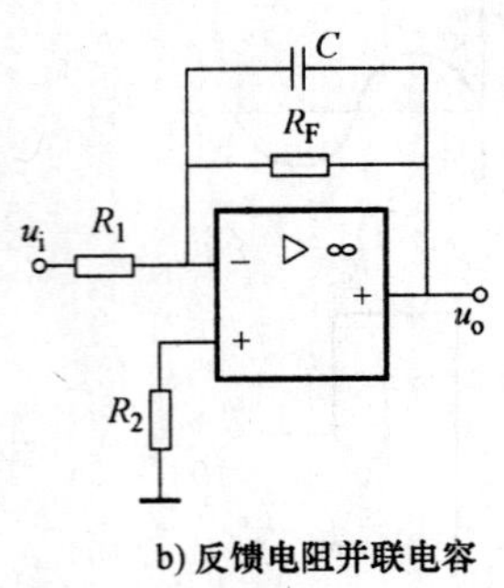

b) 反馈电阻并联电容

图 3-27　集成运放消振电路

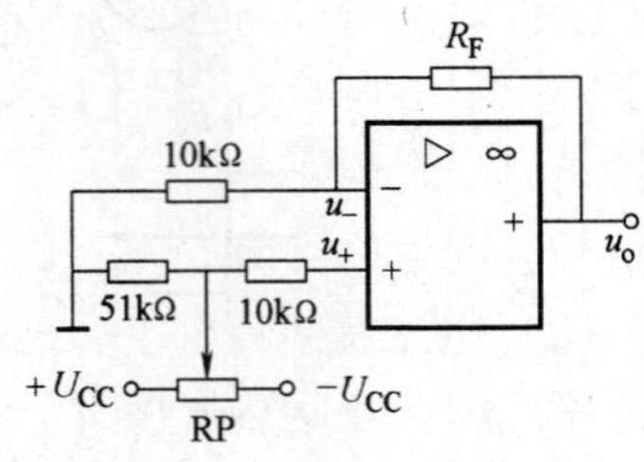

图 3-28　集成运放辅助调零电路

3.5.3　保护措施

1）电源端保护：在电源连接线中串接二极管来实现保护，如图 3-29 所示。

2）输入保护：可在运算放大器输入端加限幅保护，如图 3-30 所示。

3）过电压保护和过电流保护。图 3-31 所示为输出过电压保护和过电流保护电流电路。

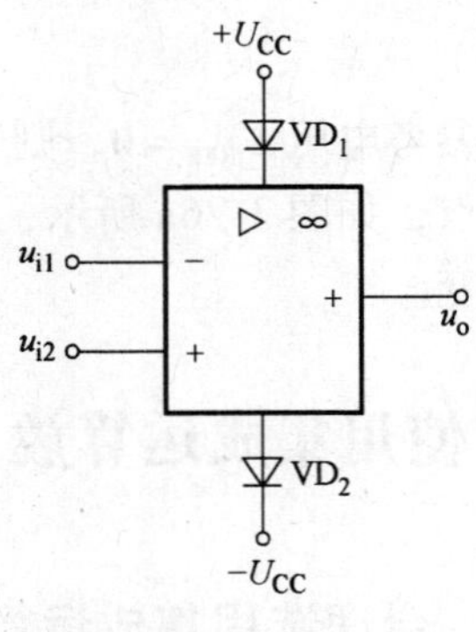

图 3-29　电源端保护电路

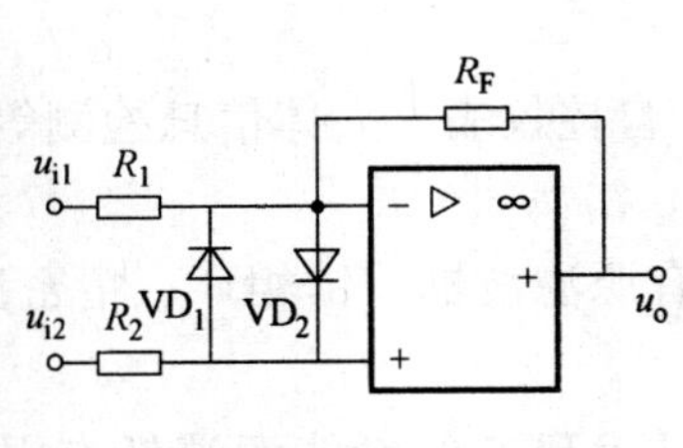

图 3-30　输入保护电路

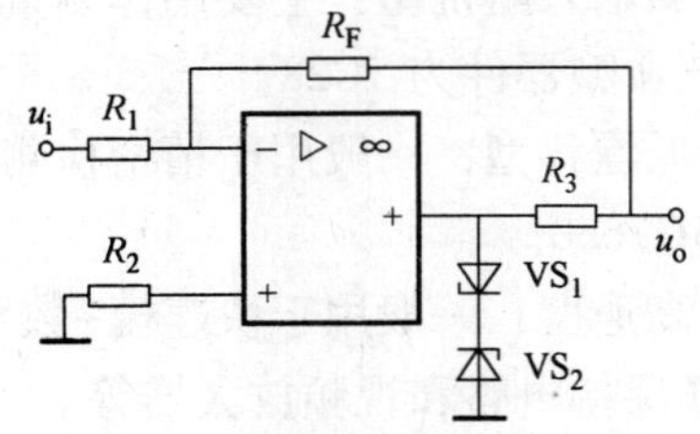

图 3-31　输出保护电路

本章小结

1. 差动放大电路由两个完全对称的单管放大电路组成，是集成运算放大器的基本组成单元。

2. 差动放大电路的信号输入有共模输入、差模输入、比较输入三种类型，输出方式有单端输出、双端输出两种。

3. 集成电路是利用半导体工艺将各种元器件和连线等集成在一个芯片上制成的。集成运算放大电路内部通常由输入级、中间级、输出级和偏置电路四部分组成。为抑制零点漂移，集成运算放大器的输入级采用差动放大电路。运算放大器具有很高的电压放大倍数、高输入阻抗和低输出阻抗。

4. 反馈的分类及判别方法：

（1）通常采用“瞬时极性法”判别正、负反馈，即先假定输入信号处于某一瞬时极性（在电路中用符号⊕、⊖来表示瞬时极性的正、负，分别代表该点的瞬时信号的变化为升高或下降），然后逐级推出电路其他各有关点的瞬时极性，最后判断反馈到输入端信号的瞬时极性是增强还是削弱了原来的信号。若是增强了原来的信号，则为正反馈；若是减弱了原来的信号，则为负反馈。

（2）电压反馈和电流反馈的判别方法是：假设把输出端短路，若反馈信号消失，则属于电压反馈；若反馈信号还存在，则属于电流反馈。对于共发射极电路来说，若反馈支路是从放大电路输出端的集电极引出的，则为电压反馈；若反馈支路是从放大电路输出端的发射极引出的，则为电流反馈。

（3）串联反馈和并联反馈的判别方法是：如果放大器的净输入信号 $\dot{X}_d$ 是由输入信号 $\dot{X}_i$ 和反馈信号 $\dot{X}_f$ 串联而成的，即以电压叠加的形式出现，则为串联反馈；如果放大器的净输入信号 $\dot{X}_d$ 是由输入信号 $\dot{X}_i$ 和反馈信号 $\dot{X}_f$ 并联而成的，即以电流叠加的形式出现，则为并联反馈。

假设把反馈网络输出端短路（$\dot{I}_f=0$ 或 $\dot{U}_f=0$），对于并联反馈，因输入信号同时也被短路而不能进入放大电路，但串联反馈输入信号没有被短路仍可进入放大电路。所以把反馈网络输出端短路，根据原输入信号能否进入放大电路就可判定是串联反馈还是并联反馈。

若反馈支路引入到放大电路输入端的基极，则为并联反馈；若反馈支路引入到放大电路输入端的发射极，则为串联反馈。

（4）负反馈放大电路的四种基本类型的是：电压串联负反馈、电压并联负反馈、电流串联负反馈、电流并联负反馈。

5. 在放大电路中引入负反馈是为了改善放大电路的性能（包括静态性能和动态性能）。

（1）降低了放大电路的放大倍数，并提高放大倍数的稳定性。

（2）减小非线性失真，展宽放大电路的通频带。

（3）减小放大电路的内部噪声和内部干扰。

（4）串联负反馈可使放大电路的输入电阻增大；并联负反馈可使放大电路的输入电阻减小；电压反馈可使放大电路的输出电阻降低；电流反馈可使放大电路的输出电阻增高，但与 R_C 并联后，近似等于 R_C。

6. 集成运算放大器有三种输入方式：反相、同相及差动。运放工作在线性区，可实现比例、加、减等各种运算。运放工作在非线性区域，可实现电压比较、波形转换等。

7. 使用集成运算放大器应注意的几个问题：合理选用集成运放型号、消振和调零、保护措施。

习　题　3

3.1　差动放大电路的工作原理是什么？

3.2　集成运算放大器的基本组成有哪些？

3.3　集成运算放大器的主要参数有哪些？

3.4　理想集成运算放大器的主要条件是什么？

3.5　通用型集成运算放大器一般由几部分电路组成，每一部分常采用哪种基本电路？通常对每一部分性能的要求分别是什么？

3.6　已知一个集成运算放大器的开环差模增益 A_{od} 为 100dB，最大输出电压峰-峰值 $U_{opp}=\pm14V$，分别计算差模输入电压 u_i（即 $u_+ - u_-$）为 10μV、100μV、1mV、1V 和 -10μV、-100μV、-1mV、-1V 时的输出电压 u_o。

3.7　电路如图 3-32 所示，具有理想的对称性。设各管 β 均相同。

（1）说明电路中各晶体管的作用；

（2）若输入差模电压为（$u_{i1}-u_{i2}$），则由此产生的差模电流为 Δi_o，求解电路电流放大倍数 A_i 的近似表达式。

3.8　电路如图 3-33 所示，VT_1 与 VT_2 管的特性相同，所有晶体管的 β 均相同，R_{c1} 远大于二极管的正向电阻。当 $u_{i1}=u_{i2}=0V$ 时，$u_o=0V$。

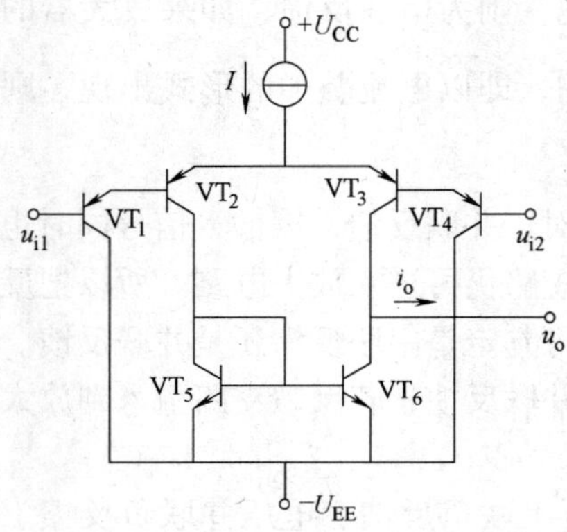

图 3-32　习题 3.7 的图

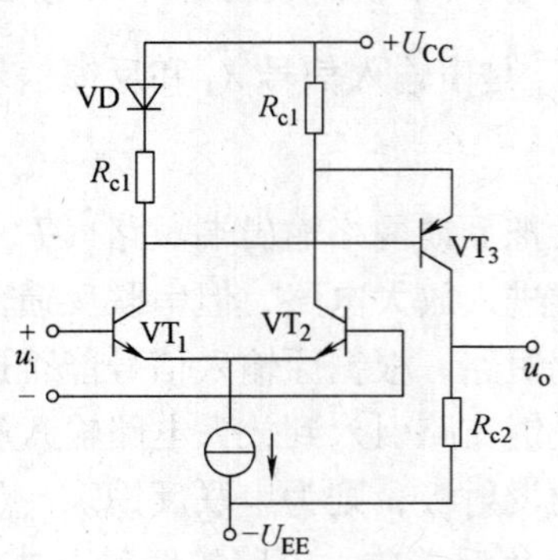

图 3-33　习题 3.8 的图

（1）求解电压放大倍数的表达式；

（2）当有共模输入电压时，u_o = ？简述理由。

3.9　图 3-34 所示电路是某集成运算放大器电路的一部分，单电源供电，VT_1、VT_2、VT_3 为放大管。试分析：

（1）100μA 电流源的作用；

（2）VT_4 的工作区域；

（3）50μA 电流源的作用；

（4）VT_5 与 R 的作用。

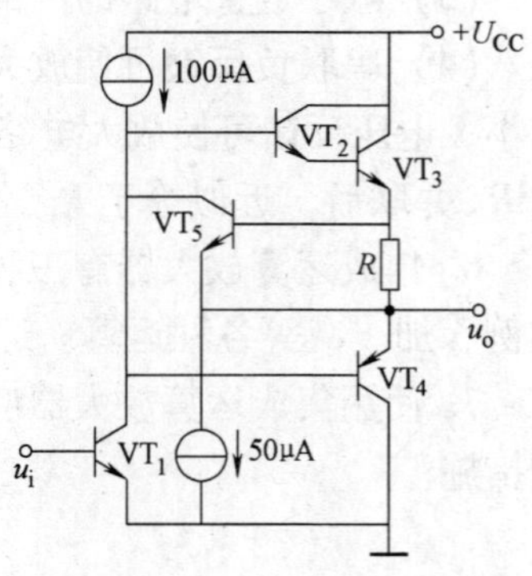

图 3-34　习题 3.9 的图

3.10　试按照下列运算关系设计由集成运算放大器构成的运算放大电路。

（1）$u_o=-5u_{i1}$；

（2）$u_o=7u_{i1}$；

（3）$u_o=5u_{i1}+2u_{i2}-3u_{i3}$。

3.11　试求图 3-35 所示各电路输出电压与输入之间的关系式。

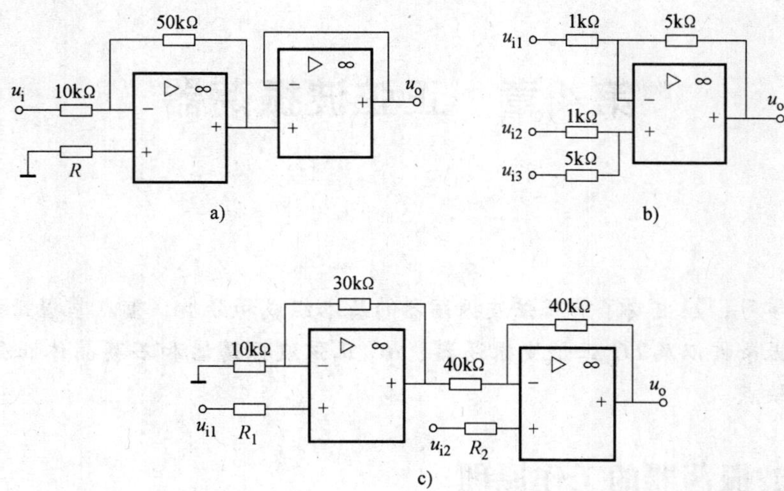

c)

图 3-35　习题 3.11 的图

第 4 章　正弦波振荡器

【学习目标】

通过本章学习，应主要了解正弦波振荡器的基本组成和分类，重点掌握正弦波振荡器的平衡条件和起振条件以及 *LC* 正弦波振荡器、*RC* 正弦波振荡器和石英晶体正弦波振荡器的工作原理和优缺点。

4.1　正弦波振荡器的工作原理

4.1.1　正弦波振荡器的基本组成和分类

正弦波振荡器，即反馈式振荡器是振荡回路通过正反馈网络与有源器件连接构成的振荡电路。反馈式振荡器实质上是建立在放大和反馈基础上的振荡器，这是目前应用最多的一类振荡器。反馈式振荡器的原理框图如图 4-1 所示。由图可知，当开关 S 在 1 位置时，放大器的输入端外加一定频率和幅度的正弦波信号 $\dot{U}_i$，这信号经放大器放大后，在输出端产生输出信号 $\dot{U}_o$，输出信号 $\dot{U}_o$ 经反馈网络后，并在反馈网络输出端得到反馈信号 $\dot{U}_f$，若 $\dot{U}_f$ 与 $\dot{U}_i$ 不仅大小相等，而且相位也相同，即实现了正反馈。如果此时除去 $\dot{U}_i$，并将开关 S 转接到 2 位置，使放大器和反馈网络构成一个闭合回路，这时，在没有外加输入信号的情况下，输出端仍有一定幅度的电压 $\dot{U}_o$ 输出，从而实现了自激振荡的目的。

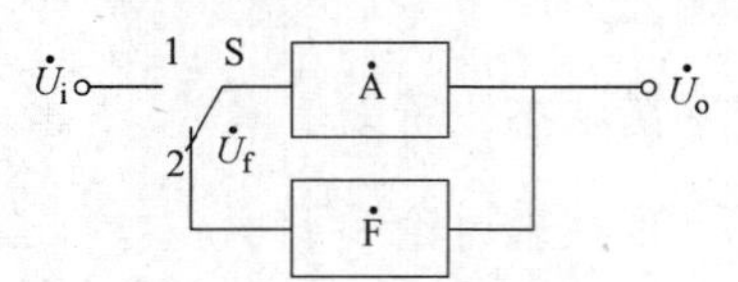

图 4-1　反馈式振荡器的原理框图

为了使振荡器的输出 $\dot{U}_o$ 是一个固定频率的正弦波，也就是说自激振荡只能在某一频率上产生，而在其他频率上不能产生。则图 4-1 所示的闭合回路内必包含有选频网络，使得只有选频网络中心频率的信号满足 $\dot{U}_f$ 与 $\dot{U}_i$ 相同的条件而产生自激荡，其他频率的信号则不满足 $\dot{U}_f$ 与 $\dot{U}_i$ 相同的条件而不产生自激振荡。

上面介绍的是有输入信号的情况，当没有输入信号时，反馈式振荡器最初的输入信号又是如何产生的呢？由于反馈式振荡器电路是一个闭合正反馈系统，当振荡回路内产生微弱的电干扰时，将送到放大器的输入端，而成为最初的输入信号。又由于电干扰信号的频率范围很宽，经过振荡器电路的选频网络后，只将其中某一频率的信号反馈到放大器的输入端，而其他频率的信号将被抑制。被放大后的某一频率分量经反馈加到输入端，幅度得到增大，再经放大→反馈→放大→反馈的几次循环，某一频率信号的幅度将不断增大，振荡由小到大而建立起来。但是随着振幅的增长，放大器将进入非线性工作区，放大器的增益将随之下降，最后当反馈电压正好等于原输入电压时，振荡幅度将不再增大而进入平衡状态。

所以，从以上分析可知，反馈式振荡器还应包括选频部分和稳幅环节（有的教材把稳幅环节和放大部分放在一起）。所以说反馈式振荡器应该主要有下面四大部分组成。

1）具有控制能量转换的有源部分：如晶体管、场效应晶体管等。

2）具有使输出一定频率的选频网络：如 *LC* 调谐回路、石英晶体振荡器等。

3）具有把输出信号返送到输入端的反馈网络：如电感反馈、电容反馈等。

4）具有把输出信号稳定的稳幅环节：如稳压管等。

其中，选频网络根据组成元器件的不同，可分为 *LC* 选频网络、*RC* 选频网络和石英晶体选频网络。所以，根据选频网络的不同，反馈式振荡器可分为 *LC* 反馈式振荡器、*RC* 反馈式振荡器和石英晶体反馈式振荡器。而 *LC* 反馈式振荡器又可分为互感耦合（或称变压器）反馈式振荡器、三点式反馈式振荡器（电感三点式反馈式振荡器和电容三点式反馈式振荡器）。

4.1.2　正弦波振荡器的平衡条件和起振条件

1. 平衡条件

前面已经讨论过，在图 4-1 中当开关 S 由 1 端转接到 2 端时，且反馈电压 $\dot{U}_f$ 等于放大器输入电压 $\dot{U}$ 时，振荡器就能维持等幅振荡，并有一个稳定的电压输出。电路此时的状态叫平衡状态，所以 $\dot{U}_f=\dot{U}_i$ 称为电路振荡的平衡条件。

现在来讨论一下平衡条件和放大器、反馈网络参数之间的关系。根据图 4-1 可得 $\dot{U}_i$、$\dot{U}_o$、$\dot{U}_f$ 之间的关系为

$$\dot{U}_o=\dot{A}\,\dot{U}_i \tag{4-1}$$

$$\dot{U}_f=\dot{F}\,\dot{U}_o \tag{4-2}$$

式中，$\dot{A}$ 为放大器的平均增益；$\dot{F}$ 为反馈网络的反馈系数。

合并式（4-1）和式（4-2）可得

$$\dot{U}_f=\dot{A}\,\dot{F}\,\dot{U}_i \tag{4-3}$$

又因为 $\dot{U}_f=\dot{U}_i$，所以，电路振荡的平衡条件为

$$\dot{A}\,\dot{F}=AF\underline{/\varphi_a+\varphi_f}=1 \tag{4-4}$$

式中，A 为电压增益的模；φ_a 为电压增益的相角；F 为反馈系数的模；φ_f 为反馈系数的相角。

根据式（4-4）可得到自激振荡的两个基本条件为

1）相位平衡条件：　$\varphi_a+\varphi_f=2n\pi(n=0,1,2,3,\cdots)$　(4-5)

也就是说，放大器与反馈网络的相位应相同，或者说，它们的相位差应等于 2π 的整数倍，以获得正反馈。

2）振幅平衡条件：　$AF=1$　(4-6)

也就是说，放大器与反馈网络组成的闭环回路系统中，电压放大倍数的模和反馈系数的模乘积等于1，或者说，其环路传输系数等于1，即反馈电压与输入电压的大小相等。

要使反馈式振荡器输出一个具有稳定幅值和固定频率的交流电压，式（4-5）和式（4-6）一定要同时得到满足，它们适应于任何类型的反馈式振荡器。平衡条件是研究振荡器的基础，利用振幅平衡条件可以确定振荡幅度，利用相位平衡条件可以确定振荡频率。

2. 起振条件

从上面讨论的结果来看，式（4-4）只是维持振荡的平衡条件，是相对于振荡器已进入稳态振荡而言。为了使振荡器在接通直流电源后能够自动振荡，即产生自激振荡，则要求反馈电压 $\dot{U}_f$ 与输入电压 $\dot{U}_i$ 在相位上应同相；在幅值上则要求 $\dot{U}_f > \dot{U}_i$，即

$$\varphi_a + \varphi_f = 2n\pi \ (n=0, 1, 2, 3, \cdots) \tag{4-7}$$

$$AF > 1 \tag{4-8}$$

式（4-7）和式（4-8）称为振荡器的起振条件，或称为自激振荡的起振条件。由于振荡器的建立过程是一个瞬态过程，而式（4-7）和式（4-8）是在稳态分析下得到的，从原则上来说，不能用稳态分析研究一个电路的瞬态，而必须通过列出振荡的微分方程来研究。但是，在起振的开始阶段，振荡的幅度还很小，电路还没进入非线性区，振荡器还可以作为线性电路来处理，即可用小信号等效电路来分析和计算开环电路的传输系数，所以可以认为式（4-7）和式（4-8）是判定振荡器能否产生自激振荡的一个常用准则。

从上面分析可知，为了使振荡器能产生自激振荡，在开始振荡时，必须使 $AF>1$。起振后，振荡幅度迅速增大，使晶体管工作进入到非线性区，以致使电压增益 A 下降，直至 $AF=1$，振荡幅度不再增大，达到稳幅振荡。显然，AF 越大于1，振荡器越容易起振，并且振荡幅度也越大。但在 AF 过大时，为了使振荡器输出一个稳定幅度和固定频率的交流电压，放大管的动态范围必定要深入到非线性区，即饱和区，从而引起振荡器输出信号波形的严重失真。所以，当要求输出信号波形非线性失真很小时，就必须尽量使 AF 的值接近于1。

4.2 *LC* 正弦波振荡器

选频网络采用 *LC* 谐振回路的反馈式正弦波振荡器称为 *LC* 正弦波振荡器。按照反馈耦合网络的不同，*LC* 正弦波振荡器可分为变压器反馈式正弦波振荡器和三点式振荡器。三点式振荡器又可分为电感三点式振荡器和电容三点式振荡器。

4.2.1 变压器反馈式正弦波振荡器

1. 变压器反馈式正弦波振荡器的工作原理

变压器反馈式正弦波振荡器又称互感耦合振荡器，典型的变压器反馈式正弦波振荡器的电路图如图4-2所示。由于 *LC* 谐振回路接于晶体管的集电极，所以称它为集电极调谐型变压器反馈式正弦波振荡器。由图可见，在 *LC* 回路的调谐频率上，$\dot{U}_o$ 与 $\dot{U}_i$ 反相，又根据反馈线圈 L_f 的同名端可知，反馈电压 $\dot{U}_f$ 又与输出电压 $\dot{U}_o$ 反相，因此，该振荡电路实际上是一个含有正反馈的谐振放大器，其反馈量由互感系数 M 决定，也就是说，此电路满足相位

平衡条件。至于幅值平衡条件，只需调整电路某些参数，使 M 足够大，就可使其闭环回路的传输系数大于 1，即 $AF>1$，图 4-2 所示的电路就能产生自激振荡，即起振。

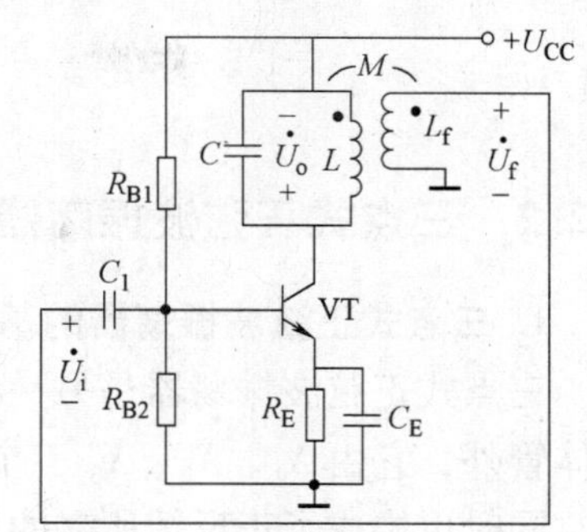

图 4-2　变压器反馈式振荡器电路图

图 4-3 所示电路是变压器反馈式正弦波振荡器电路的另几种形式。其中图 4-3a 和图 4-2 一样，LC 谐振回路接于晶体管的集电极，属于集电极调谐型；图 4-3b 所示电路的 LC 谐振回路接于晶体管的发射极，属于发射极调谐型；图 4-3c 所示的 LC 谐振回路接于晶体管的基极，属于基极调谐型。由于基极和发射极之间的输入阻抗比较低，为了不至于过多地影响回路的 Q 值，所以图 4-3b 和图 4-3c 所示电路中，晶体管与谐振回路都采用部分耦合。但不管是哪种类型的调谐电路，其工作原理都是相同的。

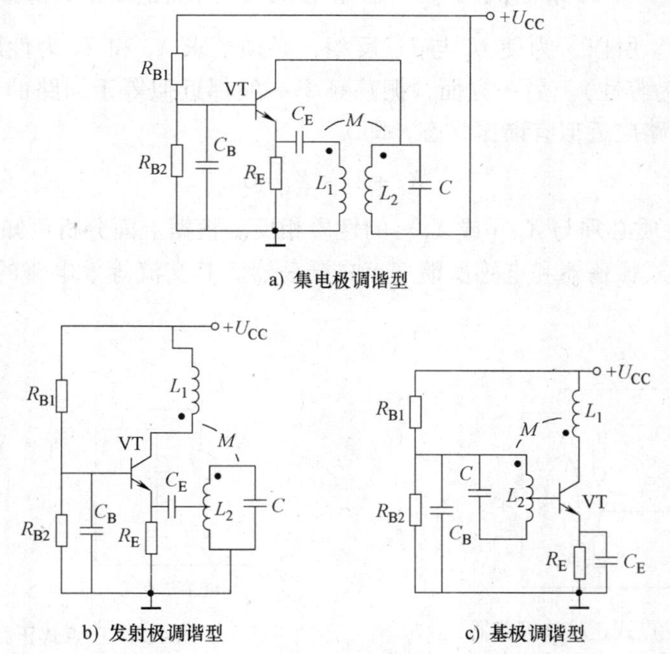

图 4-3　变压器反馈式振荡器电路的基本形式

2. 注意事项

1）互感耦合振荡器能否满足相位条件，取决于线圈 L_1、L_2 之间的极性，也就是互感线圈的同名端必须保证电路构成正反馈。

2）通过选择各线圈的匝数，合理调节互感量 M 的大小，就可使晶体管获得最佳负载电阻。因此，互感耦合振荡器不但起振容易，而且可获得较大的输出信号。

3）互感耦合振荡器虽然应用比较广，但它的频率稳定度不太高，而且互感耦合元件的分布电容和漏感限制了振荡频率的提高，所以它只适合于工作频率不太高的波段，即中、短波段。

4）利用相位平衡条件可求得振荡频率的大小。当谐振回路有载品质因数 Q 足够高时，

振荡频率f_o近似等于谐振回路的谐振频率f_p，也就是

$$f_o = \frac{1}{2\pi\sqrt{LC}} \tag{4-9}$$

4.2.2 三点式正弦波振荡器

1. 三点式正弦波振荡器的基本原理

三点式正弦波振荡器是另一种广泛应用的LC振荡器，它的基本结构如图4-4所示。除晶体管外，它由X_1、X_2、X_3三个电抗元件组成并联谐振回路，此谐振回路不但决定振荡频率，同时也构成了正反馈所需的反馈网络，而且有三个点与晶体管的三个电极相连接，故称为三点式振荡器。

前面已经介绍过，要使电路产生自激振荡，首先应满足相位平衡条件，即电路应构成正反馈。在图4-4中，令回路电流为$\dot{I}$，忽略电抗元件损耗及管子参数的影响，则$\dot{U}_f = -j\dot{I}X_2$，$\dot{U}_o = j\dot{I}X_1$。所以，为使$\dot{U}_f$与$\dot{U}_o$反相，必须要求X_1和X_2为性质相同的电抗元件(即同为感性或同为容性)。另一方面，振荡频率一般都近似等于回路的谐振频率，也就是在平衡状态下，回路应近似有谐振状态，即

$$X_1 + X_2 + X_3 \approx 0 \tag{4-10}$$

所以，X_3的性质必须与X_1（或X_2）的性质相反。根据上面分析可知，三点式振荡器可分为电容反馈三点式振荡器和电感反馈三点式振荡器。其交流等效电路的基本形式如图4-5所示。

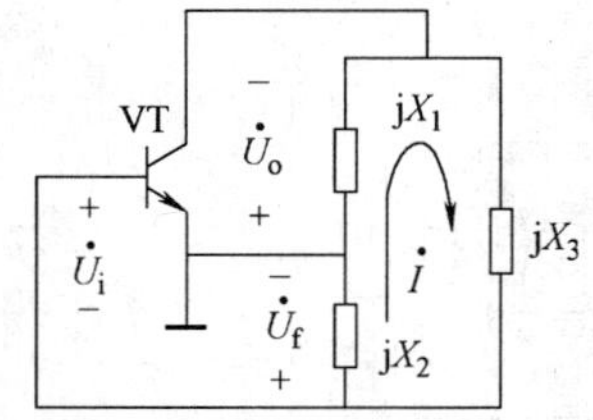

图4-4 三点式正弦波振荡器交流等效电路的基本结构

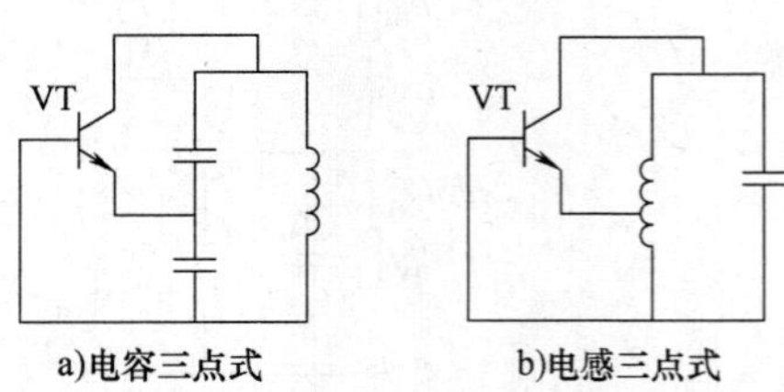

图4-5 三点式正弦波振荡器交流等效电路的基本形式

2. 电容反馈三点式正弦波振荡器

1）工作原理。电容三点式正弦波振荡器又称考毕兹振荡器，其原理电路如图4-6a所示。图中，R_{B1}、R_{B2}、R_E组成分压式偏置电路，C_E为旁路电容，C_B为隔直流电容，R_C是集电极直流馈电电阻，L、C_1、C_2组成振荡电路，图4-6b所示是它的交流等效电路。由于电容C_1、C_2的1、2、3三个端点分别与晶体管的三个电极相接，反馈电压$\dot{U}_f$取自C_2两端，故称电容反馈三点式振荡器。

由图4-6b所示的交流等效电路可得，当回路谐振时，输出电压$\dot{U}_o$与输入电压$\dot{U}_i$反相，而$\dot{U}_f$又与$\dot{U}_o$反相，所以$\dot{U}_f$与$\dot{U}_i$同相，电路在回路的谐振频率上构成正反馈，从而满足了

振荡的相位平衡条件。其振荡频率为

$$f_o = \frac{1}{2\pi\sqrt{LC}} \tag{4-11}$$

式中，C 为谐振回路串联总电容，且 $C = \frac{C_1 C_2}{C_1 + C_2}$。

因为振荡电路反馈系数 $\dot{F}$ 分别为

$$\dot{F} = \frac{\dot{U}_f}{\dot{U}_o} = \frac{C_1}{C_2} \tag{4-12}$$

由此可得如果$\frac{C_1}{C_2}$增大，则 F 增大，有利于起振，但它会使接入系数增大，但此时回路 Q 值因此而下降，等效谐振电导增大，又不利于起振。所以$\frac{C_1}{C_2}$也不能太大，一般取$\frac{C_1}{C_2}=0.1 \sim 0.5$或通过实际调试决定。

2）优点和缺点。电容三点式振荡器由于反馈信号取自 C_2，它对高次谐波的阻抗很小，所以反馈信号中高次谐波分量小，振荡输出波形好。另外电容 C_1 和 C_2 的容量可选得较小，因而振荡频率可以较高，一般可以做到 100MHz 以上。但由于 C_1、C_2 的改变将直接影响反馈信号的大小，会改变电路的起振条件，容易停振，故频率的调节范围较小且不方便。若将晶体管接成共基极电路可产生更高频率的振荡，所以共基极电容三点式振荡电路在实用中得到广泛应用，其工作原理和分析方法与共发射极相同，这里不再记述。

【例 4-1】 电容三点式振荡器如图 4-6a 所示。已知晶体管谐振回路的 $C_1 = 100\text{pF}$，$C_2 = 240\text{pF}$，$L = 8.5\mu\text{H}$。试求该振荡器的振荡频率。

解：由式（4-11）可求得振荡频率为

$$f_o = \frac{1}{2\pi\sqrt{\frac{C_1 C_2}{C_1 + C_2}L}} = \frac{1}{2\pi\sqrt{\frac{100\text{pF} \times 240\text{pF} \times 8.5\mu\text{H}}{100\text{pF} + 240\text{pF}}}} = 6.5\text{MHz}$$

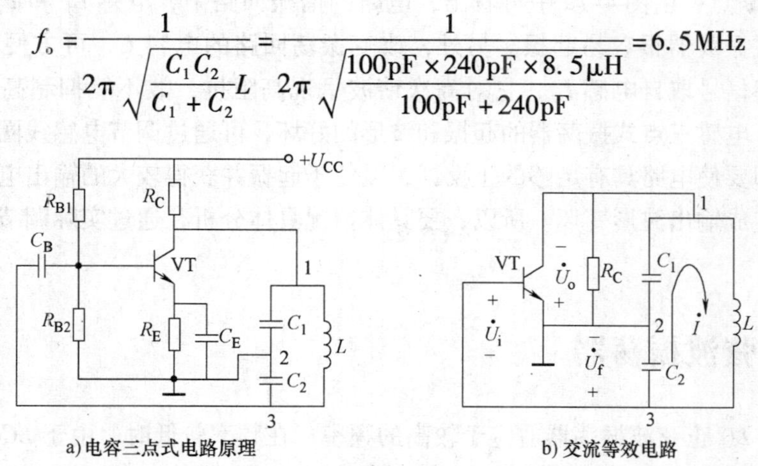

图 4-6　电容三点式振荡器电路原理及其交流等效电路

3. 电感反馈三点式正弦波振荡器

1）工作原理：电感三点式振荡器又称哈脱莱振荡器，其原理电路如图 4-7a 所示，图 4-7b所示是它的交流等效电路。由 C 和 L_1、L_2 构成谐振回路，谐振回路的三个端点分别与晶体管的三个电极相连接，符合三点式振荡器的组成原则，由于反馈信号 $\dot{U}_f$ 由电感线圈 L_2 上取得，故称为电感反馈三点式振荡器。和电容三点式振荡器的原理一样，电路的振荡频率可由振荡相位平衡条件求得：

$$f_o = \frac{1}{2\pi\sqrt{(L_1 + L_2 + 2M)C}} \tag{4-13}$$

式中，L_1 为线圈上半部的电感；L_2 为线圈下半部的电感；M 为两部分之间的互感系数。

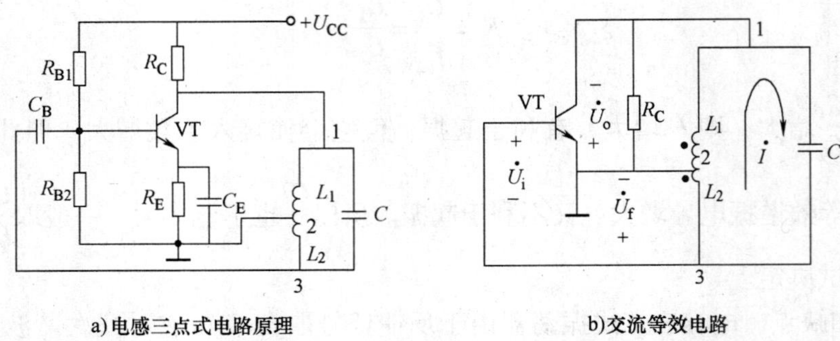

图 4-7　电感三点式振荡器电路原理及其交流等效电路

由于振荡电路的反馈系数 $\dot{F}$ 为

$$\dot{F} = \frac{\dot{U}_f}{\dot{U}_o} = \frac{L_2 + M}{L_1 + M} \tag{4-14}$$

所以，只需调节 L_1 和 L_2 的大小，就可使振荡器起振。

2）优点和缺点：由图 4-7a 中可看出，电路的谐振回路中，电感 L_1 和 L_2 耦合得很紧，所以电感三点式振荡器很容易起振。另外，改变振荡回路的电容 C，可方便地调节振荡频率。但由于反馈信号取自电感 L_2，它对高次谐波呈现高阻抗，故不能抑制高次谐波，因而输出波形较差。电感三点式振荡器的起振和波形的好坏，可通过调节电感线圈抽头来获得最佳效果，这时即要使电路具有足够的正反馈，以便于起振并获得较大的输出电压，但又不能使反馈过强，造成输出波形变坏。所以，要具体情况具体分析，通过实际调节，兼顾各方面的要求。

4.3　RC 正弦波振荡器

一般来说，LC 正弦波振荡器适应于较高的频率，在频率较低时，由于 LC 振荡器所需的 L、C 值相当大，会造成振荡器的体积增大、造价高、安装调整不方便等。因此在需要低频振荡时，常采用 RC 正弦波振荡器。RC 正弦波振荡器也是反馈型振荡器，它是用电阻、电容组成选频网络，而不用电感元件，因而既经济，又实用方便，同时也便于做成集成电路。但是由于 RC 正弦波选频网络的选频特性较差，所以 RC 正弦波振荡器的输出波形和频率稳定度都较差。根据所采用的 RC 正弦波选频网络的不同，RC 正弦波振荡器可分为 RC 移相网络正弦波振荡器、RC 串并联网络正弦波振荡器及双 T 选频网络振荡器。对于 RC 移相正弦波振荡器和双 T 选频网络正弦波振荡器，前者电路简单，经济方便，适用于波形要求不高的轻便测试设备中，后者选频特性较好，适应于产生单一频率的振荡；而 RC 串并联网络正弦波振荡器可方便地连续改变振荡频率，便于加负反馈稳幅电路，容易得到良好的振荡波形。所以，这里只介绍常用的 RC 串并联网络正弦波振荡器，也就是 RC 桥式正弦波振荡器和 RC 移相正弦波振荡器。

4.3.1　RC 串并联选频网络

RC 串并联选频网络如图 4-8a 所示，它由相同的 RC 串并联电路组成，Z_1 为 RC 串联电路，Z_2 为 RC 并联电路，$\dot{U}_1$ 为输入电压，$\dot{U}_2$ 为输出电压。当 $\dot{U}_1$ 频率较低时，R 远小于 $\frac{1}{\omega C}$，选频网络可用图 4-8b 所示的 RC 低频等效电路来表示，频率越低，输出电压 $\dot{U}_2$ 越小，$\dot{U}_2$ 超前于 $\dot{U}_1$ 的相位角也越大；当 $\dot{U}_1$ 频率较高时，R 远大于 $\frac{1}{\omega C}$，选频网络可用图 4-8c 所示的 RC 高频等效电路来表示，频率越高，输出电压 $\dot{U}_2$ 越小，$\dot{U}_2$ 滞后于 $\dot{U}_1$ 的相位角也越大。从上面分析可知，RC 串并联选频网络在某一频率上，其输出电压 $\dot{U}_2$ 幅度有最大值，$\dot{U}_2$ 超前于 $\dot{U}_1$ 的相位角等于 0°，也就是 $\dot{U}_2$ 与 $\dot{U}_1$ 同相。

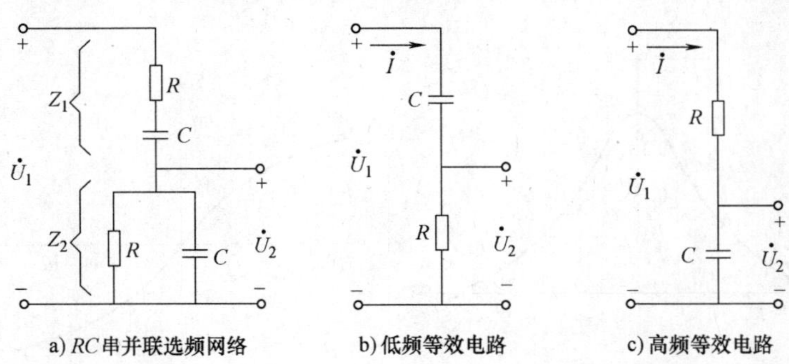

图 4-8　RC 串并联选频网络及其低、高频等效电路

由图 4-8a 所示的 RC 串并联选频网络电路可得，RC 串并联选频网络的电压传输系数（或称反馈系数）为

$$\dot{F}=\frac{\dot{U}_2}{\dot{U}_1}=\frac{Z_2}{Z_1+Z_2} \tag{4-15}$$

又因为

$$Z_1=R+\frac{1}{\mathrm{j}\omega C},\ Z_2=\frac{R\frac{1}{\mathrm{j}\omega C}}{R+\frac{1}{\mathrm{j}\omega C}} \tag{4-16}$$

所以有

$$\dot{F}=\frac{1}{3+\mathrm{j}\left(\omega RC-\frac{1}{\omega RC}\right)} \tag{4-17}$$

令 $\omega_o = \frac{1}{RC}$，则上式可化简为

$$\dot{F} = \frac{1}{3 + j\left(\frac{\omega}{\omega_o} - \frac{\omega_o}{\omega}\right)} \tag{4-18}$$

由此可得 *RC* 串并联选频网络的幅频特性和相频特性的表达式为

$$F = \frac{1}{\sqrt{3^2 + \left(\frac{\omega}{\omega_o} - \frac{\omega_o}{\omega}\right)^2}} \tag{4-19}$$

$$\varphi_f = -\operatorname{arctg}\frac{\frac{\omega}{\omega_o} - \frac{\omega_o}{\omega}}{3} \tag{4-20}$$

由式（4-19）和（4-20）可作出幅频特性曲线和相频特性曲线的曲线图，如图 4-9 所示。从图 4-9 中可以得出，*RC* 串并联选频网络具有选频特性。也就是说当 $\omega = \omega_o$ 时，F 可以达到最大值，并等于$\frac{1}{3}$，且相位角 $\varphi_f = 0°$，即输出电压 $\dot{U}_2$ 的振幅等于输入电压 $\dot{U}_1$ 的振幅的$\frac{1}{3}$，并且它们的相位相同。

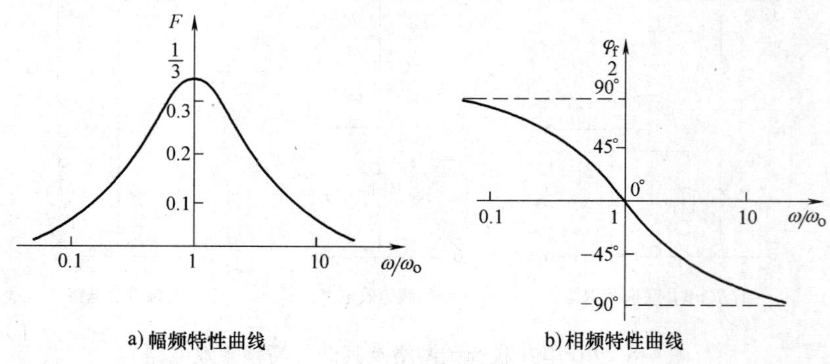

图 4-9 *RC* 串并联选频网络的频率特性曲线

4.3.2 *RC* 桥式正弦波振荡器

图 4-10a 所示电路为 *RC* 桥式正弦波振荡器，它由放大器、*RC* 串并联正反馈选频网络和负反馈电路等组成。*RC* 串并联正反馈网络中的 Z_1、Z_2 和负反馈电路中的 R_1、R_f 正好形成一个四臂电桥，如图 4-10b 所示，这种 *RC* 桥式正弦波振荡器称为文氏电桥振荡器。

由以上讨论可知，由于 *RC* 选频网络在 $\omega = \omega_o$ 时，$F = \frac{1}{3}$，同时 $\varphi_f = 0°$因此，只要放大器 $A \geqslant 3$，$\varphi_a = 2n\pi$（$n = 0, 1, 2, \cdots$），就能使电路满足自激振荡的振幅和相位平衡条件，产生自激振荡。所以振荡器的振荡频率取决于 *RC* 串并联选频网络的参数，即

$$\omega_o = \frac{1}{RC} \tag{4-21}$$

或

$$f_o = \frac{1}{2\pi RC} \tag{4-22}$$

又由于集成运算放大器构成同相放大，所以输出电压 $\dot{U}_o$ 与输入电压 $\dot{U}_i$ 同相，满足振荡的相位平衡条件。由集成运算放大器基本理论可知，同相放大器的闭环增益为

$$A = 1 + \frac{R_f}{R_1} \tag{4-23}$$

根据 $AF>1$ 和 $AF=1$，可得该振荡器的起振条件和振幅平衡条件分别为

$$R_f > 2R_1 \tag{4-24}$$

$$R_f = 2R_1 \tag{4-25}$$

所以，只要 $R_f = 2R_1$，振荡电路就能满足振荡的幅度平衡条件。但实际上由于集成运算放大器的开环增益不可能为无穷大，同时，为了使振荡器容易起振，则要求 R_f 远大于 R_1，也就是要求放大器的电压增益 A 远大于 3。这时电路会形成很强的正反馈，振荡幅度增长很快，以致使集成运算放大器工作进入很深的非线性区域后，方能使电路满足振荡平衡条件 $AF=1$，建立起稳定的振荡。所以 RC 串并联网络的选频特性较差，当放大器进入非线性区域后，振荡波形将会产生严重失真。因此，为了改善输出电压波形，应该限制振荡幅度的增长，这就要求放大器的电压增益 A 比 3 不要大得太多，应该略大于 3。

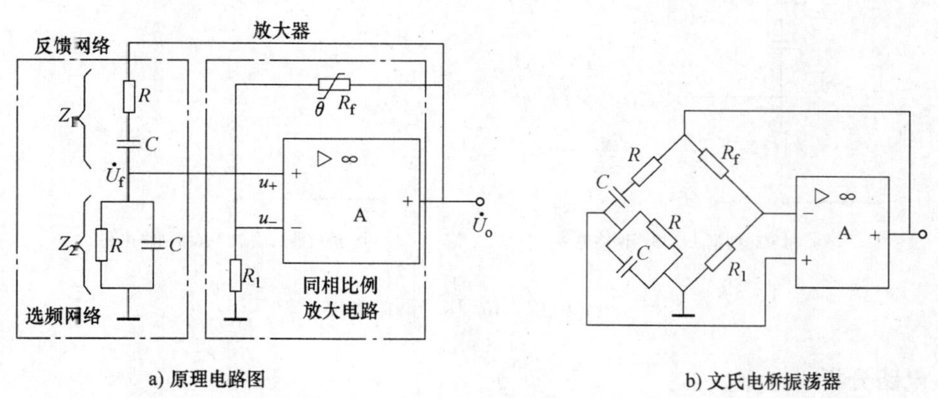

图 4-10　RC 桥式正弦波振荡器

为了解决上述矛盾，实际运用中，电路中的 R_f 可采用负温度系数的热敏电阻（温度升高，电阻值减小）。起振时由于输出电压 $\dot{U}_o$ 比较小，流过热敏电阻 R_f 的电流 $\dot{I}_t$ 很小，热敏电阻 R_f 的温度还很低，其阻值还很大，使 R_f 产生的负反馈作用很弱，放大器的增益比较高，振荡幅度增长很快，从而有利于起振和振荡的建立。随着振荡的增强，$\dot{U}_o$ 增大，流经 R_f 的电流 $\dot{I}_t$ 增大，热敏电阻 R_f 的温度较高，其阻值减小，R_f 的负反馈作用增强，放大器的增益下降，振荡幅度的增长受到限制。适当选取 R_1、R_f 的大小和 R_f 的温度特性，就可以使

振荡幅度限制在放大器的线性区，使输出振荡波形为正弦波。而且，采用热敏电阻 R_f 构成负反馈电路，还有另外一个作用就是能提高振荡输出幅度的稳定性。因为，当 $\dot{U}_o$ 增大时，$\dot{I}_t$ 增大，R_f 减小，负反馈加强，增益减小，进一步使输出电压的增大受到限制。反之，结果相反。但这种 *RC* 桥式正弦波振荡器有一个缺点就是主要应用在频率比较低的范围中，振荡频率从几赫到几千赫。

RC 串并联选频网络正弦波振荡电路调频方便，如图 4-11 所示，改变开关 S 的位置可改变选频网络的电阻 *R*，可实现频率粗调；改变电容 *C*，可实现频率细调。

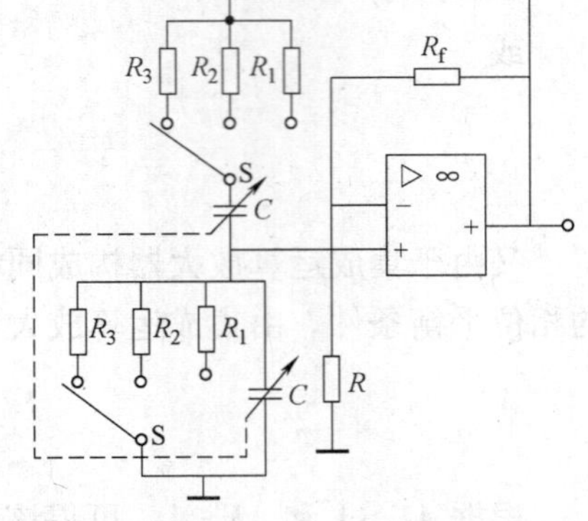

图 4-11　频率可调的 *RC* 串并联选频网络正弦波振荡电路

4.3.3　*RC* 移相正弦波振荡器

1. *RC* 移相网络

RC 串并联振荡电路的反馈环节，对于选定信号频率成分而言，不产生移相，即 $\varphi_f = 0°$。而 *RC* 移相式振荡电路的反馈环节是由三节 *RC* 移相网络组成，根据其电路结构不同，可分为相位超前型 *RC* 移相网络和相位滞后型 *RC* 移相网络，其电路如图 4-12 所示。每节 *RC* 移相网络可以移相 0° ~90°，则三节可移相 0° ~270°。所以，对特定频率信号成分，三节 *RC* 移相网络则能产生 180°的相移，即 $\varphi_f = 180°$。为了形成正反馈，产生振荡波形，则放大环节也必须产生 180°的相移，即 $\varphi_f = 180°$。

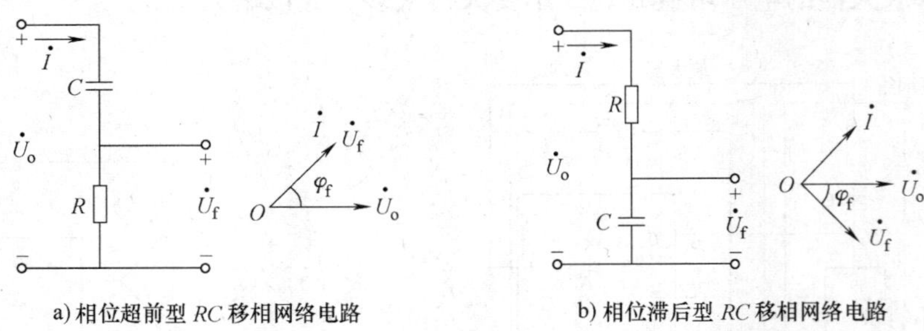

图 4-12　*RC* 移相网络电路

2. 电路分析

通过前面的分析可知，当 *RC* 移相式振荡电路发生振荡时，其反馈环节会产生 180°的相移，故放大环节也必须产生 180°的相移，即 $\varphi_f = 180°$。如图 4-13 所示，放大环节采用反相比例运算电路，实现 180°的相移。R_1 是平衡电阻，用来保持运算放大器输入端外接电阻的对称性，但该电阻无压降，同相输入端电位为 0，即“虚地”。如此，反相输入端电阻 *R* 的一端是接地，从而与前面的电容形成第三节超前型 *RC* 移相网络。经过三节移相网络，反馈环节也实现 180°的相移，从而实现正反馈，$\varphi_a + \varphi_f = 180°$。超前型 *RC* 移相式振荡电路的振荡频率为 $f_o = \dfrac{1}{2\pi RC\sqrt{6}}$；滞后型 *RC* 移相式振荡电路的振荡频率为 $f_o = \dfrac{\sqrt{6}}{2\pi RC}$，电路如图 4-14 所示。

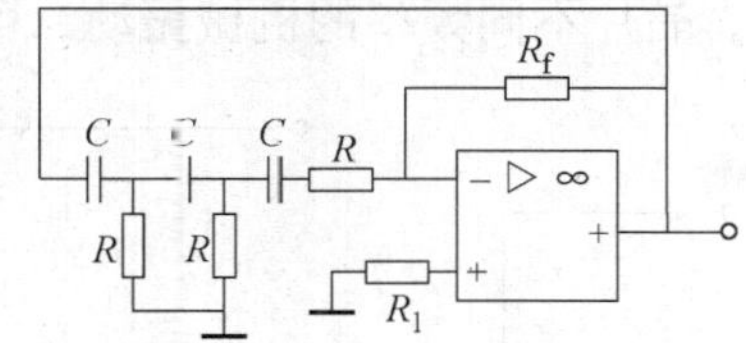

图 4-13 超前型 *RC* 移相式振荡电路

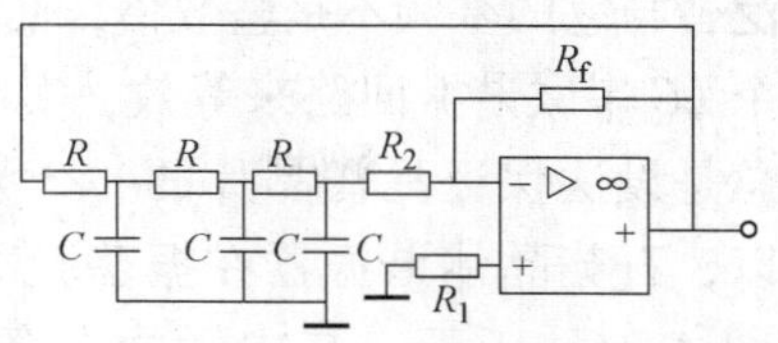

图 4-14 滞后型 *RC* 移相式振荡电路

RC 振荡电路适用于低频振荡，一般用于产生 1Hz ~ 1MHz 的低频信号。其中，*RC* 移相式振荡电路简单经济，但选频特性不好，调频困难，因此多用于频率固定，稳定性要求不高的场合。

4.4 石英晶体正弦波振荡器

在 *LC* 正弦波振荡器中，尽管采用了各种稳频措施，但实践证明，它的频率稳定度一般很难突破 10^{-5}数量级，为了进一步提高振荡频率的稳定度，常采用石英谐振器代替 *LC* 谐振回路，构成石英晶体振荡器，其频率稳定度一般可达 10^{-6} ~ 10^{-8}数量级，甚至更高。

4.4.1 石英晶体谐振器及其特性

天然石英晶体的化学成分是二氧化硅（SiO_2），除天然石英晶体外，目前已大量采用人造石英晶体。从一块石英晶体上按一定的方位角切割成的薄片称为晶片，然后在晶片的两个相对表面涂上金属层作为极板，焊上引线作为电极，再加上金属壳、玻璃壳或胶壳封装即制成了石英晶体谐振器，其结构示意图如图 4-15所示。

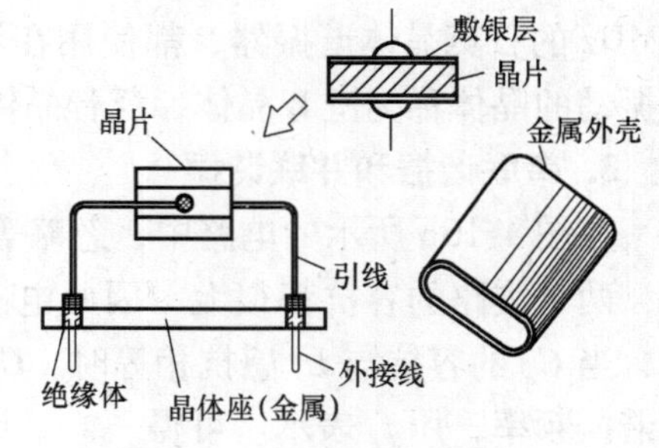

图 4-15 石英晶体谐振器结构示意图

1. 压电效应和压电谐振

压电效应就是当机械力作用于石英晶片时，晶片的对应面上将产生正、负电荷，形成电场。反之，当石英晶片对应面上加一电场时，石英晶片将会产生机械变形。当在石英晶片上加交变电压时，石英晶片将会随交变电压的频率产生周期性的机械振动；同时，机械振动又会在两个电极上产生交变电荷，并在外部电路中形成交流。当外加交变电压的频率与石英晶片的固有振动频率相等时，晶片便发生共振，此时晶片机械振动最强，晶片两面的电荷数量和电路中的交变电流也最大，这种现象叫做石英晶体的压电谐振。晶片的固有机械振动频率叫做谐振频率。此谐振频率只与晶片的几何尺寸有关，所以具有很高的稳定性；而且晶片尺寸做得越精确，谐振频率的精度就越高。因此，石英晶片可以作为一个十分理想的谐振系统。

2. 等效电路、基频晶体和泛音晶体

石英晶体谐振器在电路中的符号如图 4-16a 所示。在外加交变电压作用下，晶片产生机械振动，其中除了基频的机械振动外，还有许多近似奇次（3 次、5 次、…）频率的机械振动，这些机械振动（谐波）称为泛音，它与电气谐波不同，电气谐波与基波是整数倍的关系，而泛音与它的基频不是整数倍，而是近似成整数倍。晶片不同频率的机械振动，可以分别用一个 LC 串联谐振回路来等效，实际使用时，在电路上总是设法保证只在晶片的一个频率上产生振荡，所以，石英晶体谐振器在振荡频率附近的等效电路如图 4-16b 所示。其中图中各等效元件的意义如下：

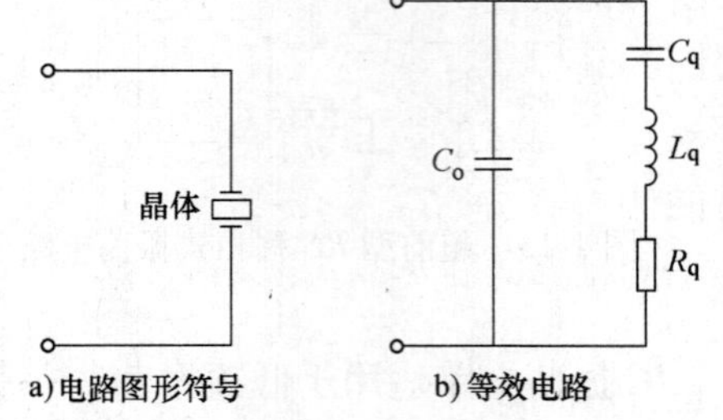

图 4-16　石英晶体谐振器的电路图形符号和等效电路

1）C_o 是晶片工作时的静态电容，它的大小与晶片的几何尺寸和电极的面积有关，一般在几个 pF 到几十个 pF 之间。

2）L_q 是晶片振动时的等效动态电感，它的值很大。

3）C_q 是晶片振动时的等效动态电容，它的值很小。

4）R_q 是晶片振动时的摩擦损耗电阻，它的值很小。

所以石英晶片的品质因数 Q 值很高，一般可达 10^5 数量级以上，又由于石英晶片的机械性能十分稳定，所以，用石英晶体谐振器代替一般 LC 回路构成谐振电路，具有很高的频率稳定度。

利用晶体的基频可以得到较强的振荡，这种利用基频振动的晶体称为基频晶体；因为晶片的厚度与振荡频率成反比，薄的晶片加工比较困难，使用中也容易损坏，所以对高于 15MHz 的石英晶体谐振器，都使用在泛音频率上，以使晶体的厚度可以增加。这种利用泛音振动的晶体称为泛音晶体，泛音晶体广泛应用三次和五次的泛音振动。

3. 串联谐振和并联谐振

在图 4-16b 所示的电路中，忽略等效电阻 R_q 的影响，当加在回路两端的信号频率很低时，两个支路的容抗都很大，因此电路总的等效阻抗呈容性。随着信号频率增加，容抗减小，当 C_q 的容抗与 L_q 感抗相等时，C_q 与 L_q 支路发生串联谐振，此时的频率称为晶片的串联谐振频率，用 f_s 表示。可得

$$f_s = \frac{1}{2\pi\sqrt{L_q C_q}} \tag{4-26}$$

随着频率的继续升高，L_q 与 C_q 串联支路呈感性，当串联总感抗刚好和 C_o 的容抗相等时，谐振回路产生并联谐振，此时的频率称为晶片的并联谐振频率，用 f_p 表示。可得

$$f_p = \frac{1}{2\pi\sqrt{L_q \dfrac{C_o C_q}{C_o + C_q}}} = f_s\sqrt{1 + \frac{C_q}{C_o}} \tag{4-27}$$

当频率继续升高时，C_o 支路的容抗减小，对回路的分流起主要作用，回路总的电抗又呈容性。根据以上分析可得石英谐振器的电抗频率特性曲线如图 4-17 所示。

由于 C_o 远远大于 C_q，所以 f_s 和 f_p 相差很小，即 f_s 与 f_p 之间的等效电感的电抗曲线非常陡峭，此时曲线的斜率非常大，有很高的 Q 值，也就是具有很强的稳频作用，所以石英谐振器就工作在这频率范围狭窄的电感区内。

4. 注意问题

石英谐振器只有在较窄的温度范围内工作时，才具有很高的频率稳定度，所以要采用恒温措施；石英谐振器都规定接有一定的负载电容 C_L，用来补偿生产中石英晶体的频率误差和石英晶体的老化，以达到标称频率，通常不同频率的石英晶体选用不同的 C_L，为了便于调整，C_L 一般采用微调电容；石英谐振器在工作时要损耗一定的功率，常用激励电平来表示功率损耗的程度，因此，振荡器要给石英谐振器提供激励电平，激励电平不能超过晶体的额定激励电平，并保持它的稳定。

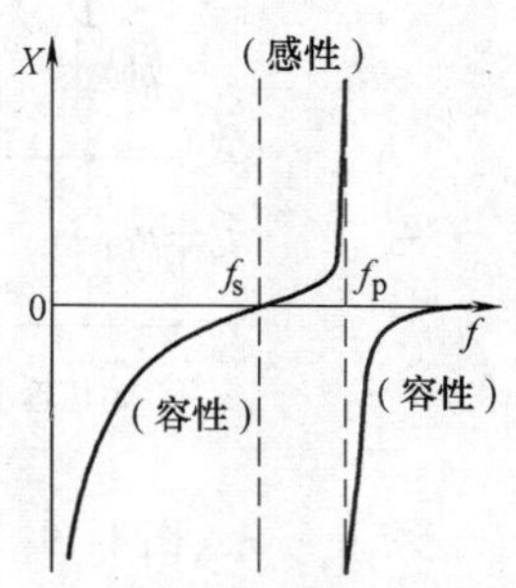

图 4-17　石英谐振器的电抗频率特性曲线

4.4.2　石英晶体正弦波振荡器

用石英晶体谐振器组成的振荡电路叫石英晶体正弦波振荡器，按石英晶体在振荡电路中应用的方式不同可分为两大类：一类是石英晶体工作在 f_s 和 f_p 之间，利用晶片在此频率范围内等效的电感和其他电抗元件组成振荡电路，叫做并联型石英晶体正弦波振荡器；另一类是石英晶片以低阻抗接入振荡电路，叫做串联型石英晶体正弦波振荡器。

1. 串联型石英晶体正弦波振荡器

如果石英晶体像电阻元件一样直接串联在反馈回路中，就形成串联型石英晶体正弦波振荡电路，如图 4-18 所示。图 4-18 所示电路是两级放大电路，第一级是共基极放大电路，晶体管 VT_1 的基极交流接地，交流信号只能由晶体管 VT_1 的发射极输入，而由晶体管 VT_1 的集电极输出。共基极放大电路的输入信号与输出信号同相，所以，输入的正信号传到第二级放大电路。而第二级放大电路是射极输出器，其输入信号与输出信号也是同相，所以，输入的正信号继续传到反馈电路的输入端。

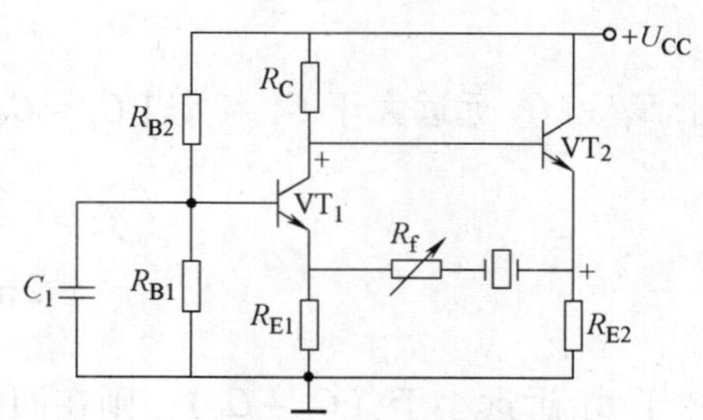

图 4-18　串联型石英晶体正弦波振荡电路图

为形成正反馈，反馈电路也需要保持输入信号与输出信号同相，所以，当反馈信号的频率等于其串联谐振频率时，石英晶体发生串联谐振，串联支路阻抗最小，且为纯电阻，此时正反馈最强，整个电路才会形成正反馈，电路满足自激振荡的相位和幅度平衡条件而产生自激振荡。而在其他频率上，晶体呈现很大的阻抗并产生较大的相移，不满足自激振荡的条件，因此不能振荡。所以，这种振荡器的振荡频率 f_o 取决于石英晶体谐振器的串联谐振频率 f_s。

图 4-19a 中所示的电路为串联石英晶体正弦波振荡器的另一种典型电路，其等效电路如图 4-19b 所示，由此图可见，石英谐振器串接在正反馈支路内，只有频率等于石英谐振器的串联谐振频率 f_s 时，才能满足自激振荡条件而产生振荡，所以，振荡频率以及频率稳定度取决于石英晶体。但此时 L 和 C_1、C_2 组成的并联回路应调谐在石英谐振器的串联谐振频率 f_s 上。由上面分析可知，f_o 取决于石英谐振器的串联谐振频率 f_s，与静态电容 C_o 的关系很小，且外部电容变化对石英谐振器的影响很小，这就大大提高了振荡器的频率稳定度。

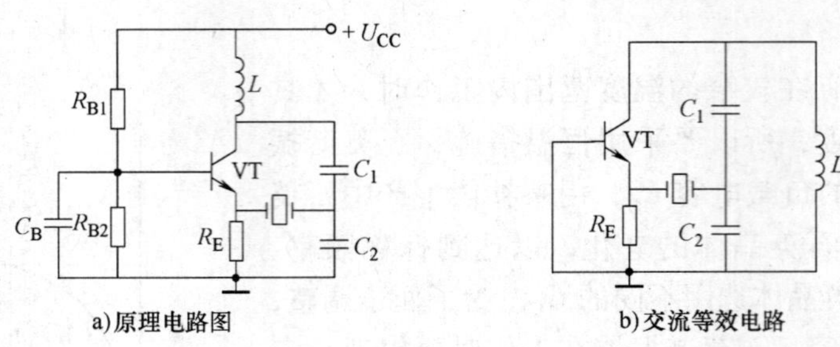

图 4-19 高频串联型石英晶体正弦波振荡器及其等效电路

2. 并联型石英晶体振荡器

图 4-20a 所示电路为皮尔斯振荡器，它是一种典型的并联型石英晶体振荡器电路。石英晶体谐振器与外部电容一起构成并联谐振回路，它在回路中起电感的作用。图 4-20b 和图 4-20c为它的等效电路。电路中 C_3 用来微调电路的振荡频率，使振荡器振荡在石英谐振器的标称频率上，并减小晶体谐振器与晶体管之间的耦合。由 C_1、C_2、C_3 串联组成石英晶体谐振器的负载电容 C_L，由图 4-20c 所示等效电路可得

$$C_L = \frac{1}{\frac{1}{C_1} + \frac{1}{C_2} + \frac{1}{C_3}} \tag{4-28}$$

由于 C_1 和 C_2 远远大于 C_3，所以 $C_L \approx C_3$。由图 4-20c 可求得f_o 为

$$f_o = \frac{1}{2\pi\sqrt{L_q \frac{C_q(C_o + C_L)}{C_q + C_o + C_L}}} \tag{4-29}$$

又由于 C_q 远远小于（$C_o + C_L$），则在回路中起决定作用的是 C_q，所以

$$f_o \approx \frac{1}{2\pi\sqrt{L_q C_q}} = f_s \tag{4-30}$$

根据上面分析可知，振荡器的振荡频率基本上取决于晶体的串联谐振频率f_s，而与外接电容的关系很小，因此，并联型晶体振荡器的频率稳定度很高。但它的稳定度要比串联晶体振荡器的稳定度稍低。

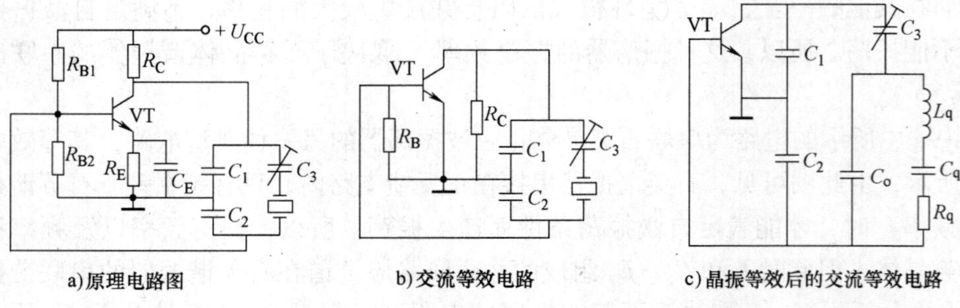

图 4-20 并联型晶体振荡器及其等效电路

3. 泛音晶体振荡器

前面讨论的是基频振荡电路，下面来介绍一下泛音晶体振荡电路。图 4-21a 所示为一个典型的泛音晶体振荡电路原理图，从图中可以看出，它实际上是一种并联型晶体振荡电路。根据三点式振荡器的组成原则，L_1C_1 并联谐振回路相当于一个电容，呈现出容抗。设电路中晶振的基频为 1MHz，为了获得 5 次泛音，即标称频率为 5MHz 的泛音振荡，可以把 L_1C_1 回路的谐振频率调在 3 次和 5 次泛音之间，即 3 ~ 5MHz 之间。从图 4-21a 所示 L_1C_1 谐振回路的电抗特性可知，对于在 5 次泛音频率 5MHz 上，L_1C_1 回路呈容性，相当于一个电容，电路满足振荡的相位平衡条件，可以产生振荡。而对于基频和 3 次泛音来说，L_1C_1 回路呈现感性，电路不符合三点式振荡器的组成原则，不能产生振荡。至于 7 次和 7 次以上的泛音，虽然 L_1C_1 回路也呈现容性，但此时等效电容过大，振幅条件无法满足而不能振荡。其电抗频率特性曲线如图 4-21b 所示。

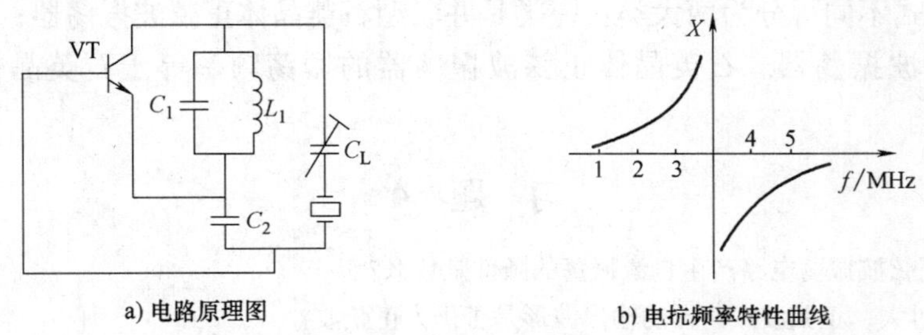

图 4-21　泛音晶体振荡器电路原理图和电抗频率特性曲线

本章小结

1. 反馈式振荡器主要由四大部分组成：具有控制能量转换的有源部分（放大部分）；具有使输出一定频率的选频网络；具有把输出信号返送到输入端的反馈网络；具有把输出信号稳定的稳幅环节。

2. 选频网络根据组成元件的不同，可分为 *LC* 选频网络、*RC* 选频网络和石英晶体选频网络。所以，根据选频网络的不同，反馈式正弦波振荡器可分为 *LC* 反馈式正弦波振荡器、*RC* 反馈式正弦波振荡器和石英晶体反馈式正弦波振荡器。而 *LC* 反馈式正弦波振荡器又可分为互感耦合（或称变压器）反馈式正弦波振荡器、三点式反馈正弦波振荡器（电感三点式反馈式正弦波振荡器、电容三点式反馈式正弦波振荡器）。

3. 产生自激振荡的两个基本条件为：

（1）相位平衡条件：$\varphi_a+\varphi_f=2n\pi$（$n=0, 1, 2, 3, \cdots$）。也就是说，放大器与反馈网络的相位应相同，或者说，它们的相位差应等于 2π 的整数倍，以获得正反馈。

（2）幅平衡条件：$AF=1$。也就是说，放大器与反馈网络组成的闭环系统中，电压放大倍数的模和反馈系数的模乘积等于 1，或者说，其环路传输系数等于 1，即反馈电压与输入电压的大小相等。

4. 在开始振荡时，必须使 $AF>1$。起振后，振荡幅度迅速增大，使晶体管工作进入到非线性区，以致使电压增益 A 下降，直至 $AF=1$，振荡幅度不再增大，达到稳幅振荡。显然，AF 越大于 1，振荡器越容易起振，并且振荡幅度也越大。但在 AF 过大时，为了使振荡器输出一个稳定幅度和稳定频率的交流电压，放大管的动态范围必定要深入到非线性区，即饱和区，从而引起振荡器输出信号波形的严重失真。所以，当要求输出信号波形非线性失真很小时，就必须尽量使 AF 的值接近于 1。

5. LC 正弦波振荡器的振荡频率 f_o 主要取决于 LC 谐振回路的谐振频率，f_o 可达 100MHz 以上，可分为变压器反馈式正弦波振荡器和三点式反馈式正弦波振荡器。

6. RC 正弦波振荡器的振荡频率主要取决于反馈电路的相位频率特性，改变反馈电路的 RC 参数，可以改变振荡频率 f_o，但 f_o 不能太高，一般为几 Hz 到几 MHz。RC 振荡器可分为 RC 移相正弦波振荡器及 RC 串并联网络正弦波振荡器。

7. 当要求振荡器具有较高的频率稳定性时，除了采用减少温度的影响、提高谐振回路的 Q 值等措施外，还可以采用具有高稳定度的石英晶体正弦波振荡器。按石英晶体在振荡电路中应用的方式不同可分为两大类：一类是并联型石英晶体正弦波振荡器；另一类是串联型石英晶体正弦波振荡器。石英晶体正弦波振荡器的振荡频率等于石英晶体的固有谐振频率。

习　题　4

4.1　试说明正弦波振荡电路产生自激振荡的条件是什么？

4.2　若 $|AF|$ 过大，正弦波振荡器的输出波形是否仍为正弦波？

4.3　组成 RC 反馈式串并联网络正弦波振荡器的放大电路的放大倍数必须大于等于多少？

4.4　电容三点式正弦波振荡电路的振荡频率为多少？

4.5　电感三点式正弦波振荡电路的振荡频率为多少？

4.6　若石英晶片的参数为：$L_q = 4\text{H}$，$C_q = 9\times10^{-2}\text{pF}$，$C_o = 3\text{pF}$，$R_q = 100\Omega$，求：

(1) 串联谐振频率 f_s；

(2) 并联谐振频率 f_p。

4.7　试用相位平衡条件说明图 4-22 所示电路产生自激振荡的原理（该电路属于 RC 移相式振荡器）。

4.8　图 4-23 所示电路为 RC 文氏电桥振荡器，要求：

(1) 计算振荡频率 f_o；

(2) 求热敏电阻的冷态阻值；

(3) R_t 应具有怎样的温度特性。

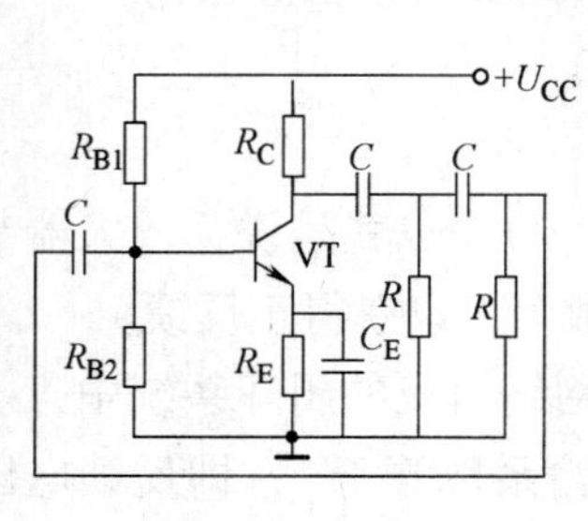

图 4-22　习题 4.7 图

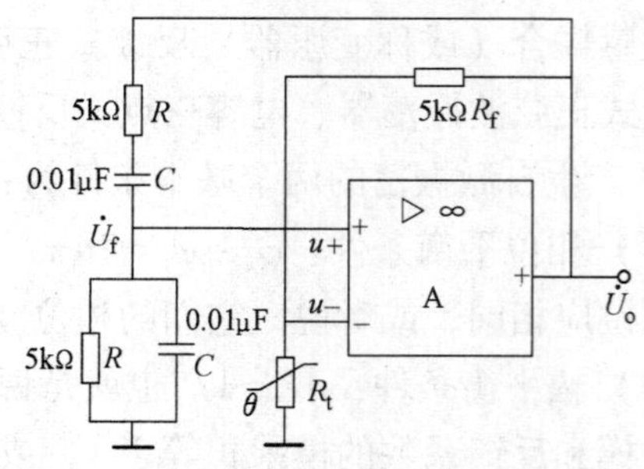

图 4-23　习题 4.8 图

4.9　如图 4-24 所示电路，试用相位平衡条件判断能否产生正弦波振荡，若不能应如何改？

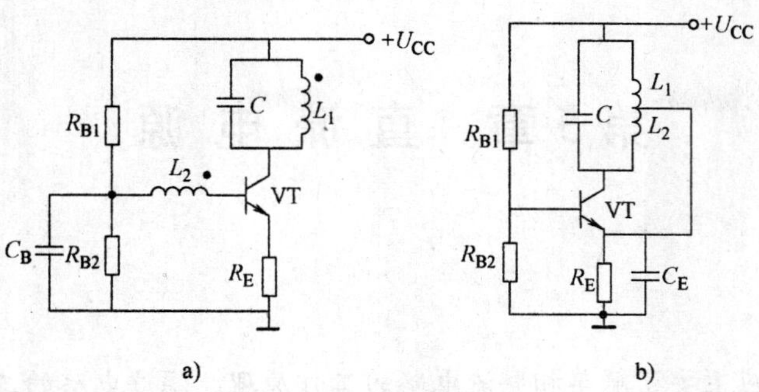

图 4-24　习题 4.9 图

4.10　如图 4-25 所示电路，试用相位平衡条件判断能否产生正弦波振荡，若不能应如何改？

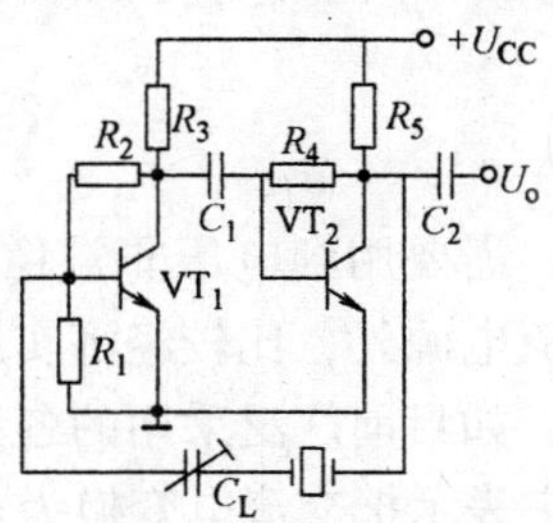

图 4-25　习题 4.10 图

第 5 章　直 流 电 源

【学习目标】

通过本章学习，应主要了解单相整流电路的工作原理、滤波电路的工作原理和参数的估算以及并联型稳压电路的工作原理，重点掌握单相整流电路的参数的估算和整流元件的选择、串联型稳压电路的工作原理和参数的估算，还应理解集成稳压电源的分类和应用。

5.1　概述

在电子电路和自动控制装置中，需要用到电压非常稳定的直流电源。为了得到直流电，除了采用直流发电机、干电池等直流电源外，比较经济实用的办法是利用具有单向导电性的电子器件将交流市电转换成直流电，如目前广泛采用的各种半导体直流电源。半导体直流稳压电源的原理框图如图 5-1 所示，它表示把交流电变换为直流电的过程。图中各部分的功能如下：

1）变压电路：将交流电源电压变换为符合整流需要的交流电压。

2）整流电路：将交流电压变换为单向脉动电压。

3）滤波电路：减小整流电压的脉动程度，以适合负载的需要。

4）稳压电路：在交流电源电压波动或负载变动时，使直流输出电压稳定。在对直流电压的稳定程度要求较低的电路中，稳压电路也可以不要。

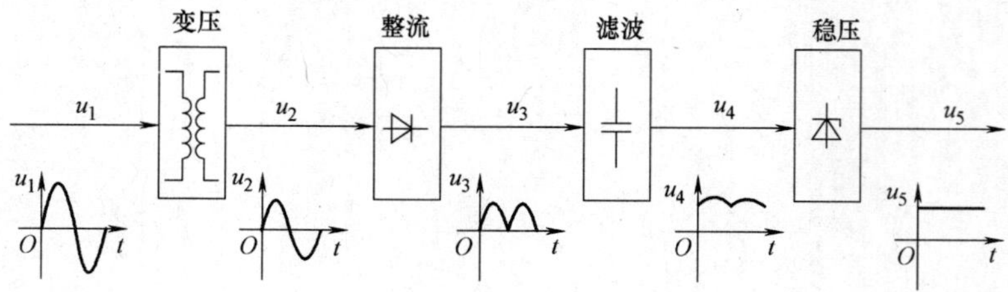

图 5-1　半导体直流稳压电源的原理框图

5.2　整流电路

整流电路主要是靠二极管的单向导电作用，将交流电变换为直流电，因此二极管是构成整流电路的核心器件。整流电路按输入电源相数可分为单相整流电路和三相整流电路，按输出波形又可分为半波整流电路、全波整流电路和桥式整流电路等，本节主要介绍半波整流电路和桥式整流电路。为了简单起见，分析计算整流电路时把二极管当做理想器件来处理，即认为二极管的正向导通电阻为零，而反向电阻为无穷大。

5.2.1　单相半波整流电路

1. 工作原理

单相半波整流电路如图 5-2a 所示。它是最简单的整流电路，由整流变压器、整流二极管 VD 及负载电阻 R_L 组成。其中 u_1、u_2 分别为整流变压器一次侧和二次侧的交流电压。电路的工作原理如下：

设整流变压器二次电压为 $u_2=\sqrt{2}\,U_2\sin\omega t$。

1）当 u_2 为正半周时，其极性为上正下负，即 a 点电位高于 b 点电位，二极管 VD 因承受正向电压而导通，此时有电流流过负载，并且和二极管上的电流相等，即 $i_o=i_D$。忽略二极管的电压降，则负载两端的输出电压等于变压器二次电压，即 $u_o=u_2$，输出电压的波形与变压器二次电压 u_2 的相同。

2）当 u_2 为负半周时，其极性为上负下正，即 a 点电位低于 b 点电位，二极管 VD 因承受反向电压而截止。此时负载上无电流流过，输出电压 $u_o=0$，变压器二次电压 u_2 全部加在二极管 VD 上。综上所述，在负载电阻 R_L 得到的是图 5-2b 所示的单向脉动电压。

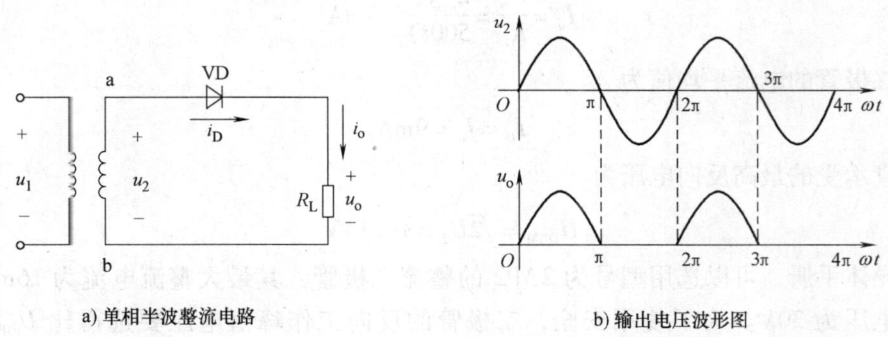

图 5-2　单相半波整流电路图和输出电压波形图

2. 参数计算

（1）输出电压平均值和输出电流平均值　负载上得到的整流电压虽然是单方向的（极性一定），但其大小是变化的。常用一个周期的平均值来衡量这种单向脉动电压的大小。

输出电压平均值为

$$U_o=\frac{1}{2\pi}\int_0^{\pi}\sqrt{2}U_2\sin\omega t\mathrm{d}(\omega t)=\frac{\sqrt{2}}{\pi}U_2=0.45U_2 \tag{5-1}$$

输出电流平均值为

$$I_o=\frac{U_o}{R_L}=0.45\frac{U_2}{R_L} \tag{5-2}$$

（2）整流二极管的电流平均值和承受的最高反向电压　流经二极管的电流平均值就是流经负载电阻的电流平均值，即

$$I_D=I_o \tag{5-3}$$

二极管截止时承受的最高反向电压就是整流变压器二次交流电压 u_2 的最大值，即：

$$U_{DRM}=\sqrt{2}U_2 \tag{5-4}$$

（3）整流变压器二次电压有效值和电流有效值　整流变压器二次电压有效值为

$$U_2=\frac{U_o}{0.45}=2.22U_o \tag{5-5}$$

整流变压器二次电流有效值为

$$I_2=\frac{U_2}{R_L}=2.22I_o \tag{5-6}$$

根据上述计算，可以选择整流二极管和整流变压器。

【例 5-1】 有一单相半波整流电路如图 5-2a 所示。已知负载 $R_L=500\Omega$，变压器二次电压 $U_2=10V$，试求 U_o 和 I_o，并选用合适的整流二极管。

解：输出电压的平均值为

$$U_o=0.45U_2=0.45\times10V=4.5V$$

负载 R_L 的电流平均值为

$$I_o=\frac{U_o}{R_L}=\frac{4.5V}{500\Omega}=9mA$$

整流二极管的电流平均值为

$$I_D=I_o=9mA$$

二极管承受的最高反向电压为

$$U_{DRM}=\sqrt{2}U_2=14.14V$$

查半导体手册，可以选用型号为 2AP2 的整流二极管，其最大整流电流为 16mA，最高反向工作电压为 30V。为了使用安全，二极管的反向工作峰值电压要选得比 U_{DRM} 大一倍左右。

5.2.2　单相桥式整流电路

单相半波整流的缺点是只利用了电源电压的半个周期，同时整流电压的脉动较大。为了克服这些缺点，常采用全波整流电路，其中最常用的是单相桥式整流电路。

1. 工作原理

单相桥式整流电路是由 4 个整流二极管接成电桥的形式构成的，如图 5-3a 所示。图 5-3b所示为单相桥式整流电路的一种简便画法。

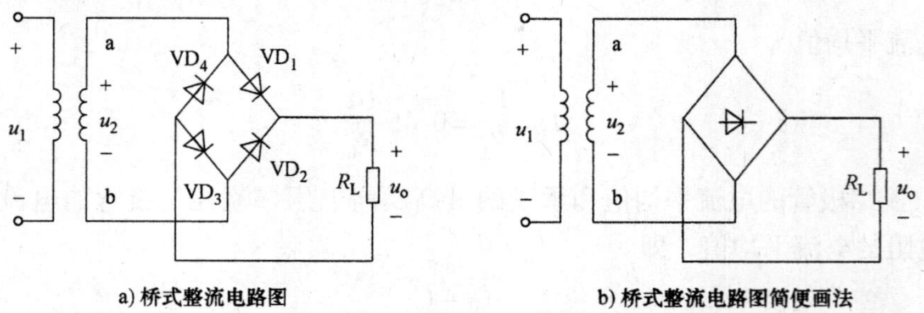

图 5-3　单相桥式整流电路图

单相桥式整流电路的工作情况如下：

设整流变压器二次电压为 $u_2=\sqrt{2}U_2\sin\omega t$。

1）当 u_2 为正半周时，其极性为上正下负，即 a 点电位高于 b 点电位，二极管 VD_1、VD_3 因承受正向电压而导通，VD_2、VD_4 因承受反向电压而截止。

此时电流的路径为：a→VD_1→R_L→VD_3→b，电路如图 5-4a 所示。

2）当 u_2 为负半周时，其极性为上负下正，即 a 点电位低于 b 点电位，二极管 VD_2、VD_4 因承受正向电压而导通，VD_1、VD_3 因承受反向电压而截止。

此时电流的路径为：b→VD_2→R_L→VD_4→a，电路如图 5-4b 所示。

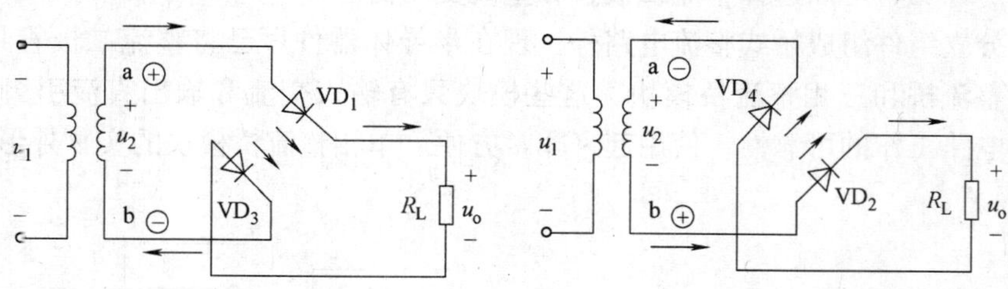

a) 当 u_2 为正半周时电流路径图　b) 当 u_2 为负半周时电流路径图

图 5-4　单相桥式整流电路电流路径图

从上述分析可知，无论电压是在正半周还是在负半周，负载电阻上都有相同方向的电流流过，因此在负载电阻得到的是单向脉动电压和电流。忽略二极管导通时的正向压降，则单相桥式整流电路的波形如图 5-5所示。

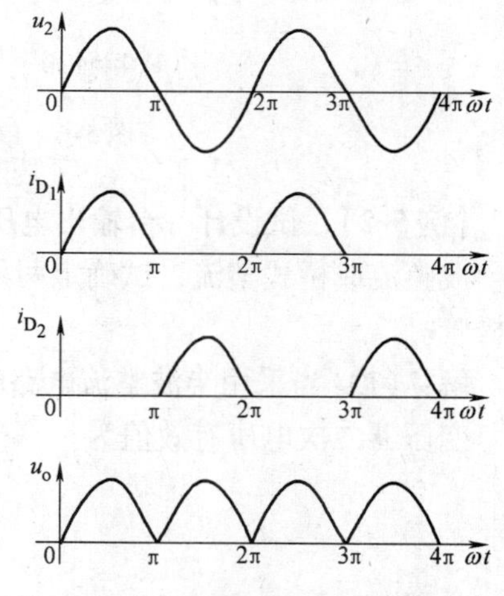

图 5-5　单相桥式整流电路波形图

2. 参数计算

（1）输出电压平均值和输出电流平均值

1）输出电压的平均值为

$$U_o=\frac{1}{\pi}\int_0^{\pi}\sqrt{2}U_2\sin\omega t\,\mathrm{d}(\omega t)=\frac{2\sqrt{2}}{\pi}U_2=0.9U_2 \tag{5-7}$$

2）输出电流的平均值为

$$I_o=\frac{U_o}{R_L}=0.9\frac{U_2}{R_L} \tag{5-8}$$

（2）整流二极管的电流平均值和承受的最高反向电压　因为桥式整流电路中每两个二极管串联导通半个周期，所以流经每个二极管的电流平均值为负载电流的一半，即

$$I_D=\frac{1}{2}I_o \tag{5-9}$$

二极管截止时承受的最高反向电压就是整流变压器二次交流电压 u_2 的最大值，即

$$U_{DRM}=\sqrt{2}U_2 \tag{5-10}$$

（3）整流变压器二次电压有效值和电流有效值

1）整流变压器二次电压有效值为

$$U_2 = \frac{U_o}{0.9} = 1.11U_o \tag{5-11}$$

2）整流变压器二次电流有效值为

$$I_2 = \frac{U_2}{R_L} = 1.11I_o \tag{5-12}$$

根据上述计算，可以选择整流二极管和整流变压器。

除了用分立组件组成桥式整流电路外，现在半导体器件厂已将整流二极管封装在一起，制造成单相整流桥和三相整流桥模块，这些模块只有输入交流和输出直流引脚，减少了接线，提高了电路工作的可靠性，使用起来非常方便。单相整流桥模块的实物外形和接线图如图 5-6 所示。

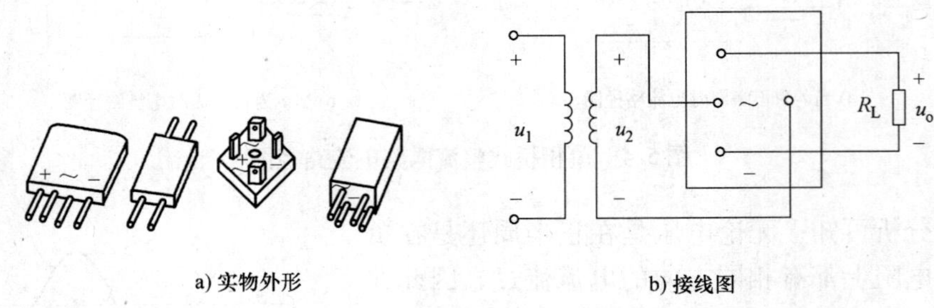

图 5-6　单相整流桥模块的实物外形和接线图

【例 5-2】　试设计一台输出电压为 48V，输出电流为 2A 的直流电源，电路形式可以采用半波整流或桥式整流，试确定两种电路形式的变压器二次电压有效值，并选定相应的整流二极管。

解：（1）当采用半波整流电路时：

变压器二次电压有效值为

$$U_2 = \frac{U_o}{0.45} = 106.6\text{V}$$

整流二极管承受的最高反向电压为

$$U_{DRM} = \sqrt{2}U_2 = 150.4\text{V}$$

流过整流二极管的平均电流为

$$I_D = I_o = 2\text{A}$$

因此，查阅相关半导体器件手册，可以选用型号为 2CZ12D 的整流二极管，其最大整流电流为 3A，最高反向工作电压为 300V。

变压器二次电流有效值为

$$I_2 = \frac{U_2}{R_L} = 2.22I_o = 4.44\text{A}$$

变压器的容量为

$$S = U_2 I_2 = 106.6\text{V} \times 4.44\text{A} = 473.6\text{VA}$$

（2）当采用桥式整流电路时：

变压器二次电压有效值为

$$U_2 = \frac{U_o}{0.9} = 53.3\text{V}$$

整流二极管承受的最高反向电压为

$$U_{DRM} = \sqrt{2} U_2 = 75.2\text{V}$$

流过整流二极管的平均电流为

$$I_D = \frac{1}{2} I_o = 1\text{A}$$

因此，查阅相关半导体器件手册，可以选用4只型号为2CZ12C整流二极管，其最大整流电流为3A，最高反向工作电压为200V。

变压器二次电流有效值为

$$I_2 = \frac{U_2}{R_L} = 1.11 I_o = 2.22\text{A}$$

变压器的容量为

$$S = U_2 I_2 = 53.3\text{V} \times 2.22\text{A} = 118.4\text{VA}$$

5.3　滤波电路

整流电路可以将交流电转换为直流电，但脉动较大，在某些应用中如电镀、蓄电池充电等可以直接使用脉动直流电源。但许多电子设备需要平稳的直流电源。这种电源中的整流电路后面还需要加滤波电路将交流成分滤除，以得到比较平滑的输出电压。滤波是利用电容或电感的能量存储功能来实现的，可分为电容滤波、电感滤波和复式滤波三种。

5.3.1　电容滤波

最简单的电容滤波电路是在整流电路的输出端负载电阻 R_L 两端并联一电容器 C，利用电容器的端电压在电路状态改变时不能突变的原理，使输出电压趋于平滑。

1. 工作原理

单相半波整流电容滤波电路如图5-7a所示，其工作原理如下：

设整流变压器二次电压为

$$u_2 = \sqrt{2} U_2 \sin\omega t$$

假设电路接通时恰恰在由负到正过零的时刻，这时二极管VD开始导通，电源 u_2 在向负载供电的同时又对电容 C 充电。如果忽略二极管正向压降，电容电压 u_C 紧随输入电压 u_2 按正弦规律上升至其最大值。随后 u_2 按正弦规律下降，u_C 开始放电，当 $u_2 < u_C$ 时，二极管

VD 因承受反向电压而截止，而电容则对负载电阻 R_L 按指数规律放电，负载中仍有电流。在 u_2 的下一个正半周内，当 $u_2 > u_C$ 时，二极管又导通，电容 C 再次充电。这样循环下去，u_2 周期性地变化，电容 C 周而复始地充电和放电。电容两端的电压 u_C 即为输出电压，其波形如图 5-7b 所示，可见输出电压的脉动程度大为减小，并且较高。

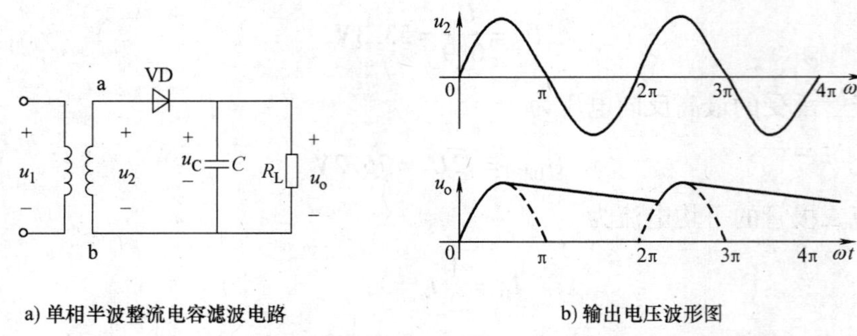

a) 单相半波整流电容滤波电路　　b) 输出电压波形图

图 5-7　单相半波整流电容滤波电路及其输出电压波形图

桥式整流电容滤波电路与半波整流电容滤波电路的工作原理一样，不同之处在于，在它的每一个周期里，电路中总有二极管导通，电容经历两次充放电过程，因此输出电压更加平滑。其电路和工作波形如图 5-8 所示。

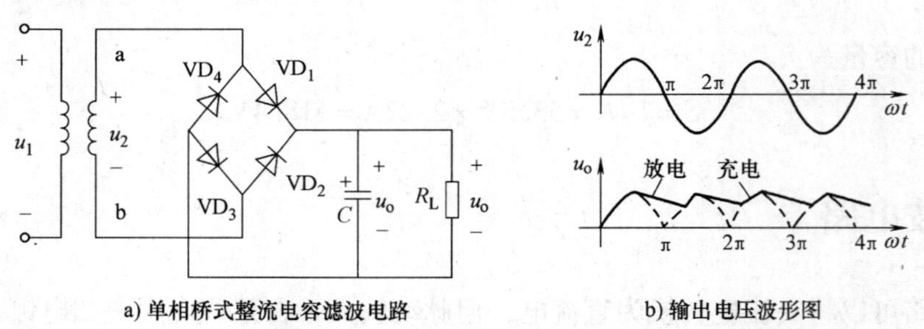

a) 单相桥式整流电容滤波电路　　b) 输出电压波形图

图 5-8　单相桥式整流电容滤波电路及其输出电压波形图

2. 参数计算

对于电容滤波，一般常用如下经验公式估算其输出电压平均值：

半波：
$$U_o = U_2 \tag{5-13}$$

桥式：
$$U_o = 1.2U_2 \tag{5-14}$$

采用电容滤波时，输出电压的脉动程度与电容器的放电时间常数有关，放电时间常数大，脉动程度就小。为了获得较平滑的输出电压，选择电容时一般要求使放电时间常数为

半波：
$$\tau = R_L C \geqslant (3 \sim 5)T \tag{5-15}$$

桥式：
$$\tau = R_L C \geqslant (3 \sim 5)\frac{T}{2} \tag{5-16}$$

式中，T 为交流电压的周期。滤波电容一般选择体积小、容量大的电解电容器。但应该注意，普通电解电容器有正、负极性，使用时正极必须接高电位端，如果接反会造成电解电容器的损坏。

加入滤波电容以后，二极管导通时间缩短，导通角小于 180°，且在短时间内承受较大的冲击电流，容易使二极管损坏。为了保证二极管的安全，选管时应放宽裕量。

单相半波整流电容滤波电路中，二极管承受的反向电压为 $u_{DR}=u_C+u_2$。当负载开路时，二极管承受的最高反向电压为

$$U_{DRM}=2\sqrt{2}U_2 \tag{5-17}$$

单相桥式整流电容滤波电路中，二极管承受的最高反向电压与单相桥式整流二极管承受的最高反向电压一样

$$U_{DRM}=\sqrt{2}U_2 \tag{5-18}$$

电容滤波适用于输出电压较高和负载电流较小并且变化也较小的场合。

【例 5-3】 设计一单相桥式整流电容滤波电路。要求输出电压 $U_o=96V$，已知负载电阻 $R_L=100\Omega$，交流电源频率为 $f=50Hz$，试选择整流二极管和滤波电容器。

解：流过整流二极管的平均电流为

$$I_D=\frac{1}{2}\frac{U_o}{R_L}=480mA$$

变压器二次电压有效值为

$$U_2=\frac{U_o}{1.2}=80V$$

整流二极管承受的最高反向电压为

$$U_{DRM}=\sqrt{2}U_2=112.8V$$

因此，查阅相关半导体器件手册，可以选择型号为 2CZ11C 的整流二极管，其最大整流电流为 1A，最高反向工作电压为 300V。

取 $\tau=R_LC=\frac{5T}{2}=\frac{5}{2f}=\frac{5}{2\times50Hz}=0.05s$，则电容为

$$C=\frac{\tau}{R_L}=\frac{0.05}{100\Omega}=500\mu F$$

5.3.2 电感滤波

电感滤波电路如图 5-9 所示，即在整流电路与负载电阻 R_L 之间串联一个电感器 L。交流电压 u_2 经桥式整流后变成脉动直流电压，其中既含有各次谐波的交流分量，又含有直流分量。电感 L 的感抗 $X_L=\omega L$，对于直流分量，$X_L=0$，电感相当于短路，所以直流分量基本上都降在电阻 R_L 上；对于交流分量，谐波频率越高，感抗 X_L 越大，因而交流分量大部分降在电感 L 上。所以，在输出端即可得到较平滑的电压波形，电感滤波适用于负载变动较大和电流较大的场合。

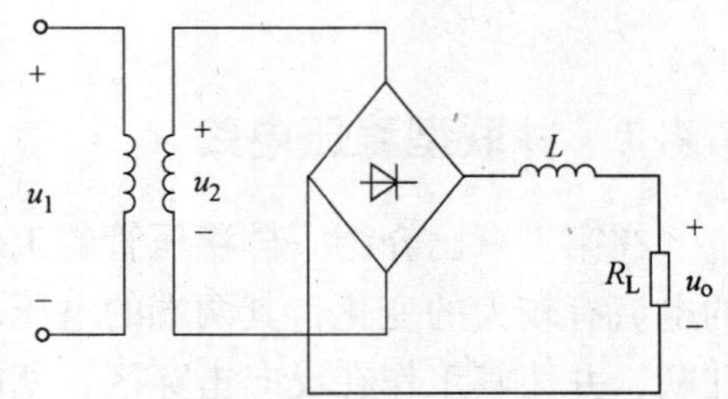

图 5-9 电感滤波电路图

与电容滤波相比，电感滤波的特点是：

1）二极管的导电角较大（大于 180°，是因为电

感 L 的反电动势使二极管导电角增大），峰值电流很小，输出特性较平坦。

2）输出电压没有电容滤波的高。当忽略电感线圈的电阻时，输出的直流电压与不加电感时一样（$U_o=0.9U_2$）。负载改变时，对输出电压的影响也较小。

5.3.3　复式滤波

复式滤波可分为 *LC* 滤波和 π 型滤波。

1. *LC* 滤波

为了减小输出电压的脉动程度，在电容滤波的电容之前串联一个铁心电感线圈 L，就组成了 *LC* 滤波，其电路如图 5-10a 所示。先经过电感滤波，再经过电容滤波，这样经过两次滤波滤掉交流分量，就可以得到甚为平直的直流输出电压。虽然电感线圈的电感越大，其滤波效果越好，但是，这时电感线圈的电阻也较大，因而其上也有一定的直流压降，造成输出电压的下降。*LC* 滤波适用于电流较大，要求输出电压脉动很小的场合，在高频时更为适合。

2. π 型滤波

π 型滤波又分为 π 型 *LC* 滤波和 π 型 *RC* 滤波，其电路分别如图 5-10b 和如图 5-10c 所示。

如果要求输出电压的脉动程度更小，在 *LC* 滤波之前并联一个滤波电容 C_1，就组成了 π 型 *LC* 滤波，其电路如图 5-10b 所示。先经过电容 C_1 滤波，再经过 LC_2 滤波，其滤波效果比 *LC* 滤波更好，得到更为平直的直流输出电压，但整流二极管的冲击电流较大。

由于电感线圈的体积大而笨重，成本又高，所以有时候用电阻代替 π 型 *LC* 滤波中的电感线圈，这样便构成了 π 型 *RC* 滤波，其电路如图 5-10c 所示。R 和 C_2 愈大，滤波效果愈好，但 R 太大，将使直流压降增加，所以这种滤波电路适用于负载电流较小而又要求输出电压脉动程度很小的场合。

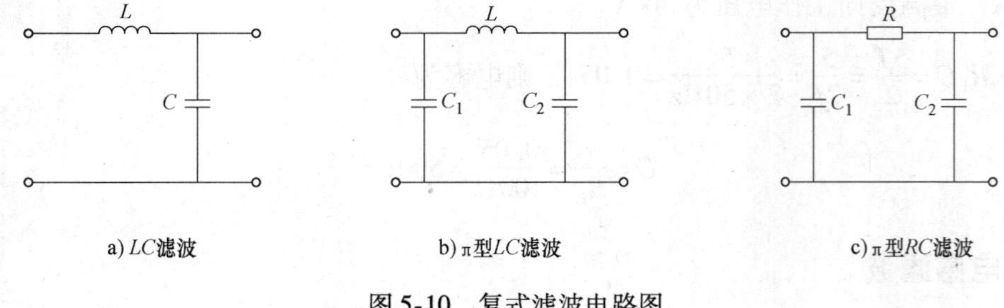

图 5-10　复式滤波电路图

5.4　稳压电路

5.4.1　并联型稳压电路

在第 1 章已介绍了硅稳压管的工作原理，稳压管工作在反向击穿区时，即使流过稳压管的电流有较大的变化，其两端的电压却基本保持不变。利用这一特点，将稳压管与负载电阻并联，并使其工作在反向击穿区，就能在一定的条件下保证负载上的电压基本不变，从而起到稳定电压的作用。

根据上述原理构成的并联型直流稳压电路如图5-11所示，其中稳压管VS反向并联在负载电阻R_L两端。电阻R起限流和分压作用。稳压电路的输入电压U_i来自整流滤波电路的输出电压。

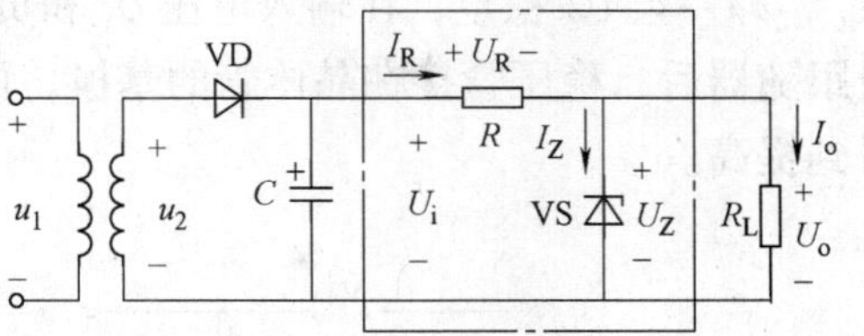

图5-11 并联型直流稳压电路

并联型直流稳压电路的工作原理如下：

当输入电压U_i波动时，引起输出电压U_o波动。如U_i升高将引起$U_o=U_Z$随之升高，这会导致稳压管的电流I_Z急剧增加，因此分压限流电阻R上的电流I_R和电压U_R也跟着迅速增大，U_R的增大抵消了U_i的增加，从而使输出电压U_o基本上保持不变。这一自动调压过程可表示如下：

$$U_i\uparrow\rightarrow U_o\uparrow\rightarrow I_Z\uparrow\rightarrow I_R\uparrow\rightarrow U_R\uparrow\rightarrow U_o\downarrow$$

反之，当U_i减小时，U_R相应减小，仍可保持U_o基本不变。

当负载电流I_o变化引起输出电压U_o发生变化时，同样会引起I_Z的相应变化，使得U_o保持基本稳定。如当I_o增大时，I_R和U_R均会随之增大而使U_o下降，这将导致I_Z急剧减小，使I_R仍维持原有数值，保持U_R不变，从而使U_o得到稳定。

可见，这种稳压电路中稳压管VS起着自动调节的作用，电阻R一方面保证稳压管的工作电流不超过最大稳定电流I_{Zmax}；另一方面还起到电压补偿作用。

选择稳压管时，一般取：

$$U_o=U_Z,\ I_{Zmax}=(1.5\sim3)I_{omax},\ U_i=(2\sim3)U_o$$

式中，I_{omax}为负载电流I_o的最大值。

5.4.2 串联型稳压电路

由于硅稳压管稳压电路的带负载能力差且输出电压不可调，所以其使用价值受到限制。下面介绍一种稳压性能较好的电路，即晶体管串联型稳压电路。

1. 基本串联稳压电路

从晶体管输出特性可以看出，因集-射极之间的等效直流电阻$R_{CE}=\dfrac{U_{CE}}{I_C}=\dfrac{U_{CE}}{\beta I_B}$，所以改变基极电流，就可改变集-射极之间的电阻，即晶体管可看成为受基极电流控制的可变电阻。若将它串入并联型稳压电路，就可利用其电阻的变化来实现稳压。这种用于调整输出电压并使其稳定的晶体管，称为调整管。

图5-12a所示为最简单的串联稳压电路，其中晶体管VT为调整管，起可变电阻的作用；稳压管VS起稳定调整管基极电压的作用。从图中可看出：

$$U_{BE}+U_o=U_Z \tag{5-19}$$

即

$$U_{BE}=U_Z-U_o \tag{5-20}$$

其工作原理如下：假设U_Z稳定，U_o升高，其稳压过程可表示如下：

$$\begin{array}{l} U_o\uparrow\rightarrow U_{BE}\downarrow\rightarrow I_B\downarrow\rightarrow \\ U_o\downarrow\leftarrow U_{CE}\uparrow\leftarrow R_{CE}\uparrow \end{array}$$

假设U_Z稳定，U_o下降，其变化过程与上述情况相反。

若将图 5-12a 所示电路改画成图 5-12b 所示电路的形式，则 U_o 与 U_Z 就满足“跟随关系”，即一旦 U_Z 稳定，在输入电压 U_i 和负载电流 I_L 的变化范围内，U_o 也基本稳定。加入射极跟随器后，稳压管接在晶体管的基极，而负载电流流过晶体管，所以稳压电路带负载能力得到提高。

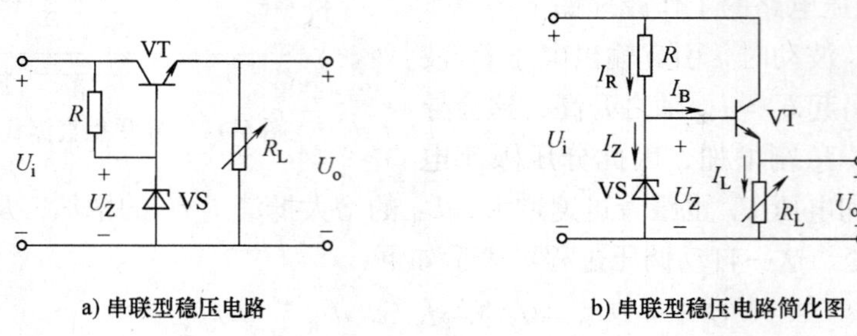

a) 串联型稳压电路　　b) 串联型稳压电路简化图

图 5-12　最简单的串联型稳压电路

2. 具有放大环节的串联型稳压电路

上述简单的稳压电路由于其输出电压不可调，且稳压性能不稳定，所以应用很少。具有放大环节的串联型稳压电路不但其输出电压在一定范围内可调，而且稳压性能较好，所以应用较广。

（1）电路组成　具有放大环节的串联型稳压电路主要由四大部分组成：取样电路、基准电压、比较放大和调整器件，如图 5-13 所示。其电路原理图如图 5-14 所示。

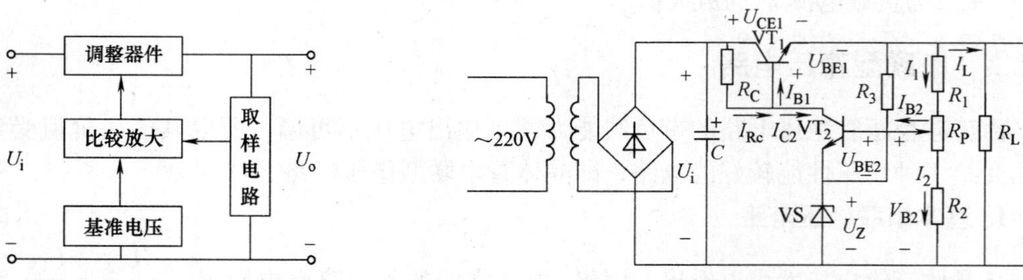

图 5-13　具有放大环节的串联型稳压电路框图　　图 5-14　具有放大环节的串联型稳压电路原理图

（2）工作原理

1）设负载 R_L 不变，输入电压 U_i 升高时，其稳压过程如下：

$$U_i\uparrow \rightarrow U_o\uparrow \rightarrow V_{B2}\uparrow \rightarrow U_{BE2}\uparrow \rightarrow I_{B2}\uparrow \rightarrow I_{C2}\uparrow \rightarrow V_{C2}\ (V_{B1})\downarrow \rightarrow$$

$$U_o\downarrow \leftarrow U_{CE1}\uparrow \leftarrow R_{CE1}\uparrow \leftarrow I_{B1}\downarrow \leftarrow U_{BE1}\downarrow$$

2）同理，设 R_L 不变，U_i 降低时，其稳压过程与上述过程相反。

3）设 U_i 不变，R_L 减小，即 I_L 增加时，其稳压过程如下：

$$I_L\uparrow \rightarrow U_o\downarrow \rightarrow V_{B2}\downarrow \rightarrow U_{BE2}\downarrow \rightarrow I_{B2}\downarrow \rightarrow I_{C2}\downarrow \rightarrow V_{C2}\ (V_{B1})\uparrow \rightarrow$$

$$U_o\uparrow \leftarrow U_{CE1}\downarrow \leftarrow R_{CE1}\downarrow \leftarrow I_{B1}\uparrow \leftarrow U_{BE1}\uparrow$$

4）同理，U_i 不变，R_L 增大，即 I_L 减小时，其稳压过程与上述过程相反。

（3）输出稳定电压的调节　由图 5-14 可知：当 $I_2 >> I_{B2}$ 时，$V_{B2} = \frac{R_2 + R_{P(下)}}{R_1 + R_2 + R_P} U_o$，则

$$U_o = \frac{R_1 + R_2 + R_P}{R_2 + R_{P(下)}} V_{B2} = \frac{R_1 + R_2 + R_P}{R_2 + R_{P(下)}} (U_Z + U_{BE2}) \tag{5-21}$$

式中，$R_{P(下)}$ 为可变电阻抽头下部分阻值。因 $U_Z >> U_{BE2}$，所以

$$U_o \approx \frac{R_1 + R_2 + R_P}{R_2 + R_{P(下)}} U_Z \tag{5-22}$$

式中，$\frac{R_1 + R_2 + R_P}{R_2 + R_{P(下)}}$ 的倒数 $\frac{R_2 + R_{P(下)}}{R_1 + R_2 + R_P}$ 为分压比，用 n 表示。则有

$$U_o = \frac{U_Z}{n} \tag{5-23}$$

从式（5-22）可看出，只要改变 R_P 的抽头位置，即可改变电路的分压比，从而调整输出电压 U_o 的大小。

（4）影响串联型可调式稳压电路稳压性能的因素

1）取样电路：取样电路的分压比 n 越稳定，则稳压性能越好。所以，取样电阻 R_1、R_2 和 R_P 应采用金属膜电阻。

2）基准电压：从式（5-22）可看出，U_Z 值越稳定，则 U_o 也越稳定。因此稳压管应选用动态电阻小、电压温度系数小的硅稳压二极管。

3）比较放大：放大级的 A_u 越大，则稳定性能越好，调压越灵敏，所以应使比较放大级有较高的增益和较高的稳定性。

4）调整器件：输出功率较大的稳压电源，应选用大功率晶体管作调整管，但大功率管的 β 较小，影响稳压性能，故常采用图 5-15a 所示的复合管，其 β 可提高到 $\beta = \beta_1\beta_2$。但复合管的穿透电流太大，而会影响稳压性能，故常采用图 5-15b 所示的复合管，其中电阻 R 的作用就是为复合管的穿透电流提供分流支路。

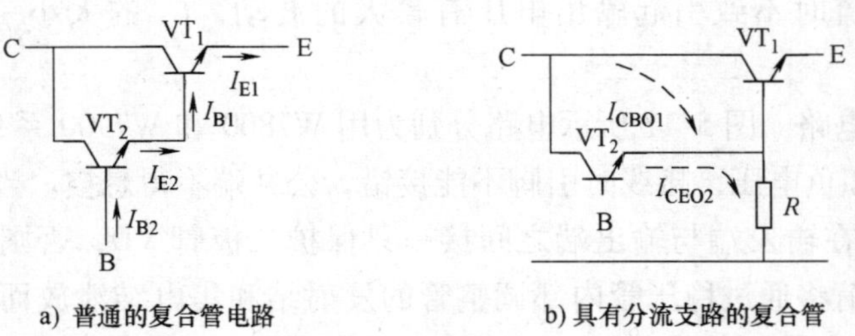

图 5-15　复合管电路

5.4.3　三端集成稳压器

分立元器件组装的稳压电源，虽然具有输出功率大、适应性较广等优点，但因其体积大、焊点多、可靠性差而使其应用范围受到限制。近年来，集成稳压电源由于体积小、可靠性高、使用灵活、价格低廉等优点而得到广泛应用，其中小功率的三端串联型稳压器最为普遍。

1. 固定式三端集成稳压器简介

该稳压电源电路仅有输入、输出和接地三个接线端子，并有固定的输出稳定电压。其成品外形有塑料封装和金属封装两种，常用的有 W7800 系列，输出正电压。它的系列序号的最末两位数表示的是标称输出电压值，其值有 5V、6V、8V、9V、12V、15V、18V 和 24V 等几个等级，如 W7805 表示输出 +5V 电压。此系列输出电流最大值为 $I_{omax}=1.5A$。W7800 系列的外形及引脚排列如图 5-16a 所示。

同类型的系列产品还有 W78M00 系列（$I_{omax}=0.5A$）、W78L00 系列（$I_{omax}=0.1A$）、W78H00 系列（$I_{omax}=5A$）、W78P00 系列（$I_{omax}=10A$）等。

W7900 系列输出电压为负值，相应的输出电压等级和输出电流等级与 W7800 系列的一样。其外形及引脚排列如图 5-16b 所示。

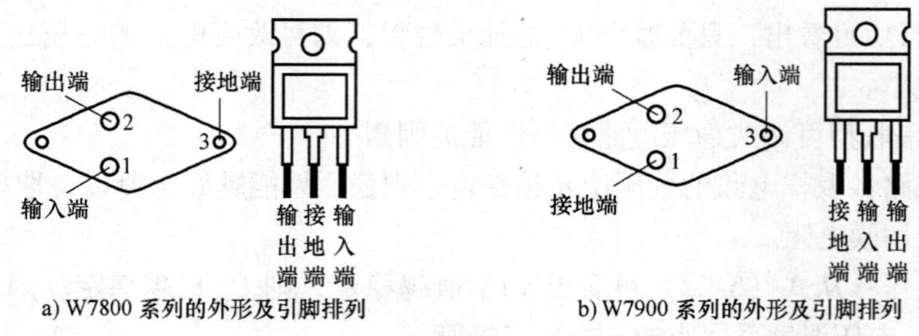

a) W7800 系列的外形及引脚排列　　b) W7900 系列的外形及引脚排列

图 5-16　W7800 和 W7900 系列的外形及引脚排列

2. 固定式三端集成稳压器的典型应用电路

使用固定式三端集成稳压器时，W7800 系列的输入电压 U_i 的正极接其输入端，负极接公共端地；输出电压 U_o 的正极接其输出端，负极接公共端地。W7900 系列的接法与它相反。同时，在其输入端和输出端与公共端之间各并联一个电容 C_i 和 C_o，C_i 用以抵消输入端接线较长时产生的电感效应，防止产生自激振荡，C_i 的大小一般在 0.1 ~ 1μF 之间；C_o 是为了瞬时增减负载电流时不致引起输出电压有较大的波动，C_o 的大小一般也在 0.1 ~ 1μF 之间。

（1）基本应用电路　图 5-17 所示电路分别为用 W7800 和 W7900 系列组成的稳压电路，其分别输出正电压和负电压，接线时引脚不能接错，公共端不得悬空。当输出电压较高，电容 C_o 较大时，必须在输入端与输出端之间接一只保护二极管 VD，否则，一旦输入端短路时，C_o 上存储的电荷将通过稳压管内部调整管的发射结和集电结泄放而将发射结击穿。接上 VD 后，C_o 可通过 VD 放电。

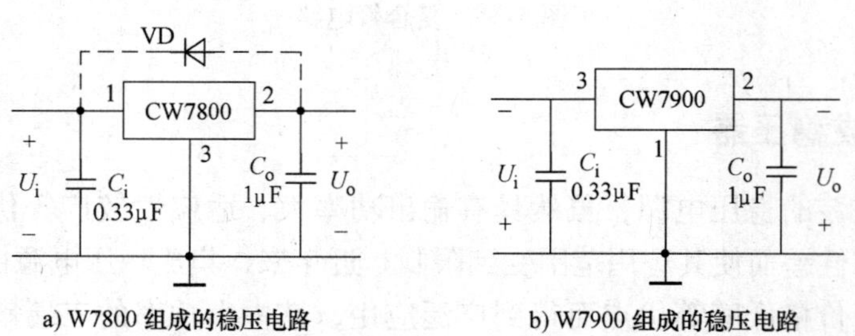

a) W7800 组成的稳压电路　　b) W7900 组成的稳压电路

图 5-17　W7800 和 W7900 组成的稳压电路

（2）提高输出电压的电路　图5-18所示的电路可使输出电压高于固定输出电压。从图中可得出：

$$U_o = U_{\times\times} + U_Z \tag{5-24}$$

式中，$U_{\times\times}$为W78××稳压器的固定输出电压。

（3）提高输出电流的电路　当电路需要输出较大的电流时，图5-19所示的电路可使输出电流高于集成稳压器的输出电流。图中晶体管VT和二极管VD为采用同一种材料的晶体管，所以VT的发射结电压U_{BE}与VD的正向压降相等，即$I_E R_1 = I_R R$。I_2为稳压器的输出电流，用$I_{\times\times}$表示，I_C为功率管的集电极电流，I_R是电阻R上的电流，I_3一般很小，可忽略不计，则可得：

$$I_C \approx I_E = \frac{R}{R_1} I_R \approx \frac{R}{R_1} I_{\times\times} \tag{5-25}$$

其输出电流I_o等于：

$$I_o = I_2 + I_C \approx I_{\times\times} + \frac{R}{R_1} I_{\times\times} = I_{\times\times}\left(1 + \frac{R}{R_1}\right) \tag{5-26}$$

所以只要适当选取R与R_1的比值，就可使电路的I_o比集成稳压器的$I_{\times\times}$大很多倍。

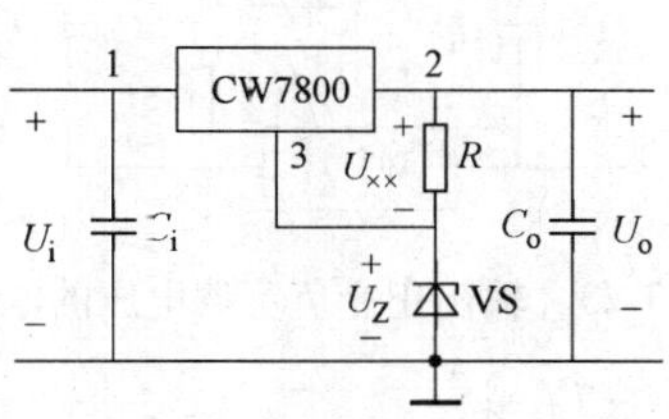

图5-18　提高输出电压的电路

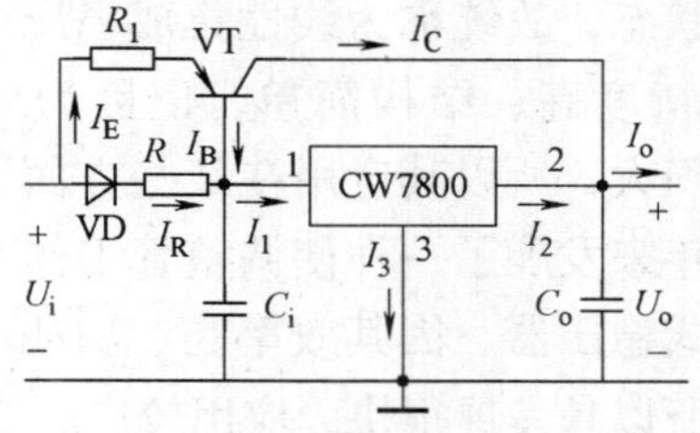

图5-19　提高输出电流的电路

（4）正、负电压同时输出的电路　W7800和W7900系列配合使用，就能接成同时输出正、负电压的电路。图5-20所示的电路能同时输出±15V的电压。

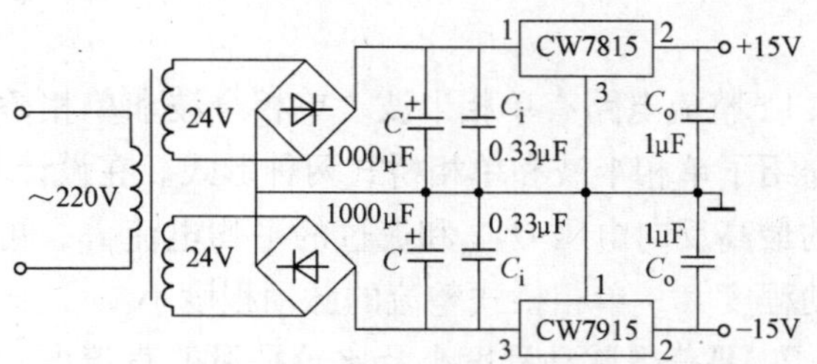

图5-20　同时输出正、负电压的电路

3. 可调式集成稳压电源

该集成稳压器不仅输出电压可调，而且稳压性能指标均优于固定式集成稳压器，其调压范围为1.2～37V，最大输出电流为1.5A。常用的有W317（输出正电压）和W337（输出负电压），其内部结构与固定式W7800（或W7900）系列相似，所不同的是三个接线端分别为输入端、输出端和调整端。

图5-21和图5-22所示电路分别为用W317和W337系列组成的稳压电路图，其分别输出正电压和负电压，接线时引脚不能接错，公共端不得悬空。调整R_2的大小，可改变取样电压值，从而控制输出电压的大小，由于在三端可调输出集成稳压器的内部，在输出端和调整端之间的基准电压U_{REF}约等于1.25V，所以R_1上的电流值基本恒定。而调整端流出的电

流 I_a 很小，在计算时可忽略不计，因此，输出电压为

$$U_o = U_{REF} + \frac{U_{REF}}{R_1} R_2 + I_a R_2 \approx 1.25V \times \left(1 + \frac{R_2}{R_1}\right) \tag{5-27}$$

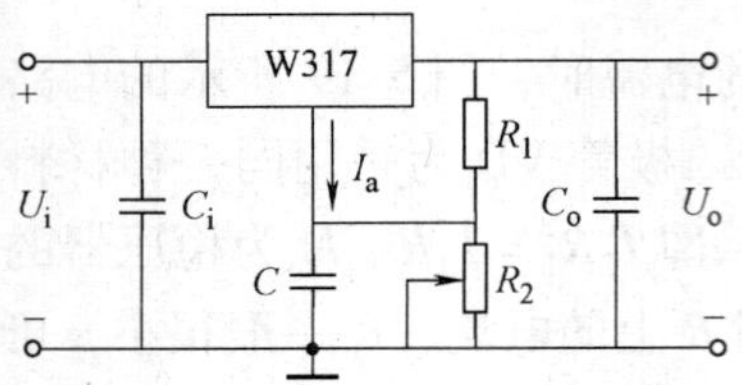

图 5-21　W317 系列构成的正电源电路

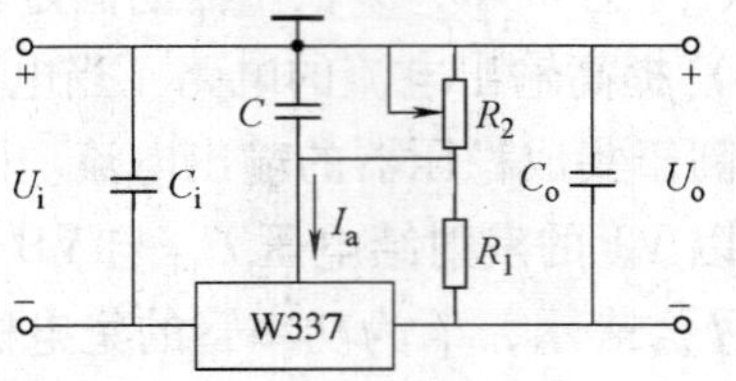

图 5-22　W337 系列构成的负电源电路

W317 和 W337 系列配合使用，就能接成同时输出正、负可调电压的电路。图 5-23 所示电路为用 W317 和 W337 组成的稳压电路图，能同时输出正、负可调电压。

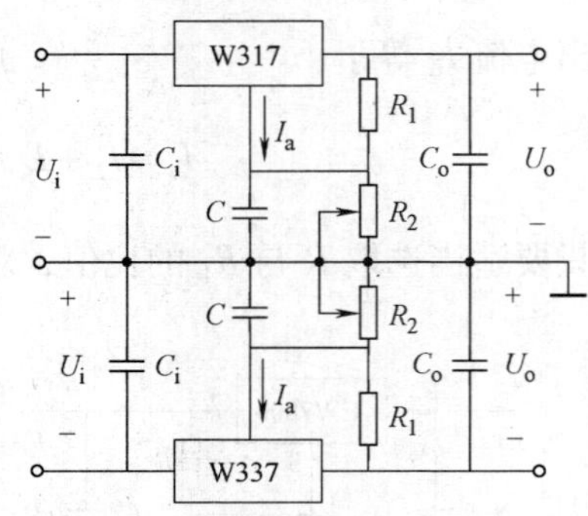

图 5-23　输出正、负可调电压的电源电路

以上介绍的集成稳压电源中因其调整管都工作在线性状态，故统称为线性集成稳压电源。这种电源虽然精度高、结构简单，但因为管耗大、效率低、体积大，所以其应用在某些方面还是受到了限制。近年来发展了一种使调整管工作在开关状态下的开关式稳压器，因其效率高、功耗小，特别是体积小，所以其发展很快，应用较广。

本章小结

1. 整流电路有单相半波、单相全波和单相桥式及三相半波和三相桥式等多种形式，主要介绍了单相半波和单相桥式两种形式。在设计和分析电路时，根据二极管在整流电路中承受的最高反向电压 U_{DRM} 和流过的平均电流 I_D，可选择合适的整流二极管。单相半波整流的脉动程度大；单相桥式整流的脉动程度小。

2. 要获得脉动程度小及比较平滑的直流电，整流后需加滤波电路。滤波电路中，常用电容 C 和电感 L 构成各种滤波器，常见的滤波电路有电容滤波、电感滤波和复式滤波（LC 滤波和 π 型滤波）。

电路在引入滤波电容后，应注意其参数的变化，对于半波整流电容滤波电路，$U_o \approx U_2$，$R_L C \geqslant (3\sim5)T$；而对于桥式整流电容滤波电路，$U_o \approx 1.2U_2$，$R_L C \geqslant (3\sim5)\frac{T}{2}$。一般来说，电容滤波适用于输出电压较高和负载电流较小并且变化也较小的场合；电感滤波适用于负载变动较大和电流较大的场合；LC 滤波适用于电流较大，要求输出电压脉动很小的场合，在高频时更为适合；π 型 RC 滤波电路适用于负载电流较小而又要求输出电压脉动程度很小的场合。

3. 在电源电压波动或负载变化不大时，要得到稳定的直流电压，可接入简单的并联稳压电路，利用限流电阻来调整其两端电压的变化和流过稳压管的电流，使稳压管两端电压保持不变。在使用稳压管时，一定要合理地选择限流电阻，限流电阻的取值范围为

$$\frac{U_{\text{imax}}-U_{\text{Z}}}{I_{\text{Zmax}}+I_{\text{Lmin}}}<R<\frac{U_{\text{imin}}-U_{\text{Z}}}{I_{\text{Zmin}}+I_{\text{Lmax}}}$$

稳压管正常工作时是处于反向击穿状态下，当反向电压撤除后，稳压管可以自行恢复正常。稳压管可串联使用，串联后总的稳压值等于各稳压管的值之和；稳压管也可并联使用，并联后总的稳压值等于稳压值最低的那个管子的稳压值。

4. 影响串联型可调式稳压电路稳压性能的因素有。

（1）取样电路：取样电路的分压比 n 越稳定，则稳压性能越好。所以，取样电阻 R_1、R_2 和 R_P 应采用金属膜电阻。

（2）基准电压：U_Z 值越稳定，则 U_o 也越稳定。因此稳压管应选用动态电阻小、电压温度系数小的硅稳压二极管。

（3）比较放大：放大级的 A_u 越大，则稳定性能越好，调压越灵敏，所以应使比较放大级有较高的增益和较高的稳定性。

（4）调整器件：输出功率较大的稳压电源，应选用大功率晶体管作调整管，但大功率管的 β 较小，影响稳压性能，故常采用复合管。

5. 典型的小功率三端串联型稳压器有 W7800 和 W7900 系列，它们分别输出固定的正电压和负电压；W317 和 W337 系列，分别输出可调的正电压和负电压。

习　题　5

5.1　分析在图 5-3a 中，若出现下述情况，将会出现什么问题？

（1）若 VD_1 因虚焊而开路；

（2）若 VD_3 极性接反；

（3）若 VD_1、VD_2 极性都接反。

5.2　试比较半波整流电路和桥式整流电路各自的特点？在同一电路中选用半波整流电路或桥式整流电路时，可否选用同一型号的二极管？

5.3　变压器二次电压有效值为 100V，负载 $R_L=10\Omega$，在单相半波整流时，输出电压平均值和电流平均值各为多少？二极管流过的电流平均值和二极管承受的最大反向峰值电压各为多少？

5.4　已知一直流用电负载，其电阻值为 $R_L=80$，要求直流电压 $U_o=110$V，电网电压为 380V。试求采用桥式整流时：（1）二极管的主要参数；（2）变压器的变比及容量。

5.5　滤波电路可分为哪几类？分别适应什么负载的场合？

5.6　半波整流电路接入滤波电容后，输出电压为什么会升高？滤波电容对整流二极管的导通角有何影响？

5.7　在具有滤波电容的桥式整流电路中，加入负载和不加负载时，其输出电压 U_o 有无变化？为什么？

5.8　在图 5-11 中，若整流输出电压小于稳压管的稳压值，会出现什么情况？电阻 R 起什么作用？如果 $R=0$，电路是否也起稳压的作用？

5.9　两个硅稳压管，$U_{Z1}=6.2$V，$U_{Z2}=1.8$V，两管的正向导通压降均为 0.6V。若将这两管适当连接，可得到哪几组电压？画出各种接法的电路图。

5.10　串联型可调式稳压电路的调整管为什么一般都采用复合管？为什么要减小它的穿透电流？采用

什么措施可减小穿透电流？

5.11　电路如图 5-24 所示，设 $U_Z=6V$，$U_{BE}=0.6V$，试求输出电压 U_o 的调节范围？

5.12　电路如图 5-24 所示，若 $R_1=R_3=300\Omega$，$R_2=200\Omega$，当 R_2 的滑动触点在中点位置时，$U_o=10V$，试求可调输出电压的最大值 U_{omax} 和最小值 U_{omin}。

5.13　W7800 和 W7900 系列，W317 和 W337 系列及 W7800 和 W317 系列分别有什么不同？

5.14　集成三端稳压电源在接成电路时，为什么要接输入电容 C_i 和输出电容 C_o？

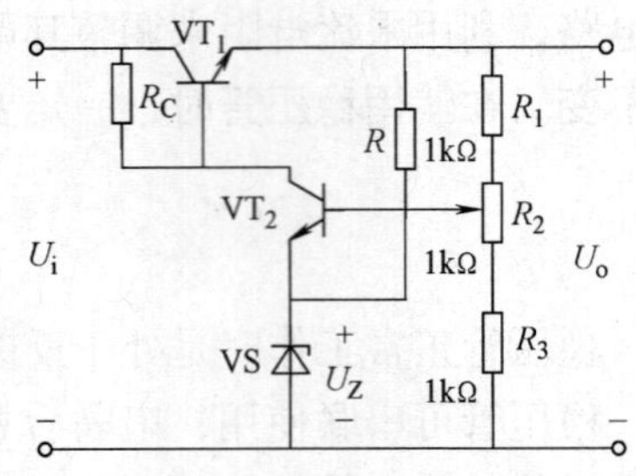

图 5-24　习题 5.11、习题 5.12 的图

5.15　电路如图 5-25 所示，已知电流 $I_W=5mA$。试求：（1）写出图 5-25a 中 I_o 的表达式，并计算 I_o 的值；（2）写出图 5-25b 中 U_o 的表达式，并计算当 $R_2=10\Omega$ 时，U_o 的值；（3）指出这两个电路分别具有什么功能。

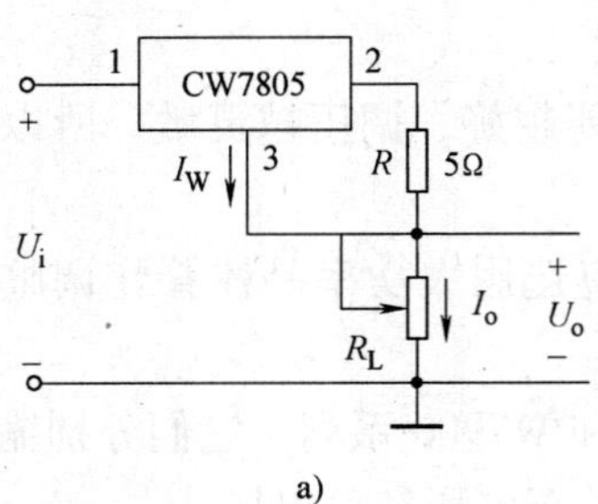

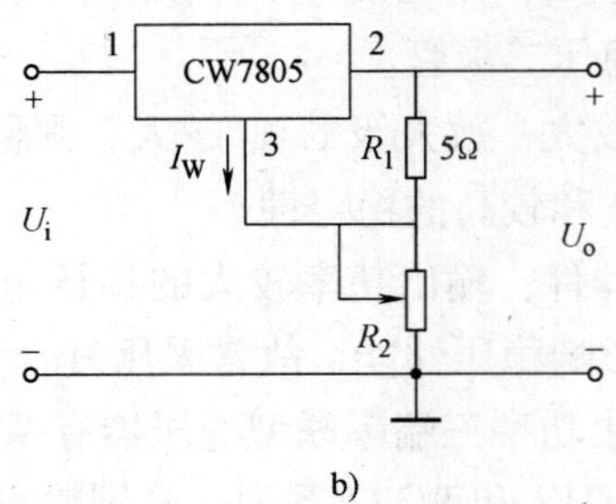

图 5-25　习题 5.15 的图

第 6 章　数字电路基础知识

【学习目标】

通过本章学习，应主要了解数字电路的分类和特点以及数制和码制的基本概念，重点掌握基本逻辑门及其逻辑规律、逻辑代数的运算法则、逻辑函数表示方法及逻辑函数化简方法，还应理解集成逻辑门的特点及注意事项。

6.1　数字电路概述

在电子技术中，被传送和处理的信号有两类：一类是模拟信号，另一类是数字信号。模拟信号是在时间和数值上均作连续变化的电信号，如收音机、电视机通过天线接收到的音频信号、视频信号都是随时间连续变化的物理量，如图 6-1a 所示。数字信号是在数值和时间上都是离散的、突变的信号，常常被称为“离散”信号，如图 6-1b 所示。数字电子技术是一门研究数字信号的产生、整形、编码、运算、记忆、计数、存储、分配、测量和传输的科学技术，能实现上述功能的电路称为“数字电路”。

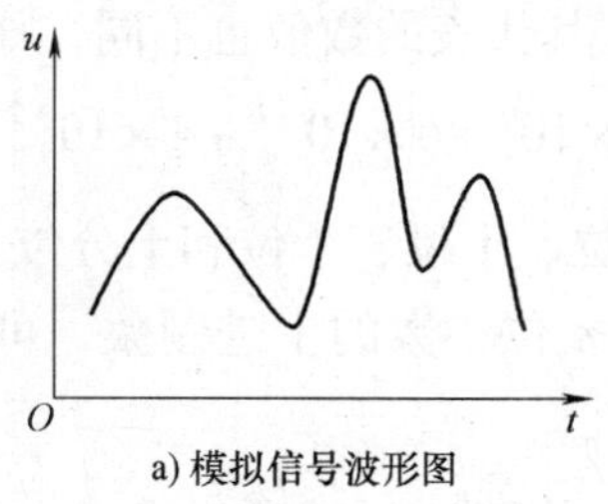

a) 模拟信号波形图

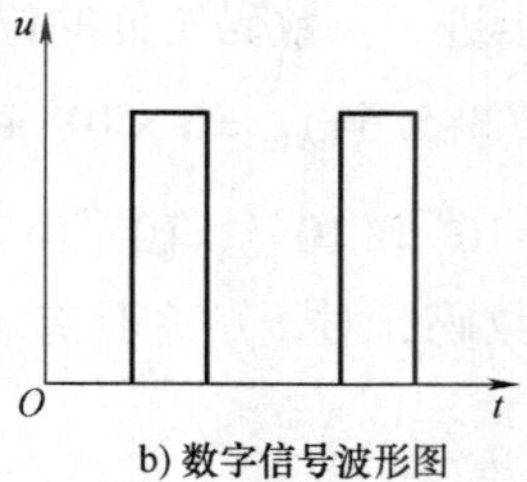

b) 数字信号波形图

图 6-1　模拟信号和数字信号波形图

6.1.1　数字电路的主要特点和分类

1. 主要特点

数字电路和模拟电路相比，主要具有如下特点：

1）电路结构简单，易集成化。电路只有两个状态“0”和“1”，对元器件精度要求低。

2）抗干扰能力强，工作可靠性高。

3）数字信息便于长期保存和加密。

4）数字集成电路产品系列全，通用性强，成本低。

5）数字电路不仅能完成数值运算，而且还能进行逻辑判断。

2. 数字电路的分类

按电路组成的结构可分为分立元器件电路和集成电路；按集成度的大小可分为小规模、中规模、大规模和超大规模集成电路；按构成电路的半导体器件可分为双极型电路和单极型电路；按电路有无记忆功能可分为组合逻辑电路和时序逻辑电路。

6.1.2 数制与码制

数制也称进位计数制，是人按照进位的方法对数量进行计数的一种统计规律。在日常生活中，常常用到的是十进制，也就是逢十进一的进位计数制。在数字系统中，常常用到的数制还有二进制、八进制和十六进制，下面介绍基数和位权这两个基本概念。

1）基数：基数是指一种数制中所用到的数码个数。一般来说，基数为 R 的数制，这种数制称为 R 进制，逢 R 进一，它包括 0、1、…、$R-1$ 等 R 个数码。

2）权：在一个进位计数制表示的数中，处在不同数位上的数码，代表着不同的数值，某一个数位上的数值是由这一位上的数字乘以这个数位的权值得到的。不同的数位上有不同的权值。例如，十进制的百位的权值是100，千位的权值是1000，百分位的权值是0.01，权值简称为权。任何一个数都可以将其数值按权展开，例如：

$$(987.65)_{10}=9\times10^2+8\times10^1+7\times10^0+6\times10^{-1}+5\times10^{-2}$$

一般来说，一个 R 进制的数 N，设其有 n 位整数，m 位小数且各位数字为 K_{n-1}、…、K_1、K_0、…、K_{-m}，权为 R^{n-1}、…、R^1、R^0、…、R^{-m}。则：

$$(N)_R=K_{n-1}R^{n-1}+\cdots+K_1R^1+K_0R^0+\cdots+K_{-m}R^{-m} \tag{6-1}$$

1. 数制

（1）十进制　基数为10的数制为十进制，在十进制数中，有0~9十个不同的数码，它的进位规律是逢十进一。数码所处的位置不同时，其代表的数值也不同，如：

$$(385.64)_{10}=3\times10^2+8\times10^1+5\times10^0+6\times10^{-1}+4\times10^{-2}$$

式中，10^2、10^1、10^0 和 10^{-1}、10^{-2} 为十进制数百位、十位、个位和十分位、百分位的权值。

如用 K 表示数码，对于一个具有 n 位整数和 m 位小数的十进制数，可用下式表示十进制数 N：

$$(N)_{10}=K_{n-1}10^{n-1}+\cdots+K_1 10+K_0 10^0+\cdots+K_{-m}10^{-m} \tag{6-2}$$

式中，K_i 为第 i 位数码，是0~9中的一个数，10^i 为十进制数第 i 位的权。

（2）二进制　基数为2的数制为二进制，在二进制中，只有“0”和“1”两个数码，进位规律是逢二进一。任何一个二进制数 N 可以表示为

$$(N)_2=K_{n-1}2^{n-1}+\cdots+K_1 2^1+K_0 2^0+\cdots+K_{-m}2^{-m} \tag{6-3}$$

式中，K_i 为第 i 位数码，是0或1，2^i 为二进制数第 i 位的权。

（3）八进制　基数为8的数制为八进制，在八进制中，有0~7八个不同的数码，进位规律是逢八进一。任意一个八进制数 N 可以表示为

$$(N)_8=K_{n-1}8^{n-1}+\cdots+K_1 8^1+K_0 8^0+\cdots+K_{-m}8^{-m} \tag{6-4}$$

式中，K_i 为第 i 位数码，是0~7中的一个数，8^i 为八进制数第 i 位的权。

（4）十六进制　基数为16的数制为十六进制，在十六进制中，共有0~9十个数字和六个符号A~F（分别表示10~15）共十六个不同的数码，进位规律是逢十六进一，任意一个十六进制数 N 可以表示为

$$(N)_{16}=K_{n-1}16^{n-1}+\cdots+K_1 16^1+K_0 16^0+\cdots+K_{-m}16^{-m} \tag{6-5}$$

式中，K_i 为第 i 位数码，是 0～9 以及 A～F 中的一个数，16^i 为十六进制数第 i 位的权。

2. 数制的转换

在实际的数字系统中，普遍采用二进制。但是二进制写起来冗长，不方便记忆。而且人们通常习惯十进制计数，所以在实际操作中，往往需要先将十进制或其他进制的数值转换为二进制的数值后，再进入数字系统处理。然后将处理后的二进制数值转换为人们熟悉的十进制或其他进制的数值。

（1）任意进制数转换为十进制数　利用式（6-1），可将任意进制数展开，得到的就是十进制数。下面用几个例题来说明。

【例 6-1】 将二进制数 $(101011.01)_2$ 转换为十进制数。

解：根据式（6-1），在这里 $n=6$，$m=2$，$R=2$，有

$$(101011.01)_2=1\times2^5+1\times2^3+1\times2^1+1\times2^0+1\times2^{-2}=32+8+2+1+0.25=(43.25)_{10}$$

【例 6-2】 将八进制数 $(57)_8$ 转换为十进制数。

解：根据式（6-1），在这里 $n=2$，$m=0$，$R=8$，有

$$(57)_8=5\times8^1+7\times8^0=40+7=(47)_{10}$$

【例 6-3】 将十六进制数 $(7F.8)_{16}$ 转换为十进制数。

解：根据式（6-1），在这里 $n=2$，$m=1$，$R=16$，要注意在转换时，A～F 要对应写成 10～15。

$$(7F.8)_{16}=7\times16^1+15\times16^0+8\times16^{-1}=112+15+0.5=(127.5)_{10}$$

（2）十进制数转换为其他任意进制数　十进制数转换为其他任意进制数，整数部分转换为 R 进制数的方法是：将该十进制整数除 R 取余，然后对余数逆序排列。具体来说就是，用十进制整数除以 R，得到一个商和余数，然后用商再除以 R，得到一个新商和一个新的余数，再将新商除以 R，…这样不断进行下去，直到所得的商为 0 为止。

小数部分转换为 R 进制数的方法是：将十进制小数乘 R 取整，将取出的整数顺序排列。具体来说就是将十进制的小数乘以 R，将其乘积的整数部分取出，剩下的小数部分继续乘以 R，得到一个新的乘积，再取出整数部分，将剩下的小数部分乘以 R，…如此下去直到乘积的小数部分为 0，或者达到了要求的精确位数。下面以十进制转换为二进制为例来说明。

【例 6-4】 将十进制数 $(13.85)_{10}$ 转换为二进制数。

解：首先，将整数部分除 2 取余，将余数逆序排列，得转换结果为 1101；然后，将小数部分乘以 2，将其乘积的整数部分取出顺序排列，得转换结果为 0.11011；最后将整数部分和小数部分相加，得转换的结果是：$(13.85)_{10}=(1101.11011)_2$。

除数	被除数/商	余数	小数部分
2	13	$K_0=1$	$0.85\times2=1.7$——$K_{-1}=1$
2	6	$K_1=0$	$0.7\times2=1.4$——$K_{-2}=1$
2	3	$K_2=1$	$0.4\times2=0.8$——$K_{-3}=0$
2	1	$K_3=1$	$0.8\times2=1.6$——$K_{-4}=1$
	0		$0.6\times2=1.2$——$K_{-5}=1$

（3）二进制数与八进制数之间的转换　因为 $2^3=8$，所以二进制与八进制的转换方法，

将三位二进制数看作一位八进制数。具体来说，就是以小数点为分界，整数部分从低位到高位分组，每三位代表一位八进制数，最高位不足三个则补0；小数部分从高位到低位分组，每三位代表一位八进制数，最低位不够三个则补0。最后对应得到八进制数。若将八进制数转换为二进制数，即为上述方法的逆过程。

【例 6-5】 将二进制数 $(10101110.0100111)_2$ 转换为八进制数。

解:

010	101	110	·	010	011	100
↓	↓	↓		↓	↓	↓
2	5	6	·	2	3	4

可得：$(10101110.0100111)_2 = (256.234)_8$

【例 6-6】 将八进制数 $(153.521)_8$ 转换为二进制数。

解:

1	5	3	·	5	2	1
↓	↓	↓		↓	↓	↓
001	101	011	·	101	010	001

可得：$(153.521)_8 = (1101011.101010001)_2$

（4）二进制数与十六进制数之间的转换　因为，$2^4 = 16$，所以二进制数与十六进制数之间的转换方法与二进制数与八进制数之间的转换方法类似，就是将四位二进制数看作一位十六进制数。具体来说，若要把二进制数转换为十六进制数，就以小数点为分界，整数部分从低位到高位分组，每四位代表一位十六进制数，最高位不足四个则补0；小数部分从高位到低位分组，每四位代表一位十六进制数，最低位不够四个则补0。最后对应得到十六进制数。若将十六进制数转换为二进制数，即为上述方法的逆过程。

【例 6-7】 将二进制数 $(1110101100.010010111)_2$ 转换为十六进制数。

解:

0011	1010	1100	·	0100	1011	1000
↓	↓	↓		↓	↓	↓
3	10(A)	12(C)	·	4	11(B)	8

可得：$(1110101100.010010111)_2 = (3AC.4B8)_{16}$

【例 6-8】 将十六进制数 $(5F1.38B)_{16}$ 转换为二进制数。

解:

5	F(15)	1	·	3	8	B(11)
↓	↓	↓		↓	↓	↓
0101	1111	0001	·	0011	1000	1011

可得：$(5F1.38B)_{16} = (10111110001.001110001011)_2$

3. 码制

在数字系统中，任何数据和信息都是用代码来表示的。在二进制中只有两个符号0和1，将若干个二进制代码0和1按一定规则排列起来表示某种特定含义的代码称为二进制代码，或称二进制码。由于二进制数在机器中容易实现，所以数字设备常采用二进制。但是人们对十进制熟悉，对二进制不习惯使用，将十进制数的0～9十个数字用四位二进制数表示的代码，称为二-十进制码，又称BCD码。最常用的二-十进制码为8421BCD码，这种代码每一位的权是固定不变的，为恒权码。它取了4位自然二进制数的前10种组合，即0000（0）～1001(9)，从高位到低位的权值分别为8、4、2、1，去掉6种组合1010～1111，所以称为8421BCD码。

在 BCD 码中，4 位二进制代码只能表示一位十进制数。当需要对多位十进制数进行编码时，则需对多位十进制数中的每位数进行编码。例如，$(64)_{10} = (0110\ 0100)_{8421BCD}$。十进制数和 8421BCD 码的对应关系见表 6-1。

表 6-1　十进制数和 8421BCD 码的对应关系

十进制数	0	1	2	3	4	5	6	7	8	9
8421BCD 码	0000	0001	0010	0011	0100	0101	0110	0111	1000	1001

6.2　基本逻辑门电路

6.2.1　逻辑门电路分类

基本的逻辑关系有与逻辑、或逻辑和逻辑非三种，与之对应的逻辑运算为与运算（逻辑乘）、或运算（逻辑加）、非运算（逻辑非）。用以实现基本逻辑运算和复合逻辑运算的电子电路称为逻辑门电路。常用的逻辑门电路有与门、或门、非门、与非门、或非门、异或门和同或门等。它们是组成各种数字系统的基本逻辑门电路。

集成逻辑门电路主要有 TTL 门电路和 CMOS 门电路。TTL 门电路由双极型晶体管组成，CMOS 门电路由单极型 MOS 管组成。TTL 门电路的工作速度较高，但功耗也较大，集成度不高；CMOS 门电路功耗小，集成度高，但工作速度不及 TTL 门电路高。这两种类型的集成电路正朝着高速度、低功耗、高集成度的方向发展。

各种门电路的输入和输出只有高电平 U_H 和低电平 U_L 两种不同的状态。高电平和低电平不是一个固定的数值，而是一定的变化范围。如在 TTL 门电路中，在 2.4 ~ 3.6V 范围内的电压都称为高电平，标准高电平 U_{SH} 取 3.6V；在 0 ~ 0.8V 范围内的电压都称为低电平，标准低电平 U_{SL} 取 0.3V。

在数字电路中，用 1 表示高电平，用 0 表示低电平时，称为正逻辑；用 0 表示高电平，用 1 表示低电平时，称为负逻辑。如未特别说明，则一律为正逻辑。

6.2.2　基本逻辑运算

1. 与逻辑

当决定某一事件的全部条件都具备时，该事件才会发生，这样的因果关系称为与逻辑关系，简称与逻辑，也叫逻辑乘。

如图 6-2 所示，开关 A 和 B 两个开关都闭合，灯 Y 亮。只要开关 A、B 中任何一个开关断开或两个开关都断开，灯 Y 都不亮。

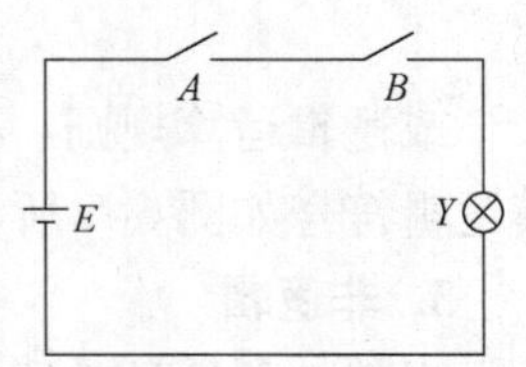

图 6-2　开关串联表示与逻辑电路图

如果设定逻辑变量 A、B 和 Y 的状态，开关闭合为逻辑 1、开关断开为逻辑 0；灯亮为逻辑 1，灯灭为逻辑 0，则可把 A、B 作为输入变量，Y 作为输出变量，并用表 6-2 列出输入变量 A 和 B 的各种取值组合和输出变量 Y 的一一对应关系，这种用表格形式列出的逻辑关系，称为真值表。

Y 和 A、B 间的关系满足逻辑乘运算规律，与逻辑的逻辑表达式为

$$Y = A \cdot B = AB \tag{6-6}$$

式中，符号“·”表示与运算，读作“与”（或读作“逻辑乘”），在不致引起混淆的前提下，“·”常被省略。对于多变量与逻辑的逻辑表达式可用下式表示：

$$Y = ABC\cdots \tag{6-7}$$

与逻辑运算规则：有0出0，全1出1。实现与逻辑的电路称为与门，其逻辑符号如图6-3所示。

表6-2　与逻辑真值表

A	B	Y
0	0	0
0	1	0
1	0	0
1	1	1

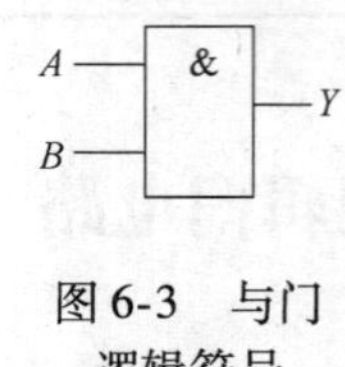

图6-3　与门逻辑符号

2. 或逻辑

当决定某一事件的所有条件中，只要有一个具备，该事件就会发生，这样的因果关系称为或逻辑关系，简称或逻辑，也叫逻辑加。

如图6-4所示，只要开关A、B中任何一个开关闭合或两个都闭合，灯Y都会亮；只有开关A、B均断开，灯Y才不亮。如变量A、B、Y给出和与逻辑同样的赋值时，则可得表6-3所示或逻辑真值表。

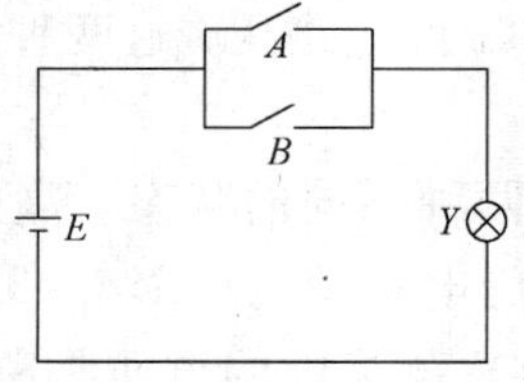

图6-4　开关并联表示或逻辑电路图

表6-3　或逻辑真值表

A	B	Y
0	0	0
0	1	1
1	0	1
1	1	1

Y和A、B间的关系满足逻辑加运算规律，或逻辑的逻辑表达式为

$$Y = A + B \tag{6-8}$$

式中，符号“+”表示或运算。对于多变量或逻辑的逻辑表达式可用下式表示：

$$Y = A + B + C + \cdots \tag{6-9}$$

或逻辑运算规则：有1出1，全0出0。实现或运算的电路称为或门，其逻辑符号如图6-5所示。

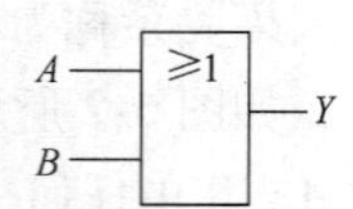

图6-5　或门逻辑符号

3. 非逻辑

当某一条件具备了，事情不会发生；而此条件不具备时，事情反而发生。这种因果关系称为非逻辑关系，简称非逻辑。

如图6-6所示，开关A和灯Y并联，开关A闭合时，灯Y不亮；开关A断开时，灯Y亮。如果设定逻辑变量A和Y的状态，开关闭合为逻辑1，开关断开为逻辑0；灯亮为逻辑1，灯灭为逻辑0。则可得表6-4所示非逻辑真值表。

Y和A间的关系满足非逻辑运算规律，非逻辑的逻辑表达式为

$$Y=\overline{A} \tag{6-10}$$

式中，“$\overline{A}$”读作“A 非”。

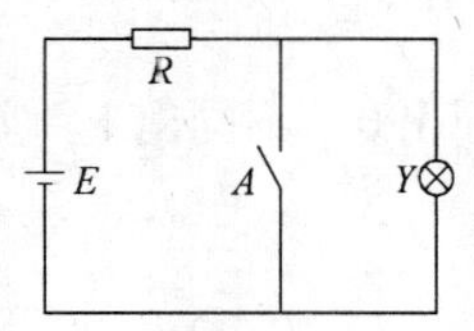

图 6-6　开关和灯并联表示非逻辑电路图

表 6-4　非逻辑真值表

A	Y
0	1
1	0

非逻辑的运算规则：有 0 出 1，有 1 出 0。实现非运算的电路称为非门，其逻辑符号如图 6-7 所示。

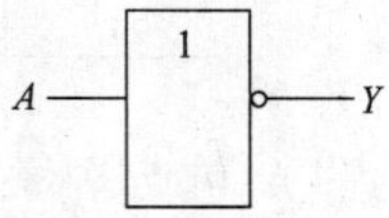

图 6-7　非门逻辑符号

4. 复合逻辑运算

任何复杂的逻辑运算都是由上述三种基本逻辑运算组合而成。常用的复合逻辑运算主要有：与非逻辑、或非逻辑、与或非逻辑、异或逻辑和同或逻辑等。

1）与非逻辑：与非逻辑是由与运算和非运算组合而成的复合运算，运算顺序是先与运算后非运算。设输入变量为 A、B，输出为 Y，则其逻辑表达式为

$$Y=\overline{AB} \tag{6-11}$$

与非逻辑的真值表见表 6-5。与非逻辑的运算规则：有 0 出 1，全 1 出 0。实现与非运算的电路称为与非门，其逻辑符号如图 6-8 所示。

表 6-5　与非逻辑真值表

A	B	Y
0	0	1
0	1	1
1	0	1
1	1	0

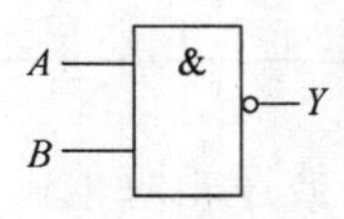

图 6-8　与非门逻辑符号

2）或非逻辑：或非逻辑是由或运算和非运算组合而成的复合运算，运算顺序是先或运算后非运算。设输入变量为 A、B，输出为 Y，则其逻辑表达式为

$$Y=\overline{A+B} \tag{6-12}$$

或非逻辑的真值表见表 6-6。或非逻辑的运算规则：有 1 出 0，全 0 出 1。实现或非运算的电路称为或非门，其逻辑符号如图 6-9 所示。

表 6-6　或非逻辑真值表

A	B	Y
0	0	1
0	1	0
1	0	0
1	1	0

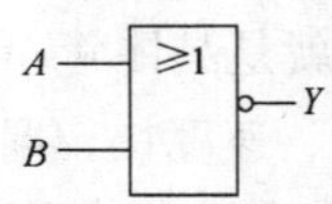

图 6-9　或非门逻辑符号

3）异或逻辑：异或逻辑运算是两个输入变量 A、B 各自先进行非的运算后，再与相对

的原变量进行与运算，然后再进行或逻辑运算。其逻辑表达式为

$$Y = A\overline{B} + \overline{A}B = A \oplus B \tag{6-13}$$

式中，符号“$\oplus$”表示异或运算，读作“异或”。

异或逻辑的真值表见表6-7。或非逻辑的运算规则：相同出0，不同出1。实现异或运算的电路称为异或门，其逻辑符号如图6-10所示。

表6-7　异或逻辑真值表

A	B	Y
0	0	0
0	1	1
1	0	1
1	1	0

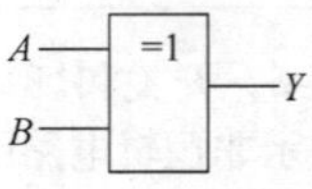

图6-10　异或逻辑符号

4）同或逻辑：同或逻辑运算是两个输入变量 A、B 先做与运算，再各自进行非的变换后也做与运算，然后再进行或逻辑运算。其逻辑表达式为

$$Y = AB + \overline{A}\,\overline{B} = A \odot B \tag{6-14}$$

式中，符号“$\odot$”表示同或运算，读做“同或”。

同或逻辑的真值表见表6-8。或非逻辑的运算规则：相同出1，不同出0。实现同或运算的电路称为同或门，其逻辑符号如图6-11所示。

表6-8　同或逻辑真值表

A	B	Y
0	0	1
0	1	0
1	0	0
1	1	1

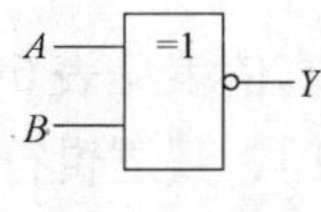

图6-11　同或逻辑符号

由异或和同或逻辑真值表可以看出，在相同的输入下，二者的值正好相反，即二者互为非逻辑关系，即

$$A \oplus B = \overline{A \odot B} \qquad A \odot B = \overline{A \oplus B}$$

因此，同或逻辑也经常称为异或非逻辑。

6.3　集成逻辑门电路

6.3.1　TTL 集成逻辑门电路

TTL 门电路就是晶体管-晶体管逻辑电路，其输入端、输出端均由晶体管组成。TTL 门电路具有功耗小、速度快、扇出数大、成本低等优点，是一种使用较为广泛的电路。

1. 标准 TTL 与非门电路

标准 TTL 与非门电路如图6-12所示，它的工作原理如下：

1）输入 A、B、C 中有一个为“0”时，VT_1 饱和，VT_1 的基极被钳位在1V左右，不能使 VT_2、VT_5 导通，所以 VT_2、VT_5 截止，VT_3、VT_4 组成的复合管导通，输出 Y 即 $U_o \approx$

5V - 0.7V - 0.7V = 3.6V，为高电平“1”。

2）输入 A、B、C 中全为“1”时，VT_1 的发射结反偏截止，+5V 经 R_1、VT_1 集电结、VT_2 的发射结、VT_5 发射结导通，此时 VT_1 基极被钳位在 2.1V 左右，VT_2、VT_5 饱和导通，输出为低电平“0”。VT_2 集电极被钳位在 0.7V + 0.3V = 1V 左右，使 VT_3 导通。VT_4 基极被钳位在 1V - 0.7V = 0.3V 左右，VT_4 截止。

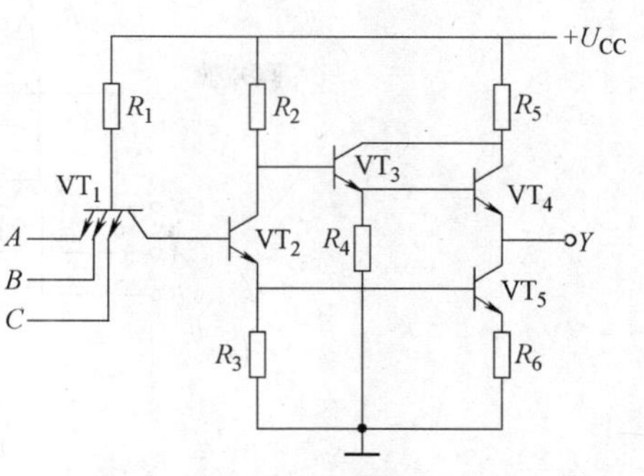

图 6-12　TTL 与非门电路

74×系列为标准的 TTL 门系列。其中×为 L 表示低功耗；×为 H 表示高速；×为 S 表示肖特基（采用抗饱和技术）系列；×为 LS 表示低功耗肖特基系列，这是应用较广泛的一种 TTL 门电路，相当于国产的 CT4000 系列。常用的 TTL 集成与非门电路有 74LS00（四个二输入端）、74LS20（两个四输入端）等。芯片 74LS00、74LS20 的外引脚排列图如图 6-13 所示。

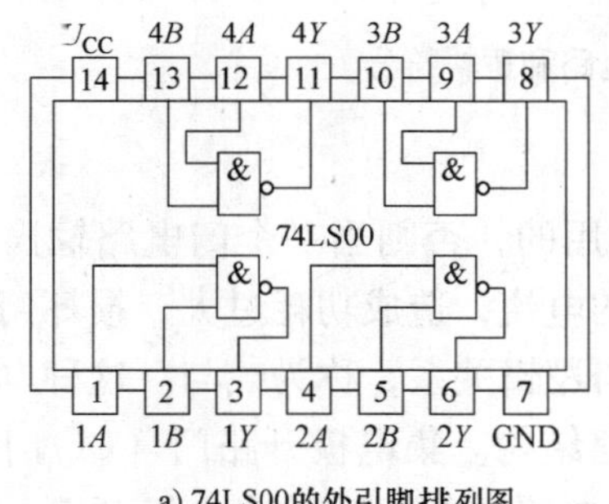

a) 74LS00的外引脚排列图

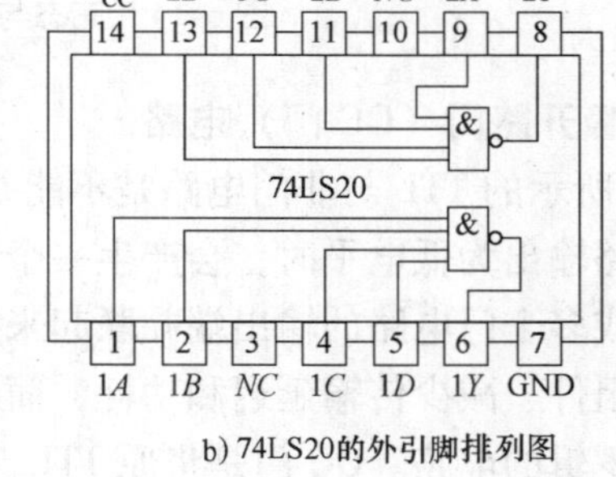

b) 74LS20的外引脚排列图

图 6-13　芯片 74LS00、74LS20 的外引脚排列图

2. 三态与非门电路

所谓三态门，是指逻辑门的输出除有高、低电平两种状态外，还有第三种状态——高阻状态（或称禁止状态）的门电路，简称 TSL 门。其电路组成是 TTL 与非门的输入级多了一个控制端 EN，如图 6-14a 所示，对应的逻辑符号如图 6-14b、c 所示。

A 和 B 是输入端，EN 是控制端或称使能端。当 $EN = 0$ 时，VT_1 和 VD 同时导通，VT_1 导通使 VT_2、VT_5 截止，VD 导通使 VT_3、VT_4 截止，此时输出处于高阻态与输入 A、B 无任何关系；当 $EN = 1$ 时，VD 截止，此时电路即为普通的与非门，输出 L 与输入 A、B 之间为与非逻辑关系，可输出“0”或“1”。

图 6-14a 所示的电路，在 $EN = 0$ 时，电路为高阻状态，在 $EN = 1$ 时，电路为与非门状态，故称控制端为高电平有效，逻辑符号如图 6-14b 所示。有的三态与非门为低电平有效，逻辑符号中用 $\overline{EN}$ 及加小圆圈表示，如图 6-14c 所示，不加小圆圈表示高电平有效。

三态与非门可作为输入设备与数据总线之间的接口。可将输入设备的多组数据分时传递到同一数据总线上，并且任何时刻只允许有一个三态门处于工作状态，占用数据总线，而其余的三态门均处于高阻态，即脱离总线状态。

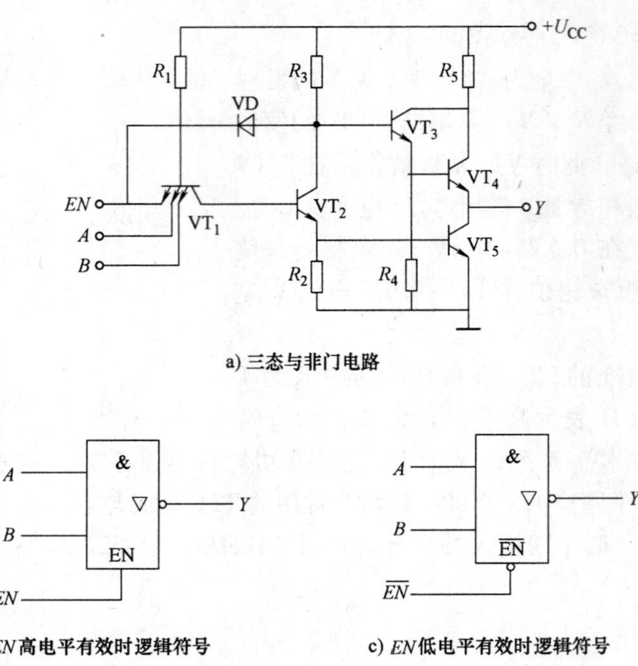

a) 三态与非门电路

b) *EN*高电平有效时逻辑符号　　c) *EN*低电平有效时逻辑符号

图 6-14　三态与非门电路和逻辑符号

3. 集电极开路门（OC 门）电路

图 6-12 所示的 TTL 与非门电路是不能并联使用的，否则当一个门电路输出为高电平而另一个门电路输出为低电平时，会产生一个很大的电流，造成功耗过大，损坏门电路。

将两个或多个门电路的输出端并联起来得到与逻辑关系，称为线与。这种电路结构的特点是：节省组件、减少传输延迟和功耗，简化电路结构。集电极开路门（OC 门）是一种能够实现线与逻辑的电路。OC 门是将原 TTL 与非门电路中的 VT_5 的集电极开路，并取消了集电极电阻。使用时，为保证 OC 门的正常工作，必须在输出端与电源 U_{CC}之间串联一个电阻，该电阻称为上拉电阻。OC 门电路如图 6-15 所示，图 6-16 所示为 OC 门的逻辑符号。

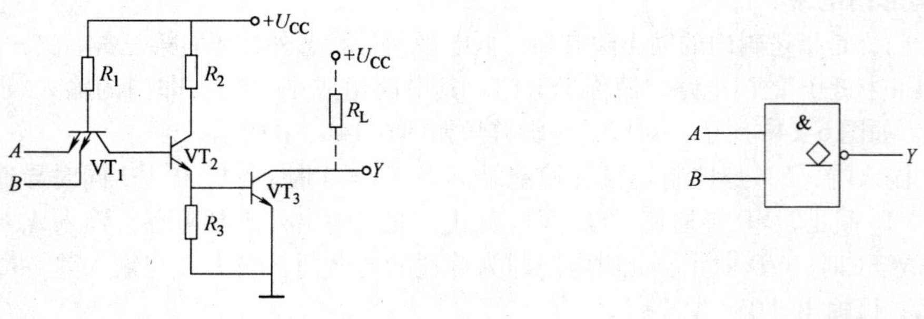

图 6-15　OC 门电路　　　　图 6-16　OC 门逻辑符号

将两个或多个 OC 门输出端连在一起可实现线与逻辑。图 6-17 所示为两个 OC 门输出端相连后经电阻 R_L 接电源 U_{CC}实现线与的电路，图中输出线连接处的矩形框为线与功能逻辑符号。

由图 6-17 可得，$Y_1=\overline{AB}$，$Y_2=\overline{CD}$。由于 Y_1 和 Y_2 连接在一起，其节点处相当于与门逻

辑，因此，当 Y_1 和 Y_2 中有低电平“0”时，输出 Y 为低电平“0”；当 Y_1 和 Y_2 都为高电平“1”时，输出 Y 才为高电平“1”。所以，$Y = Y_1Y_2$，其逻辑表达式为：$Y = Y_1Y_2 = \overline{AB} \cdot \overline{CD} = \overline{AB + CD}$，两个 OC 门线与连接后，可实现与或非逻辑功能。

图 6-18 所示电路为用 OC 门驱动发光二极管的电路。该电路在输入 A、B 都为高电平时输出低电平，这时发光二极管发光，否则，电路输出高电平时，发光二极管不发光。

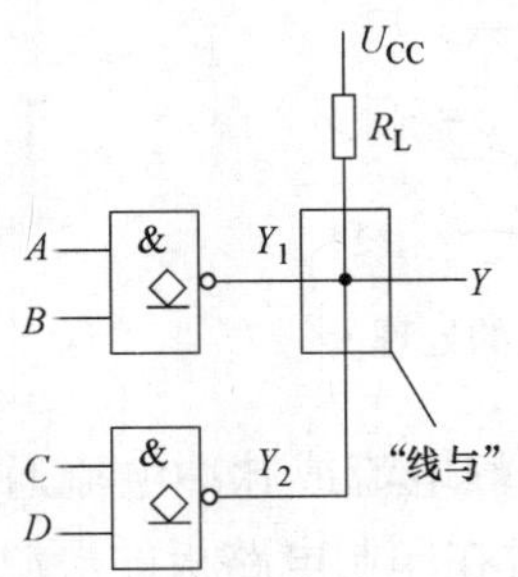

图 6-17　OC 门输出并联逻辑图

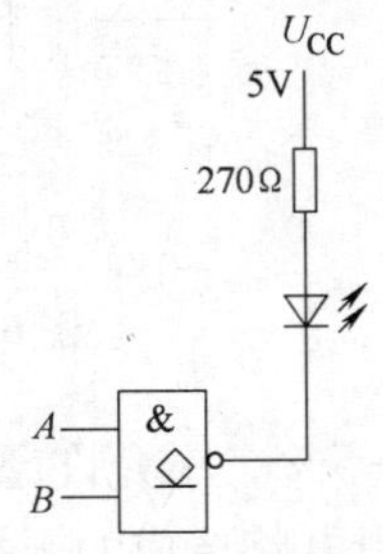

图 6-18　OC 门驱动发光二极管电路

图 6-19 所示电路为由 OC 门组成的电平转换电路。当输入 A、B 都为高电平 3.6V 时，输出 Y 为低电平 0.3V；当输入 A、B 中有低电平 0 时，输出 Y 为高电平 U_{CC}，由图可知为 10V，主要选择不同的 U_{CC} 值，便可使输出 Y 的高电平能适应下一级电路对高电平的要求，从而实现电平转换。

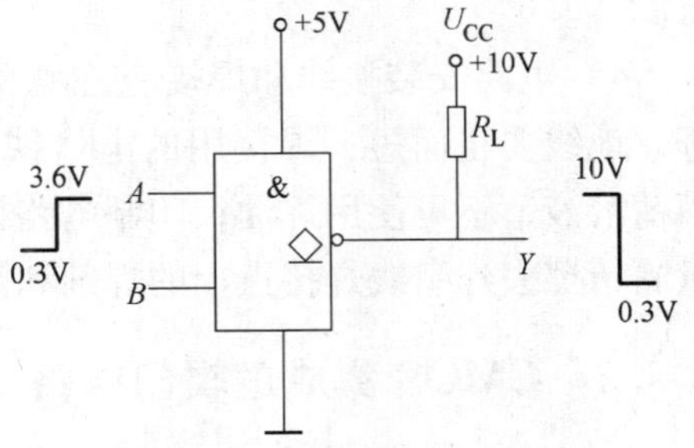

图 6-19　OC 门实现电平转换电路

4. TTL 集成逻辑门的使用注意事项

对于各种集成电路，在技术手册中都会给出各主要参数的工作条件和极限值，使用时一定要在推荐的工作条件范围内。

1）输出端的连接：具有推拉输出结构的 TTL 门电路的输出端不允许直接并联使用。输出端不允许直接接电源 U_{CC} 或直接接地。使用时，输出电流应小于产品手册上规定的最大值。三态输出门的输出端可并联使用，但在同一时刻只能有一个门工作，其他门输出都处于高阻状态。集电极开路门输出端可并联使用，但公共输出端和电源 U_{CC} 之间应外接负载电阻 R_L。

2）闲置输入端的处理：TTL 集成门电路使用时，对于闲置输入端（不用的输入端）一般不悬空，主要是防止干扰信号从悬空输入端上引入电路。对于闲置输入端的处理以不改变电路逻辑状态及工作稳定性为原则。常用的方法有以下几种：

对于与非门的闲置输入端可直接接电源电压 U_{CC} 或通过 1 ~ 10kΩ 的电阻接电源 U_{CC}，如图 6-20a 和图 6-20b 所示；如前级驱动能力允许，可将闲置输入端与有用输入端并联使用，如图 6-20c 所示；在外界干扰很小时，与非门的闲置输入端可以剪断或悬空，如图 6-20d 所示，但不允许接开路长电线，以免引入干扰而产生逻辑错误；或非门不使用的闲置输入端应接地，对与或非门中不使用的与门至少有一个输入端接地，如图 6-20e 和图 6-20f 所示。

3）电源电压干扰的消除：对于 54 系列电源电压取 $U_{CC} = 5V \pm 10\%$，对 74 系列电源电

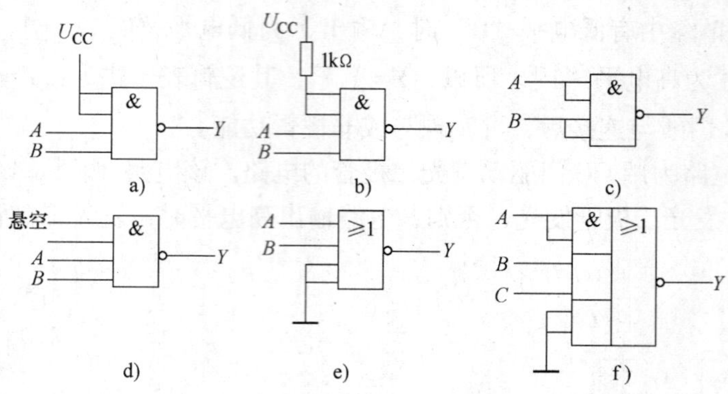

图 6-20　与非门和或非门多余输入端的处理

压取 $U_{CC}=5V\pm5\%$，不允许超出这个范围。为防止动态尖峰电流或脉冲电流通过公共电源内阻耦合到逻辑电路造成的干扰，需对电源进行滤波。通常在印制电路板的电源端对地接入 10～100μF 的电容对低频进行滤波。由于大电容存在一定的电感，它不能滤除高频干扰，在印制电路板上，每隔 6～8 个门电路需在电源端对地加接一个 0.01～0.1μF 的电容对高频进行滤波。

4）电路安装接线和焊接应注意的问题：连线要尽量短，最好用绞合线；整体接地要好，地线要粗而短；焊接用的电烙铁不大于 25W，焊接时间要短；使用中性焊剂，如松香酒精溶液，不可使用焊油；印制电路板焊接完毕后，不得浸泡在有机溶液中清洗，只能用少量酒精擦去外引线焊接点上的焊剂和污垢。

6.3.2　CMOS 集成逻辑门电路

CMOS 集成电路是由增强型 P 沟道 MOS 管（即 PMOS 管）和增强型 N 沟道 MOS 管（即 NMOS 管）串联互补或并联互补构成，称为互补型 MOS 门电路。CMOS 门电路由于其电路简单，具有微功耗、输入阻抗高、带负载能力强、品种繁多、抗干扰能力强、电源和电压允许范围大等优点，在中、大规模数字集成电路中被广泛应用。

1. CMOS 反相器

图 6-21a 所示为由增强型 PMOS 管 VF_2 和增强型 NMOS 管 VF_1 组成，VF_1 为驱动管，VF_2 为负载管，两管的栅极连接在一起作为输入端，漏极连接在一起作为输出端，VF_2 管的源极接电源 U_{DD}，VF_1 源极接地。由于 VF_2、VF_1 两管特性对称，开启电压 $U_{GS(th)1}=|U_{GS(th)2}|$，一般情况下都要求电源电压 $U_{DD}>U_{GS(th)1}+|U_{GS(th)2}|$。实际应用中，$U_{DD}$ 通常取 5V，以便与 TTL 电路兼容。设输入低电平为 0V，高电平为 U_{DD}，开启电压 $U_{GS(th)N}=|U_{GS(th)P}|=3V$。

1）输入 $u_I=0V$ 时，VF_1 的 $U_{GS1}=0V<U_{GS(th)N}$，VF_1 截止；VF_2 的 $U_{GS2}=|u_I-U_{DD}|=|0V-5V|=5V>|U_{GS(th)P}|=3V$，$VF_2$ 导通，输出 $u_O=U_{DD}$。等效电路如图 6-21b 所示。

2）输入 $u_I=U_{DD}$ 时，VF_1 的 $U_{GS1}=U_{DD}>U_{GS(th)N}$，$VF_1$ 导通；VF_2 的 $U_{GS2}=|u_I-U_{DD}|=|5V-5V|=0V<|U_{GS(th)P}|=3V$，$VF_2$ 截止，输出 $u_O=0V$。等效电路如图 6-21c 所示。

综上所述，当输入为低电平即 $A=0$ 时，输出为高电平即 $Y=1$；当输入为高电平即 $A=1$ 时，输出为低电平即 $Y=0$。因此，图 6-21a 所示电路为非门，其逻辑表达式为 $Y=\overline{A}$，又由于该电路的输出信号与输入信号反相，因此也称反相器。

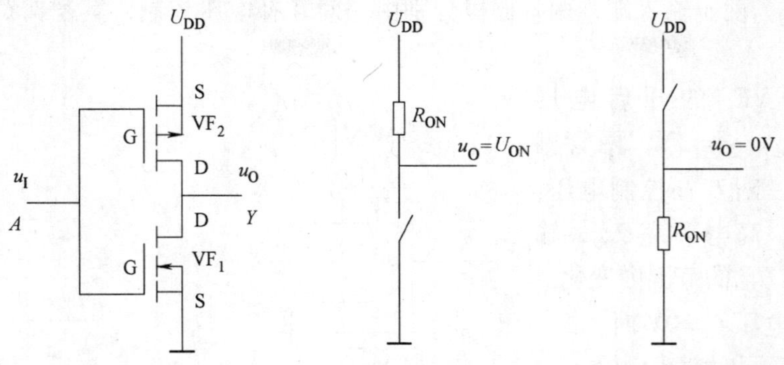

a) CMOS反相器电路图　b) 输出$u_O=U_{DD}$的等效电路　c) 输出$u_O=0$的等效电路

图6-21 CMOS反相器电路图

2. CMOS集成与非门

图6-22所示为CMOS与非门电路。它由两个增强型NMOS管VF_{N1}和VF_{N2}串联，作为驱动管，两个增强型PMOS管VF_{P1}和VF_{P2}并联，作为负载管。VF_{N1}和VF_{P1}的栅极连接在一起作为输入端A，VF_{N2}和VF_{P2}的栅极连接在一起作为输入端B。

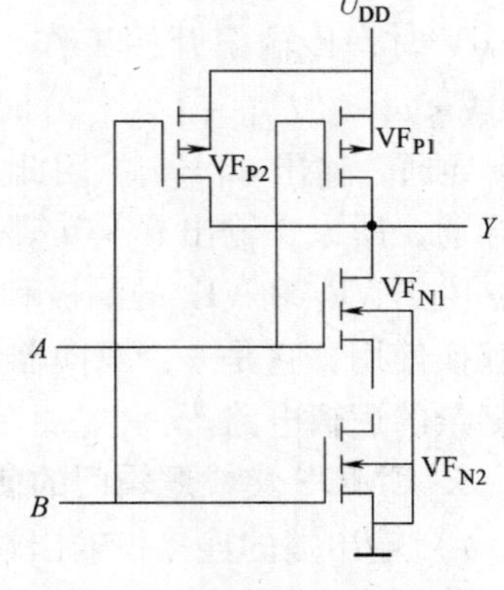

图6-22 CMOS与非门电路图

1）当输入$A=0$、$B=0$时，VF_{N1}和VF_{N2}都截止，VF_{P1}和VF_{P2}同时导通，输出$Y=1$。

2）当输入$A=0$、$B=1$时，VF_{N1}截止，VF_{P1}导通，输出$Y=1$。

3）当输入$A=1$、$B=0$时，VF_{N2}截止，VF_{P2}导通，输出$Y=1$。

4）当输入$A=1$、$B=1$时，VF_{N1}和VF_{N2}都导通，VF_{P1}和VF_{P2}同时截止，输出$Y=0$。

由上分析可知，电路实现了与非逻辑功能，其逻辑表达式为$Y=\overline{AB}$。

3. CMOS集成或非门

CMOS或非门电路如图6-23所示。它是由两个增强型NMOS管VF_{N1}和VF_{N2}并联，作为驱动管，两个增强型PMOS管VF_{P1}和VF_{P2}串联，作为负载管。VF_{N2}和VF_{P2}的栅极连接在一起作为输入端A，VF_{N1}和VF_{P1}的栅极连接在一起作为输入端B。

当输入A、B中有高电平时，则接高电平的驱动管导通，输出Y为低电平0；只有当输入A、B都为低电平0时，驱动管VF_{N1}和VF_{N2}同时截止，负载管VF_{P1}和VF_{P2}都导通，输出Y为高电平1。可见，图6-23所示电路实现了或非逻辑功能，其逻辑表达式为$Y=\overline{A+B}$。

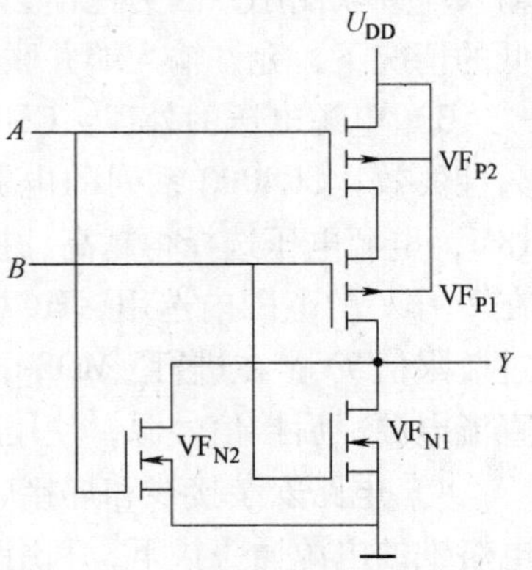

图6-23 CMOS或非门

4. CMOS传输门

CMOS传输门的电路如图6-24a所示，VF_1和VF_2为两个漏极和源极结构完全对称、参数一致的增强型 PMOS 管和增强型 NMOS 管，两管的源极和漏极分别相连，作为两个输入端，两管栅极分别由一对互补电压控制，其逻辑符号如图 6-24b 所示。

设 VF_2 和 VF_1 的开启电压 $U_{GS(th)N} = |U_{GS(th)P}| = 3V$，两管栅极 C 和 $\overline{C}$ 上加一对互补控制电压，其低电平为 0V，高电平为 U_{DD}，输入电压 u_I 在 $0 \sim U_{DD}$的范围内变化。

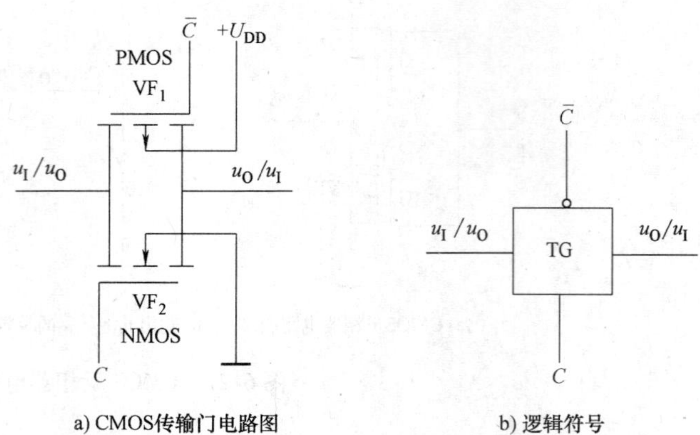

a) CMOS传输门电路图　　b) 逻辑符号

图 6-24　CMOS 传输门电路图及逻辑符号

1）当控制电压 $C = 0V$ 时，$\overline{C} = U_{DD}$，VF_2 和 VF_1 同时截止，输入 u_I 不能传输到输出端，此时传输门关闭，输出高阻，呈现悬浮状态。

2）当控制电压 $C = U_{DD}$ 时，$\overline{C} = 0V$ 时，传输门开始工作，如输入 $0V < u_I < (U_{DD} - U_{GS(th)N})$时，$VF_1$ 导通，输出 $u_O = u_I$；如输入 $|U_{GS(th)P}| < u_I \leqslant U_{DD}$时，$VF_2$ 导通，输出 $u_O = u_I$。因此，输入 u_I 在 $0 \sim U_{DD}$范围内变化时，VF_1 和 VF_2 中至少有一个管导通，所以，输出 $u_O = u_I$。此时，传输门开通。

由于 VF_1 和 VF_2 的漏极和源极可互换使用，因此，CMOS 传输门的输出端和输入端也可以互换使用，它是一个双向器件。利用 CMOS 传输门和 CMOS 反相器的各种组合可以构成各种复杂的逻辑电路。

5. CMOS 集成逻辑门的使用注意事项

1）输出端的连接：输出端不允许直接与电源 U_{DD}或与地相连，因为电路的输出级通常为 CMOS 反相器结构，这会使输出级的 NMOS 管或 PMOS 管可能因电流过大而损坏；为提高电路的驱动能力，可将同一芯片上相同门电路的输入端、输出端并联使用；当 CMOS 电路输出端接大容量的负载电容时，流过管子的电流很大，有可能使管子损坏，因此，需在输出端和电容之间串接一个限流电阻，以保证流过管子的电流不超过允许值。

2）闲置输入端的处理：闲置输入端不允许悬空，对于与门和与非门，闲置输入端应接正电源或高电平；对于或门和或非门，闲置输入端应接地或低电平；闲置输入端不宜与使用输入端并联使用，因为这样会增大输入电容，从而使电路的工作速度下降，但在工作速度很低的情况下，允许输入端并联使用。

3）电源电压的处理：CMOS 电路的电源电压极性不可接反，否则，可能会造成电路永久性失效；CC4000 系列的电源电压可在 3 ~ 15V 的范围内选择，最大不允许超过极限值 18V，电源电压选择得越高，抗干扰能力也越强；高速 CMOS 电路，HC 系列的电源电压可在 2 ~ 6V 的范围内选用，HCT 系列的电源电压在 4.5 ~ 5.5V 的范围内选用，最大不允许超过极限值 7V；在进行 CMOS 电路实验，或对 CMOS 数字系统进行调试、测量时，应先接入直流电源，后接信号源；使用结束时，应先关信号源，后关直流电源。

4）电路安装接线和焊接应注意的问题：焊接时，电烙铁必须接地良好，必要时，可将电烙铁的电源插头拔下，利用余热焊接；集成电路在存放和运输时，应放在导电容器或金属容器内；组装、调试时，应使所有的仪表、工作台面等具有良好的接地。

6.4 逻辑函数及其化简

6.4.1 逻辑函数及其表示方法

1. 逻辑函数

逻辑函数是用以描述数字逻辑电路输出与输入变量之间逻辑关系的表达式。在数字电路中的二进制数码，有时可作为二进制数表示数值的大小，此时它们之间可以进行算术运算；有时还可以作为逻辑变量表示不同的逻辑状态，此时它们之间只能按照某种逻辑关系进行逻辑运算。

如果以逻辑变量作为输入，以运算结果作为输出，那么当输入变量的取值确定之后，输出的取值便随之而定。因此，输出与输入之间乃是一种函数关系，这种函数关系称为逻辑函数，写作：$Y=F(A,B,C,\cdots)$。由于变量和输出（函数）的取值只有 0 和 1 两种状态，所以讨论的都是二值逻辑函数。任何一个具体的因果关系都可以用一个逻辑函数描述。

2. 逻辑函数的建立

【例 6-9】 图 6-25 所示为一楼道照明控制电路。在楼上和楼下分别安装有单刀双掷开关 A 和 B。上楼时，在楼下开灯，在楼上关灯；下楼时，在楼上开灯，在楼下关灯。试分析灯的亮与灭和开关的断开与闭合之间的逻辑关系。并建立逻辑函数。

解：设开关 A、B 扳上用 1 表示，扳下用 0 表示；灯 Y 亮用 1 表示，灯灭用 0 表示。由此可分析灯 Y 和开关 A、B 之间的逻辑关系，由图 6-25 可看出，A、B 两开关的状态只有四种状态：A、B 两开关均扳下（$A=0$，$B=0$），此时灯是亮的（$Y=1$）；A 扳下、B 扳上（$A=0$，$B=1$），此时灯是灭的（$Y=0$）；A 扳上、B 扳下（$A=1$，$B=0$），此时灯是灭的（$Y=0$）；A 扳上、B 扳上（$A=1$，$B=1$），此时灯是亮的（$Y=1$）。如将开关 A、B 作为输入变量，灯 Y 作为输出变量用表格形式来表示可得真值表，见表 6-9。

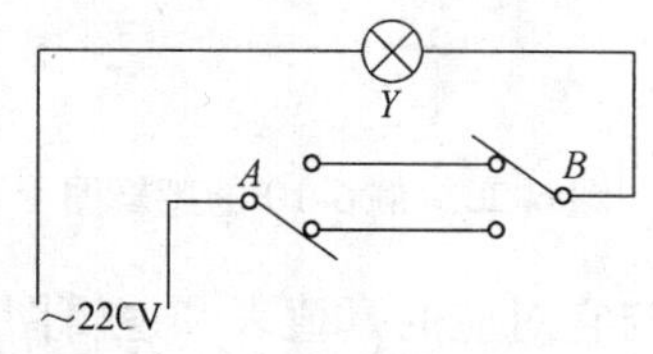

图 6-25 例 6-9 楼道照明控制电路图

表 6-9 例 6-9 的真值表

A	B	Y
0	0	1
0	1	0
1	0	0
1	1	1

根据真值表可直接写出逻辑函数表达式。下面以表 6-9 为例说明写逻辑函数的方法：

1）将任一组输入变量取值中的 1 代以原变量，0 代以反变量，便得一组变量的与组合。如表 6-9 中的 A、B 两个变量取值分别为 00 和 11 时，则代换后为$\overline{A}\,\overline{B}$和 AB。

2）将输出逻辑函数 $Y=1$ 对应输入变量的与组合进行逻辑加，便得逻辑函数 Y 的与－或表达式：$Y=\overline{A}\,\overline{B}+AB$，这就是前面讨论的同或逻辑表达式，它说明开关 A、B 扳向同一方向时，灯 Y 才会亮。

3. 逻辑函数的表示方法

逻辑函数的表示方法通常有四种：真值表、逻辑函数式、逻辑图和卡诺图。这里主要介绍前三种表示方法。卡诺图将在后面单独介绍。

1）真值表：描述逻辑函数输入变量的所有取值组合和对应输出函数值排列成的表格称为真值表。由于每个输入逻辑变量的取值只有 0 和 1 两种，因此，当有 n 个输入逻辑变量时，则有 2^n 个不同的与组合。如两个逻辑函数的真值表相同，则这两个逻辑函数相等。因此，逻辑函数的真值表具有唯一性。由真值表可直接看出，输出逻辑函数与输入变量之间的逻辑关系，用真值表表示逻辑函数的优点是直观明了。

2）逻辑函数式：用与、或、非等基本逻辑运算表示逻辑函数输入与输出之间逻辑关系的表达式称为逻辑函数式。

3）逻辑图：用基本逻辑门和复合逻辑门符号组成的能完成某一逻辑功能的电路图称为逻辑图。逻辑函数式是画逻辑图的重要依据，只要将逻辑函数式中各个逻辑运算用对应的逻辑符号代替，就可画出和逻辑函数式对应的逻辑图。

4. 逻辑函数表示方法之间的相互转换

逻辑函数表示方法各有特点，它们之间又可相互转换。

【例 6-10】 已知逻辑函数的真值表如表 6-10 所示，试写出它的逻辑函数式，并画出逻辑图。

解：(1) 写出逻辑函数表达式。将真值表中输出 $Y=1$ 所对应的输入变量写成与项，然后进行逻辑加，便可得逻辑函数 Y 的与或表达式：$Y=\overline{A}\,\overline{B}\,\overline{C}+ABC$。

(2) 画逻辑图。根据逻辑函数式，可画出图 6-26 所示逻辑图。

(3) 逻辑功能说明。由表 6-10 可看出，当输入 A、B、C 都为 0 或都为 1 时，输出 $Y=1$，所以图 6-26 为一致电路。

表 6-10　例 6-10 的真值表

A	B	C	Y
0	0	0	1
0	0	1	0
0	1	0	0
0	1	1	0
1	0	0	0
1	0	1	0
1	1	0	0
1	1	1	1

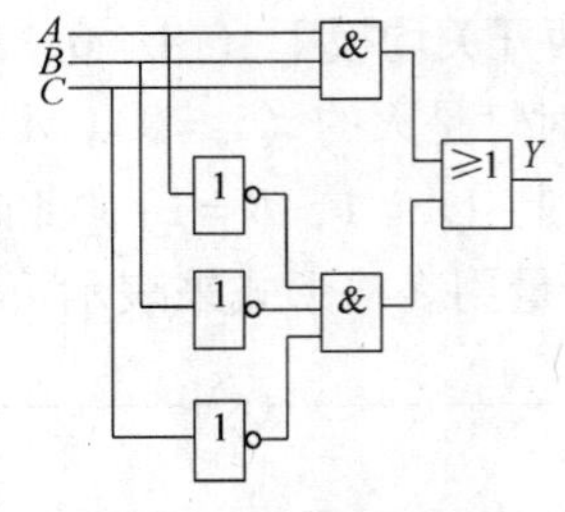

图 6-26　例 6-10 的逻辑图

【例 6-11】 已知逻辑函数式 $Y=AB+BC+\overline{A}C$，求与它对应的真值表和逻辑图。

解：(1) 将输入变量 A、B、C 的各组取值代入逻辑函数式，算出函数 Y 的值，并对应地填入表 6-11 中，真值表见表 6-11。

(2) 根据逻辑函数可画逻辑电路图如图 6-27 所示。

表 6-11　例 6-11 的真值表

A	B	C	Y
0	0	0	0
0	0	1	1
0	1	0	0
0	1	1	1
1	0	0	0
1	0	1	0
1	1	0	1
1	1	1	1

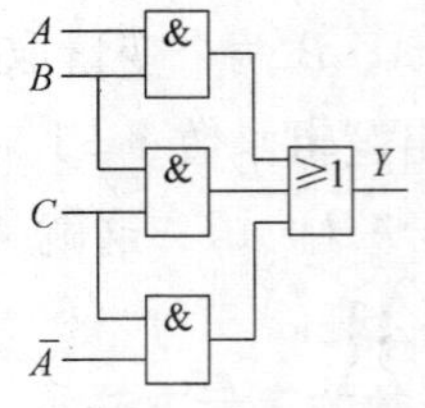

图 6-27　例 6-11 的逻辑图

【例 6-12】　已知逻辑电路图如图 6-28 所示，列出输出 Y 的逻辑函数式和真值表。

解：(1) 从输入到输出，用逐级推导的方法，写出各个输出的逻辑函数式。

$Y_1=A+B, Y_2=\overline{BC}, Y_3=AC, Y_4=Y_2+Y_3=\overline{BC}+AC, Y=\overline{Y_1Y_4}=\overline{(A+B)(\overline{BC}+AC)}$

(2) 进行计算，列出真值表见表 6-12。

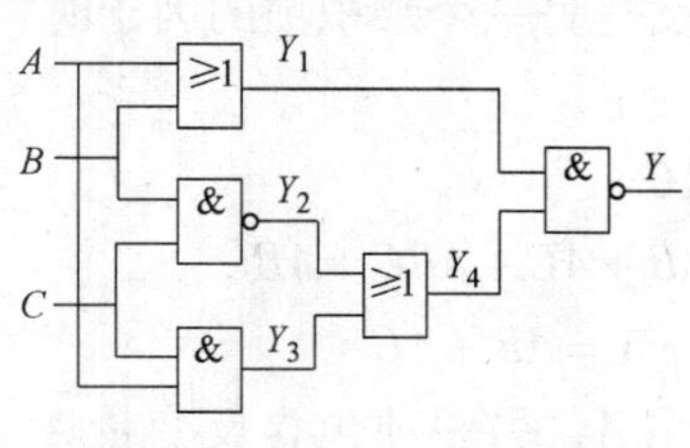

图 6-28　例 6-12 的逻辑图

表 6-12　例 6-12 的真值表

A	B	C	Y
0	0	0	1
0	0	1	1
0	1	0	0
0	1	1	1
1	0	0	0
1	0	1	0
1	1	0	0
1	1	1	0

6.4.2　逻辑代数的运算法则

1. 逻辑代数的基本定律

(1) 常量间的运算　逻辑代数中的常量只有 0 和 1，它们间的与、或、非运算如下：

与运算：$0\cdot 0=0$，$0\cdot 1=0$，$1\cdot 0=0$，$1\cdot 1=1$。

或运算：$0+0=0$，$0+1=1$，$1+0=1$，$1+1=1$。

非运算：$\overline{1}=0$，$\overline{0}=1$。

(2) 基本定律　根据基本逻辑运算规则和逻辑变量的取值只能是 0 和 1 的特点，可以得到逻辑代数中的一些基本定律如下：

0-1 律：$0\cdot A=0$，$1\cdot A=A$，$0+A=A$，$1+A=1$。

互补律：$A\cdot\overline{A}=0$，$A+\overline{A}=1$。

交换律：$A\cdot B=B\cdot A$，$A+B=B+A$。

结合律：$(A\cdot B)\cdot C=A\cdot(B\cdot C)$，$(A+B)+C=A+(B+C)$。

分配律：$A\cdot(B+C)=A\cdot B+A\cdot C$，$A+B\cdot C=(A+B)\cdot(A+C)$。

还原律：$\overline{\overline{A}}=A$。

重叠律：$A\cdot A=A$，$A+A=A$。

摩根定律：$\overline{A\cdot B}=\overline{A}+\overline{B}$，$\overline{A+B}=\overline{A}\cdot\overline{B}$。

2. 逻辑代数的常用公式

由前面介绍的基本定律可以推导出四个常用公式，这些公式对逻辑函数的化简很有用。

1) 公式 1：

$$AB+A\overline{B}=A \tag{6-15}$$

证明：

$$AB+A\overline{B}=A\cdot(B+\overline{B})=A\cdot 1=A$$

公式的含义：如果两个乘积项中有一个因子是互补（如 B 和 $\overline{B}$）的，而其他因子都相同时，则互补因子是多余的。

2) 公式 2：

$$A+AB=A \tag{6-16}$$

证明：

$$A+AB=A(1+B)=A\cdot 1=A$$

公式的含义：在两个乘积项中，如果一个乘积项（如 A）是另一个乘积项如（AB）的因子时，则另一个乘积项是多余的。

公式 1 和公式 2 可将两个乘积项合并为一项，合并结果为两个乘积项中的共有变量。

3）公式 3： $$A+\overline{A}B=A+B \tag{6-17}$$

证明： $$A+\overline{A}B=(A+\overline{A})(A+B)=1\cdot(A+B)=A+B$$

公式的含义：在两个乘积项中，如果一个乘积项的反是另一个乘积项的因子时，则该因子是多余的。公式 3 常用于消去乘积项中部分的变量。

4）公式 4： $$AB+\overline{A}C+BC=AB+\overline{A}C \tag{6-18}$$

证明： $$\begin{aligned}AB+\overline{A}C+BC&=AB+\overline{A}C+BC(A+\overline{A})=AB+\overline{A}C+ABC+\overline{A}BC\\&=AB(1+C)+\overline{A}C(1+B)=AB\cdot1+\overline{A}C\cdot1=AB+\overline{A}C\end{aligned}$$

公式的含义：在两个乘积项中，如果一项包含原变量 A，另一项包含反变量 $\overline{A}$，而这两个乘积项的其余因子都是第三个乘积项的因子时，则第三个乘积项是多余的。公式 4 常用于消去一些乘积项。推论：

$$AB+\overline{A}C+BCDE=AB+\overline{A}C \tag{6-19}$$

3. 逻辑代数的重要规则

（1）代入规则　在任何含有变量 A 的逻辑等式中，如果将所有出现变量 A 的地方都用一个逻辑函数 Y 代替，则逻辑等式仍然成立，这个规则称为代入规则。

【例 6-13】 已知等式 $A(B+E)=AB+AE$，试证明将所有出现 E 的地方用（$C+D$）代入后，等式仍然成立。

证明： 左边 $=A(B+E)=A(B+C+D)=AB+A(C+D)$

右边 $=AB+AE=AB+A(C+D)$

所以，左边 = 右边。

必须注意的是，在使用代入规则时，一定要把所有出现被代替变量的地方都用同一函数代替，否则不正确。

（2）反演规则　对于任何逻辑函数表达式 Y，如果将式中所有的“·”换成“+”，“+”换成“·”；“0”换成“1”，“1”换成“0”；原变量换成反变量，反变量换成原变量，运算顺序不变，两变量以上的非号不动，便可得到一个新的逻辑函数 $\overline{Y}$。$\overline{Y}$ 为 Y 的反函数。这个规则称为反演规则。

【例 6-14】 已知逻辑函数 $Y=\overline{A}\cdot\overline{B}+A\cdot B$，试用反演规则求 $\overline{Y}$。

解： 由反演规则可得： $\overline{Y}=(A+B)\cdot(\overline{A}+\overline{B})=A\overline{B}+\overline{A}B$

Y 的反函数也可利用摩根定律求得，这时需对等式两边同时求反，再用摩根定律进行变换。应当指出的是，利用反演规则时，应注意以下两点：

1）注意运算符号的优先顺序：先算括号内的，再算逻辑乘，最后算逻辑加。

2）原变量变成反变量，反变量变成原变量只对单个变量有效，而对于与非、或非等长非号则保持不变。

（3）对偶规则　对于任何逻辑函数 Y，如果将式中所有的“·”换成“+”，“+”换成“·”；“0”换成“1”，“1”换成“0”，逻辑变量不变，运算顺序不变，两变量以上的非号不动，便可得到一个新的逻辑函数式 Y'。Y' 为 Y 的对偶式。这个规则称为对偶规则。使用对偶规则写逻辑函数的对偶式时，同样要注意运算符号的优先顺序（与反演规则相同），同时，所有变量上的非号都保持不变。

例如：$Y=A(B+C)$ 与 $Y'=A+BC$；$Y=\overline{\overline{A}\cdot\overline{B\,\overline{C}}}$ 与 $Y'=\overline{\overline{A}+\overline{B+\overline{C}}}$。

对偶规则主要用于证明逻辑恒等式。如果两个逻辑函数的对偶式相等，则这两个逻辑函数也相等。

6.4.3　逻辑函数的公式法化简

1. 化简逻辑函数的意义

在实际问题中，直接根据逻辑要求而归纳的逻辑函数是比较复杂的，含有较多的逻辑变量和逻辑运算符。逻辑函数的表达式并不是唯一的，可以写成各种不同的形式，因而实现同一种逻辑关系的数字电路也可以有多种形式。为了降低成本，提高数字电路的工作速度和可靠性，应尽可能地减少所用的元器件数目，这就要求求出逻辑函数最简单的表达式。因此，在设计逻辑电路时，逻辑函数的化简成为必不可少的重要环节。

在各种逻辑函数表达式中，最常用的是与或表达式，由它可以很容易推导出其他形式的表达式。与或表达式就是用逻辑函数的原变量和反变量组合成多个逻辑乘积项，再将这些逻辑乘积项逻辑相加而成的表达式，如：

$$Y=B\overline{C}+AB\overline{C}E+\overline{B}(\overline{\overline{AD}+AD})+B(A\overline{D}+\overline{A}D) \tag{6-20}$$

$$=B\overline{C}+\overline{B}\,\overline{\overline{A\overline{D}+\overline{A}D}}+B(A\overline{D}+\overline{A}D)$$

$$=B\overline{C}+A\overline{D}+\overline{A}D \tag{6-21}$$

显然，式（6-21）比式（6-20）简单得多。因此，化简逻辑函数的目的就是要找出它的最简表达式。由本例可看出：逻辑函数的与-或表达式越简单，实现该逻辑函数所需的门电路就越少，不仅可节约元器件，而且还可提高电路的可靠性。所以，在进行逻辑电路设计时，对逻辑函数的化简就显得十分重要。最简与-或表达式的判别标准是：

1）乘积项（与项）的个数最少；

2）每个乘积项中的变量数最少。

2. 逻辑函数的常见函数表达式

逻辑函数经化简得到最简与-或表达式后，根据需要可用不同的门电路来实现，这就需要对最简与-或表达式进行变换，通常有四种形式：与非-与非表达式、或-与表达式、或非-或非表达式、与-或-非表达式。例如：

$$Y=AB+\overline{A}C \qquad \text{与-或表达式}$$

$$=\overline{\overline{AB+\overline{A}C}}=\overline{\overline{AB}\cdot\overline{\overline{A}C}} \qquad \text{与非-与非表达式}$$

$$=\overline{(\overline{A}+\overline{B})(A+\overline{C})}=\overline{\overline{A}\,\overline{C}+A\overline{B}}=(A+C)(\overline{A}+B) \qquad \text{或-与表达式}$$

$$=\overline{\overline{(A+C)(\overline{A}+B)}}=\overline{\overline{A+C}+\overline{\overline{A}+B}} \qquad \text{或非-或非表达式}$$

$$=\overline{\overline{A}\,\overline{C}+A\overline{B}} \qquad \text{与-或-非表达式}$$

3. 逻辑函数的公式化简法

公式化简法又称代数化简法，它是利用逻辑代数的基本定律和常用公式消去逻辑函数中多余的乘积项和乘积项中的多余变量，从而使逻辑函数成为最简与-或表达式。公式化简的基本方法有以下几种。

1）并项法：利用 $A+\overline{A}=1$ 将两项合并为一项，消去互补变量。公式中的 A 可以是单个变量，也可以是逻辑式。例如：

$$\begin{aligned} Y &= A(BC+\overline{B}\,\overline{C})+A(B\overline{C}+\overline{B}C) \\ &= ABC+A\overline{B}\,\overline{C}+AB\overline{C}+A\overline{B}C \\ &= AB(C+\overline{C})+A\overline{B}(C+\overline{C}) \\ &= AB+A\overline{B} \\ &= A(B+\overline{B}) \\ &= A \end{aligned}$$

2）吸收法：利用公式 $A+AB=A$，吸收掉多余的乘积项。例如：

$$\begin{aligned} Y &= A\overline{B}+A\overline{B}(C+DE) \\ &= A\overline{B}(1+C+DE) \\ &= A\overline{B} \end{aligned}$$

3）消去法：利用公式 $A+\overline{A}B=A+B$，消去乘积项中多余变量因子。例如：

$$\begin{aligned} Y &= \overline{A}+AB+\overline{B}E \\ &= \overline{A}+B+\overline{B}E \\ &= \overline{A}+B+E \end{aligned}$$

4）配项法：当不能直接利用基本定律和基本公式化简时，可以通过乘以 $A+\overline{A}=1$ 进行配项，将某个与项变为两项，再和其他项合并。例如：

$$\begin{aligned} Y &= AB+\overline{A}\,\overline{B}C+BC \\ &= AB+\overline{A}\,\overline{B}C+BC(A+\overline{A}) \\ &= AB+\overline{A}\,\overline{B}C+ABC+\overline{A}BC \\ &= AB(1+C)+\overline{A}C(B+\overline{B}) \\ &= AB+\overline{A}C \end{aligned}$$

4. 逻辑函数的公式化简法举例

在利用公式化简法化简逻辑函数时，往往需要综合运用上述几种化简方法才能得到最简与–或表达式。

【例 6-15】 化简逻辑函数 $Y=AD+A\overline{D}+AB+\overline{A}C+BD+A\overline{B}EF+\overline{B}EF$。

解：

$$\begin{aligned} Y &= A(D+\overline{D})+AB+\overline{A}C+BD+A\overline{B}EF+\overline{B}EF \\ &= A+AB+\overline{A}C+BD+A\overline{B}EF+\overline{B}EF \\ &= A+\overline{A}C+BD+\overline{B}EF \\ &= A+C+BD+\overline{B}EF \end{aligned}$$

【例 6-16】 化简逻辑函数 $Y=A\overline{C}+AC\overline{D}+ABC+CD$。

解：

$$\begin{aligned} Y &= A(\overline{C}+BC)+C(A\overline{D}+D) \\ &= A(\overline{C}+B)+C(A+D) \\ &= A\overline{C}+AB+CA+CD \\ &= A+AB+CD \end{aligned}$$

$$=A+CD$$

【例 6-17】　化简逻辑函数 $Y=\overline{A}\,\overline{C}(\overline{B}+BD)+A\overline{C}D$。

解：

$$\begin{aligned}Y&=\overline{A}\,\overline{C}(\overline{B}+D)+A\overline{C}D\\&=\overline{A}\,\overline{C}\,\overline{B}+\overline{A}\,\overline{C}D+A\overline{C}D\\&=\overline{A}\,\overline{C}\,\overline{B}+(\overline{A}+A)\overline{C}D\\&=\overline{A}\,\overline{C}\,\overline{B}+\overline{C}D\end{aligned}$$

【例 6-18】　化简逻辑函数 $Y=\overline{\overline{A}(B+\overline{C})}(A+\overline{B}+C)(\overline{\overline{A}\,\overline{B}\,\overline{C}})$。

解：

$$\begin{aligned}Y&=(A+\overline{(B+\overline{C})})(A+\overline{B}+C)(A+B+C)\\&=(A+\overline{B}C)(A+C+B\overline{B})\\&=(A+\overline{B}C)(A+C)\\&=A+\overline{B}C\end{aligned}$$

用公式化简逻辑函数，不受函数变量数目的限制，可用于化简较复杂的逻辑函数式。这种方法的缺点是：不但要求熟悉掌握逻辑代数中的基本定律和常用公式，而且还要求掌握一定的化简技巧；有时对化简得到的结果难以判断是否为最简。

6.4.4　逻辑函数的卡诺图化简法

逻辑函数的标准形式有最小项表达式和最大项表达式两种。由于最大项表达式目前较少用，这里仅介绍最小项表达式。

1. 最小项

（1）最小项的定义　在逻辑函数中，如果一个与项包含该逻辑函数的全部变量，每个变量以原变量或反变量只出现一次，则该与项称为最小项。对于 n 个变量的逻辑函数共有 2^n 个最小项。

例如三变量 A、B、C 的最小项有 $2^3=8$ 个。即 $\overline{A}\,\overline{B}\,\overline{C}$、$\overline{A}\,\overline{B}C$、$\overline{A}B\overline{C}$、$\overline{A}BC$、$A\overline{B}\,\overline{C}$、$A\overline{B}C$、$AB\overline{C}$、$ABC$。表 6-13 中列出了三变量的全部最小项及其编号。

表 6-13　三变量全部最小项及其编号

变量取值			最小项值								最小项编号	
A	B	C	$\overline{A}\,\overline{B}\,\overline{C}$	$\overline{A}\,\overline{B}C$	$\overline{A}B\overline{C}$	$\overline{A}BC$	$A\overline{B}\,\overline{C}$	$A\overline{B}C$	$AB\overline{C}$	ABC	最小项	编号
0	0	0	1	0	0	0	0	0	0	0	$\overline{A}\,\overline{B}\,\overline{C}$	m_0
0	0	1	0	1	0	0	0	0	0	0	$\overline{A}\,\overline{B}C$	m_1
0	1	0	0	0	1	0	0	0	0	0	$\overline{A}B\overline{C}$	m_2
0	1	1	0	0	0	1	0	0	0	0	$\overline{A}BC$	m_3
1	0	0	0	0	0	0	1	0	0	0	$A\overline{B}\,\overline{C}$	m_4
1	0	1	0	0	0	0	0	1	0	0	$A\overline{B}C$	m_5
1	1	0	0	0	0	0	0	0	1	0	$AB\overline{C}$	m_6
1	1	1	0	0	0	0	0	0	0	1	ABC	m_7

（2）最小项性质　由表 6-13 可知，最小项有如下性质：

1）任何一组变量取值下，只有一个最小项的值为 1，其余最小项的值均为 0；

2）任何两个不同的最小项的乘积为0；

3）任何一组变量取值下，全部最小项之和为1。

（3）最小项编号　为使用和书写方便，最小项用 m 表示并用十进制数作最小项的下标。编号方法是：将最小项中的原变量当做1，反变量当做0，则得一组二进制数，其对应的十进制便为最小项的编号。如三变量最小项 $A\overline{B}C$ 对应的二进制数为101，相应的十进制数为5，所以最小项 $A\overline{B}C$ 记作 m_5，按这个编号方法，对三变量 A、B、C 的全部8个最小项进行编号，见表6-13右边的一列。

（4）最小项表达式　在与或逻辑函数表达式中，有时与项并不是最小项，这时可利用 $A+\overline{A}=1$ 的形式补充缺少的变量，将逻辑函数变换成最小项表达式。

【例6-19】　将逻辑函数 $Y=AB+C$ 变换为最小项表达式。

解：利用 $A+\overline{A}=1$ 的形式作配项，补充缺少的变量：

$$
\begin{aligned}
Y &= AB(C+\overline{C})+C(A+\overline{A})(B+\overline{B}) \\
&= ABC+AB\overline{C}+CAB+\overline{A}BC+A\overline{B}C+\overline{A}\overline{B}C \\
&= \overline{A}\overline{B}C+\overline{A}BC+A\overline{B}C+AB\overline{C}+ABC \\
&= m_1+m_3+m_5+m_6+m_7 \\
&= \sum m(1,3,5,6,7)
\end{aligned}
$$

数学符号“Σ”表示累加运算，即逻辑加运算。

2. 用卡诺图表示逻辑函数

（1）相邻最小项　相邻最小项是指只有一个变量互为反变量，其余变量都相同的两个最小项。这两个最小项在逻辑上是相邻的。相邻最小项简称相邻项。例如三变量最小项 $\overline{A}\overline{B}\overline{C}$ 和 $\overline{A}\overline{B}C$ 中只有 $\overline{C}$ 和 C 不同，其余都相同，所以 $\overline{A}\overline{B}\overline{C}$ 和 $\overline{A}\overline{B}C$ 是相邻项。两个相邻项可以进行合并，如 $\overline{A}\overline{B}\overline{C}+\overline{A}\overline{B}C=\overline{A}\overline{B}$，因此，两个相邻项可合并为一项，合并结果为两个相邻项中的共有变量，同时消去一个互非变量。

（2）卡诺图的组成　卡诺图是将逻辑上相邻的最小项变为几何位置上相邻的方格图，做到逻辑相邻和几何相邻的一致。对于 n 个变量，共有 2^n 个最小项，需用 2^n 个相邻方格来表示这些最小项。按照上述相邻要求排列起来的方格图称为 n 个变量的卡诺图。下面分别介绍二变量、三变量和四变量卡诺图的构成。

1）二变量卡诺图：两变量 A、B 共有 $2^2=4$ 个最小项：$m_0=\overline{A}\overline{B}$、$m_1=\overline{A}B$、$m_2=A\overline{B}$、$m_3=AB$，根据相邻特性可画出图6-29所示的卡诺图。

图6-29a 标出了4个最小项之间的相邻关系，由该图可看出：横向变量和纵向变量相交方格表示的最小项为这些变量的与组合，而且上下、左右方格中的最小项都为相邻项。如原变量用1表示，反变量用0表示，则图6-29a 可用图6-29b 表示。

2）三变量卡诺图：三变量 A、B、C 共有 $2^3=8$ 个最小项，卡诺图用8个小方格组成。根据相邻性原则可画出图6-30所示的卡诺图。

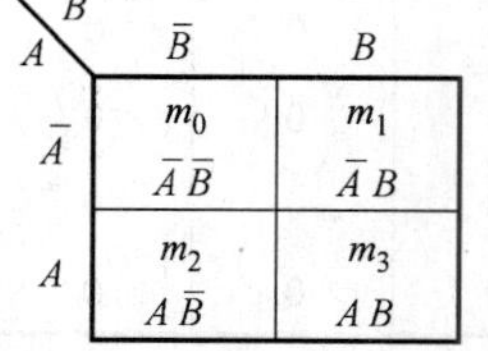

a) 方格内标最小项

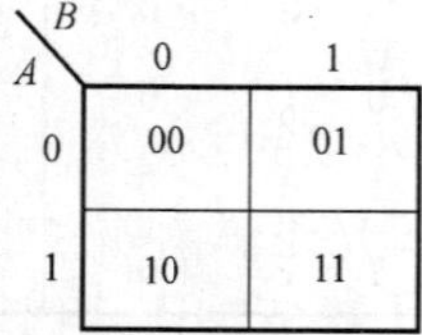

b) 方格内标最小项取值

图6-29　二变量卡诺图

图中变量 BC 的 4 组取值不是按自然二进制数的顺序（00、01、10、11）排列，而是按格雷码的顺序（00、01、11、10）排列的，这样才能保证卡诺图中每个小方格所代表的最小项在几何位置上也相邻，而且同一行最左边方格和最右边方格内的最小项也是相邻的。因此卡诺图中的相邻项是循环相邻的。

A \ BC	$\bar B\bar C$	$\bar BC$	BC	$B\bar C$
$\bar A$	m_0 $\bar A\bar B\bar C$	m_1 $\bar A\bar BC$	m_3 $\bar ABC$	m_2 $\bar AB\bar C$
A	m_4 $A\bar B\bar C$	m_5 $A\bar BC$	m_7 ABC	m_6 $AB\bar C$

a) 方格内标最小项

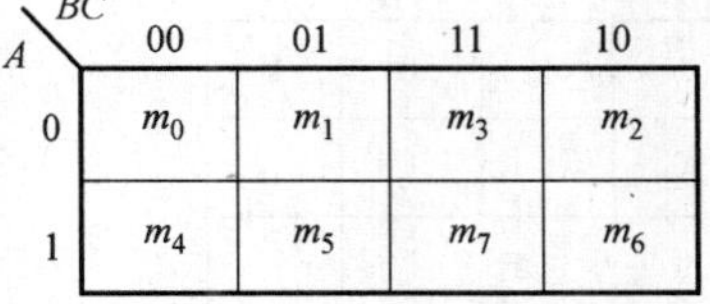

A \ BC	00	01	11	10
0	m_0	m_1	m_3	m_2
1	m_4	m_5	m_7	m_6

b) 方格内标最小项编号

图 6-30　三变量卡诺图

3）四变量卡诺图：四变量卡诺图 A、B、C、D 共有 $2^4=16$ 个最小项，卡诺图由 16 个小方格组成。根据相邻性原则可画出图 6-31 所示的卡诺图。图中纵向变量 AB 和横向变量 CD 都是按格雷码顺序排列，它保证了同一行最左方格和最右方格中的最小项相邻，同时保证了同一列最上方格和最下方格中的最小项也相邻，这说明了卡诺图中同一行及同一列方格中的最小项具有循环相邻的特性。

AB \ CD	$\bar C\bar D$	$\bar CD$	CD	$C\bar D$
$\bar A\bar B$	m_0 $\bar A\bar B\bar C\bar D$	m_1 $\bar A\bar B\bar CD$	m_3 $\bar A\bar BCD$	m_2 $\bar A\bar BC\bar D$
$\bar AB$	m_4 $\bar AB\bar C\bar D$	m_5 $\bar AB\bar CD$	m_7 $\bar ABCD$	m_6 $\bar ABC\bar D$
AB	m_{12} $AB\bar C\bar D$	m_{13} $AB\bar CD$	m_{15} $ABCD$	m_{14} $ABC\bar D$
$A\bar B$	m_8 $A\bar B\bar C\bar D$	m_9 $A\bar B\bar CD$	m_{11} $A\bar BCD$	m_{10} $A\bar BC\bar D$

a) 方格内标最小项

AB \ CD	00	01	11	10
00	m_0	m_1	m_3	m_2
01	m_4	m_5	m_7	m_6
11	m_{12}	m_{13}	m_{15}	m_{14}
10	m_8	m_9	m_{11}	m_{10}

b) 方格内标最小项编号

图 6-31　四变量卡诺图

对于五变量以上的卡诺图，由于较复杂，应用很少，这里不作介绍。

（3）用卡诺图表示逻辑函数　由于任何一个逻辑函数都可变换为最小项表达式，因此，它们都可用卡诺图来表示。

1）逻辑函数为标准与-或表达式。将逻辑函数中的最小项直接填入卡诺图的相应方格内。

【例 6-20】　用卡诺图表示逻辑函数 $Y=\sum m(0,1,2,5,6,7,8,9,13,14,15)$。

解：画四变量卡诺图，如图 6-32 所示，将最小项填入卡诺图。有最小项的方格填 1，没有最小项的方格填 0，也可不填。

2）逻辑函数为非标准与-或表达式。将逻辑函数变换为最小项表达式后再填入卡诺图。

【例 6-21】　用卡诺图表示逻辑函数 $Y=\bar A\,BC+AB+B\,\bar D$。

解：将逻辑函数变换为最小项表达式：

$$Y=\bar AB\,\bar C\bar D+\bar ABC\,\bar D+\bar ABCD+AB\,\bar C\bar D+AB\,\bar CD+ABC\,\bar D+ABCD$$

$$= \sum m(4, 6, 7, 12, 13, 14, 15)$$

画四变量卡诺图，如图 6-33 所示，将最小项填入卡诺图。有最小项的方格填 1，没有最小项的方格填 0，也可不填。

AB \ CD	00	01	11	10
00	1	1	0	1
01	0	1	1	1
11	0	1	1	1
10	1	1	0	0

图 6-32　例 6-20 的卡诺图

AB \ CD	00	01	11	10
00	0	0	0	0
01	1	0	1	1
11	1	1	1	1
10	0	0	0	0

图 6-33　例 6-21 的卡诺图

采用上述传统的方法填写卡诺图时，需要将逻辑函数变换为最小项表达式，这对有些逻辑函数是十分繁琐的，而且容易出错。下面介绍利用与项（乘积项）的特征填卡诺图的方法，较为方便。其方法如下：

与项中的原变量用 1 表示，反变量用 0 表示。与项中的变量在卡诺图左侧时，作相应的横向虚线，上方有同一与项的变量时，作相应的纵向虚线，它们相交的方格便为所求的最小项。现举例说明。

【例 6-22】　将逻辑函数 $Y = BD + \overline{A}\,\overline{B}C + \overline{A}B\,\overline{C}\,\overline{D}$ 填入卡诺图。

解：乘积项 BD 中匀为原变量，在卡诺图中取 $B=1$、$D=1$ 作横向虚线和纵向虚线，两条虚线相交处小方格为 m_5、m_7、m_{13}、m_{15}，分别在四个小方格中填 1，如图 6-34a 所示。

乘积项 $\overline{A}\,\overline{B}C$ 取 $AB=00$、$C=1$ 作横向虚线和纵向虚线，两条虚线相交处小方格为 m_2、m_3，分别在两个小方格中填 1，如图 6-34b 所示。

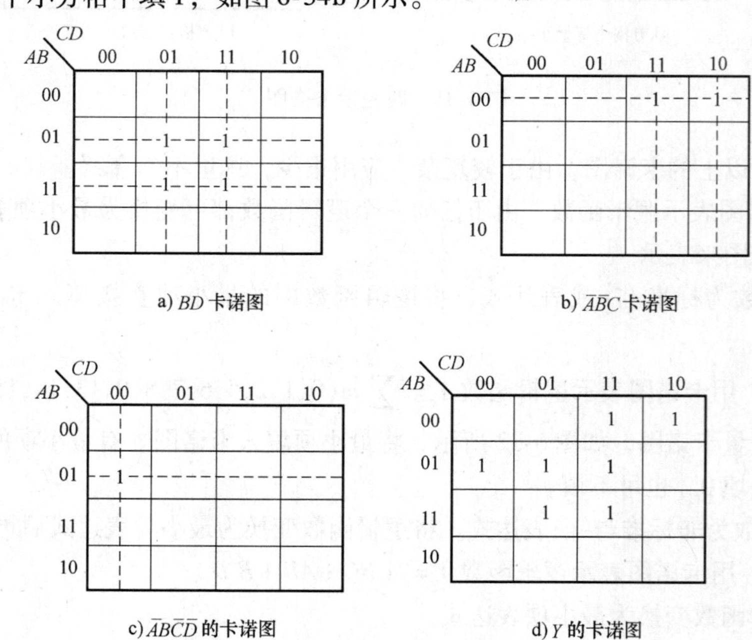

a) BD 卡诺图　　b) $\overline{A}\,\overline{B}C$ 卡诺图

c) $\overline{A}B\overline{C}\,\overline{D}$ 的卡诺图　　d) Y 的卡诺图

图 6-34　由与-或表达式直接填卡诺图

乘积项$\overline{A}B\,\overline{C}\,\overline{D}$取 $AB=01$、$CD=00$ 作横向虚线和纵向虚线，两条虚线相交处为 m_4，填入 1，如图 6-34c 所示。

综上所述，即可得图 6-34d 所示的逻辑函数 $Y=BD+\overline{A}\,\overline{B}C+\overline{A}B\,\overline{C}\,\overline{D}$的卡诺图。

（4）用卡诺图表示逻辑函数真值表　逻辑函数真值表与卡诺图有着直接的一一对应关系，因此，可根据真值表直接填卡诺图。

【例 6-23】 已知三变量逻辑函数 Y 的真值表如表 6-14 所示，试填写卡诺图。

解：将逻辑函数 Y 的真值表（见表 6-14）中为 1 对应的最小项直接填入卡诺图相应的方格内，画三变量卡诺图，如图 6-35 所示。

表 6-14　例 6-23 的真值表

A	B	C	Y
0	0	0	1
0	0	1	1
0	1	0	0
0	1	1	0
1	0	0	1
1	0	1	0
1	1	0	1
1	1	1	0

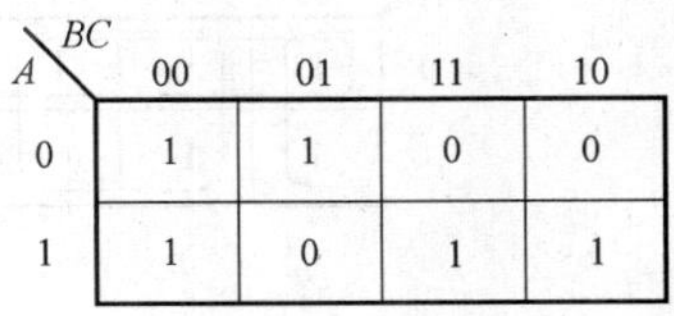

图 6-35　例 6-23 的卡诺图

3. 逻辑函数的卡诺图化简法

利用卡诺图化简逻辑函数的方法称为卡诺图化简法。化简时依据的基本原理就是具有相邻性的最小项可以合并，并消去不同的因子。由于在卡诺图上几何位置相邻与逻辑上的相邻性是一致的，利用公式 $AB+\overline{A}B=B$ 可将两个相邻项合并为一项，合并结果为两个相邻项的共有变量，同时，消去一个互非的变量，这为用卡诺图化简逻辑函数提供了重要依据。

（1）化简规律

1）两个相邻最小项合并为一项，消去一个变量，合并结果为它们的共有变量。

在图 6-36a 中画出了两个最小项相邻的几种可能情况。例如图 6-36a 中 $\overline{A}BC(m_3)$ 和 ABC (m_7) 相邻，可合并为 $\overline{A}BC+ABC=BC$，合并后将 A 和 $\overline{A}$ 这个互非变量消去，只剩下公共变量 B 和 C。

2）四个相邻最小项合并为一项，消去两个变量，合并结果为它们的共有变量。在图 6-36b 中画出了四个最小项相邻的合并情况。合并结果为这 4 个相邻最小项的共有变量，消去了 A、$\overline{A}$ 和 C、$\overline{A}$ 这两个互非的变量。只剩下四个最小项的公共变量 BD。

3）八个相邻最小项合并为一项时，消去三个变量，合并结果为它们的共有变量。在图 6-36c 中画出了八个最小项相邻合并的情况。在图 6-36c 中，上边两行的八个最小项是相邻的，可将它们合并为一项 $\overline{A}$。其他互非的变量都被消去了。

至此，可以归纳出用卡诺图合并相邻最小项的一般规则：

1）用卡诺图合并相邻最小项的个数必须是 2^n 个，这里 $n=0$，1，2，3，…。为清楚起见，通常用画包围圈的方法将合并的最小项圈起来。

2）包围圈内相邻最小项合并的结果可直接从卡诺图中求得，即为各相邻最小项的共有变量。

（2）用卡诺图化简逻辑函数　用卡诺图化简逻辑函数画包围圈合并相邻项时，应注意以下规则：

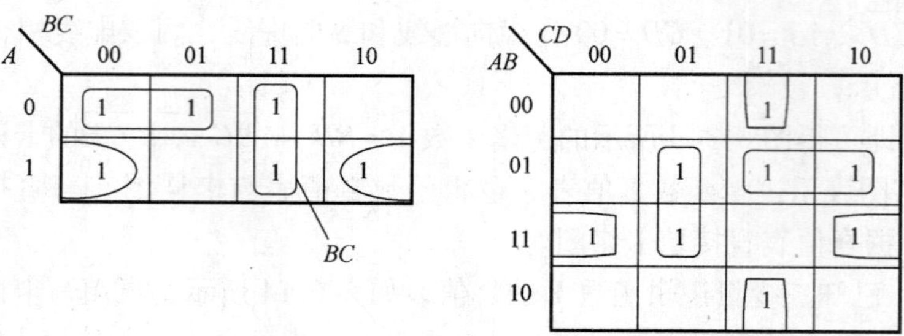

a) 两个相邻最小项

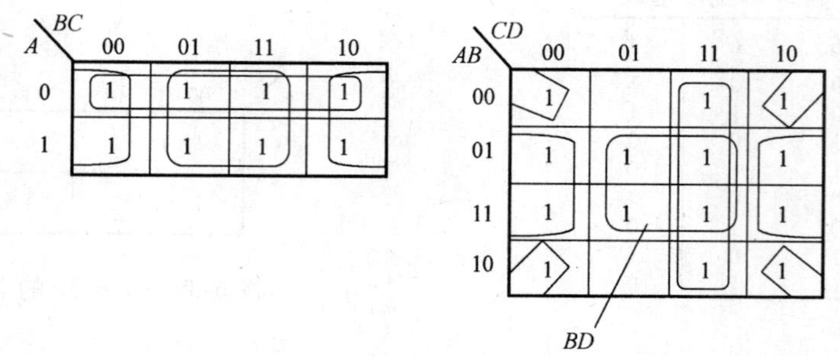

b) 四个相邻最小项

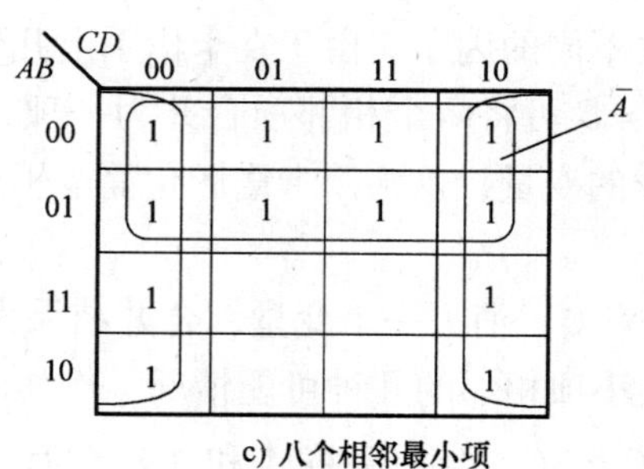

c) 八个相邻最小项

图 6-36　最小项相邻的几种情况

1）每个包围圈内相邻 1 方格的个数一定是 2^n 个方格，$n=0$，1，2，3，…。

2）同一个 1 方格可以被不同的包围圈重复圈多次，但新增加的包围圈中必须有原先没有被圈过的 1 方格。

3）包围圈中相邻 1 方格的个数应尽量多。这样，消去的变量数多，与门输入端数目少。

4）包围圈的个数应尽量少。这样，逻辑函数的与项数少，使用门电路数少。

5）注意卡诺图的循环相邻特性。同一行的最左与最右方格中的最小项相邻，同一列的最上方与最下方方格中的最小项相邻。

【例 6-24】　用卡诺图化简法化简逻辑函数 $Y=\overline{A}C+A\overline{C}+B\overline{C}+\overline{B}C$。

解：画出三变量 Y 的卡诺图，如图 6-37 所示。

将逻辑函数式中的最小项在卡诺图相应的方格内填 1，没有最小项的方格填 0 或不填。

合并相邻最小项。在包围圈内，若变量以互非出现（即以原变量出现，又以反变量出现）则被消去。

由图 6-37a 和 b 所示，有两种可取的合并最小项的方案。

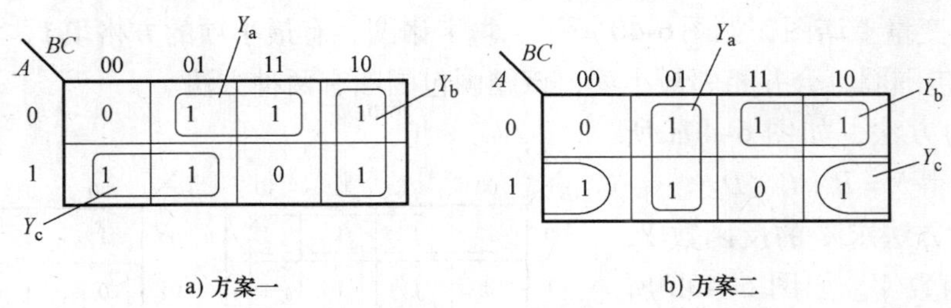

图6-37 例6-24的卡诺图

按图6-37a所示的方案一合并最小项，则可得到 $Y_a = \overline{A}C$，$Y_b = B\overline{C}$，$Y_c = A\overline{B}$。

按图6-37b所示的方案二合并最小项，则可得到 $Y_a = \overline{B}C$，$Y_b = \overline{A}B$，$Y_c = A\overline{C}$。

将各包围圈相邻最小项的合并结果进行逻辑加，便为逻辑函数的最简与-或表达式。

按图6-37a所示的方案一合并最小项，则可得到 $Y = Y_a + Y_b + Y_c = \overline{A}C + B\overline{C} + A\overline{B}$。

按图6-37b所示的方案二合并最小项，则可得到 $Y = Y_a + Y_b + Y_c = A\overline{C} + \overline{A}B + \overline{B}C$。

两个化简结果都符合最简与-或表达式的标准。此例说明，有时一个逻辑函数的化简结果不是唯一的。

【例6-25】 用卡诺图化简逻辑函数 $Y = \overline{A}\,\overline{B}CD + \overline{A}B\,\overline{C}\,\overline{D} + A\overline{C}D + ABC + BD$。

解：画四变量卡诺图，如图6-38所示。

填卡诺图．有最小项的方格填1。

画卡诺图圈，如图6-38a所示，合并相邻最小项，写出逻辑函数的最简与-或表达式：

$$Y = \overline{A}CD + \overline{A}B\overline{C} + A\overline{C}D + ABC$$

在图6-38b中多画了一个4个相邻项的包围圈，这样，就不能得到最简与-或表达式，而多了一个与项 BD。因此，在卡诺图画完后应仔细观察一下有无多余的包围圈。

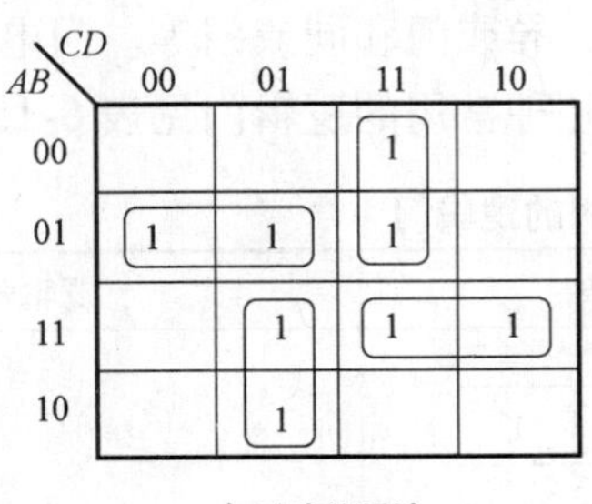

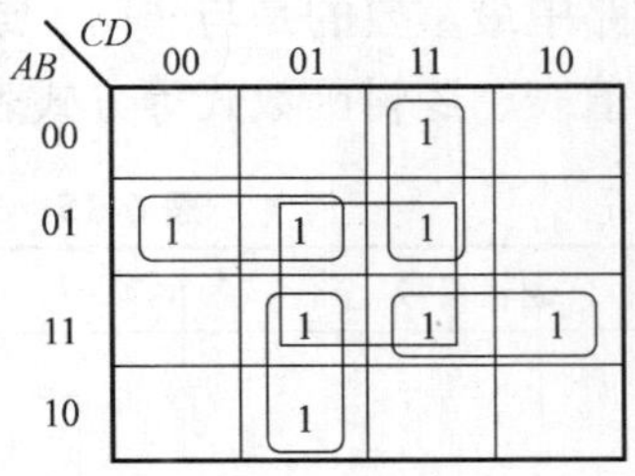

图6-38 例6-25的卡诺图

【例6-26】 用卡诺图化简逻辑函数 $Y = \sum m(3,5,8,10,12,13,14,15)$。

解：画四变量卡诺图，如图6-39所示。填卡诺图，有最小项的方格填1。画包围圈，合并相邻最小项，写出逻辑函数的最简与-或表达式：

$$Y = \overline{A}\,\overline{B}CD + B\overline{C}D + AB + A\overline{D}$$

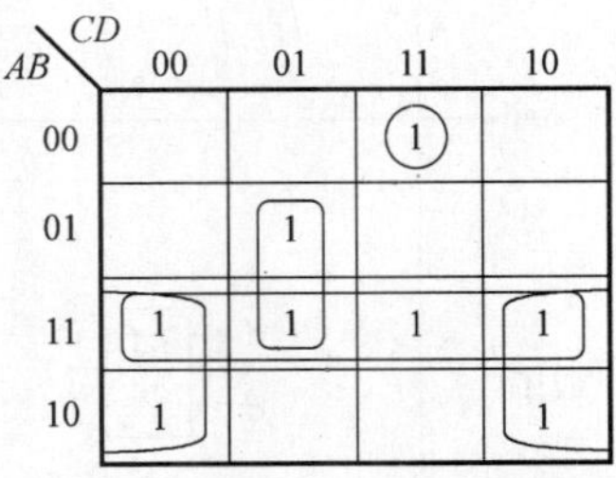

图6-39 例6-26的卡诺图

【例6-27】 用卡诺图化简逻辑函数 $Y = A\overline{B}\,\overline{C} + \overline{A}\,\overline{B} + \overline{A}D + C + BD$。

解：画四变量卡诺图，如图6-40所示。填卡诺图，有最小项的方格填1，没有最小项的方格填0。画包围圈，合并相邻最小项，该题画包围圈有两种方法。

用圈1的方法，如图6-40a所示，由该图可得 $Y=\overline{B}+C+D$。

用圈0的方法求Y的反函数$\overline{Y}$，然后再求原函数Y。如图6-40b所示，由该图可得：

$\overline{Y}=B\,\overline{C}\,\overline{D}$，$Y=\overline{B\,\overline{C}\,\overline{D}}=\overline{B}+C+D$

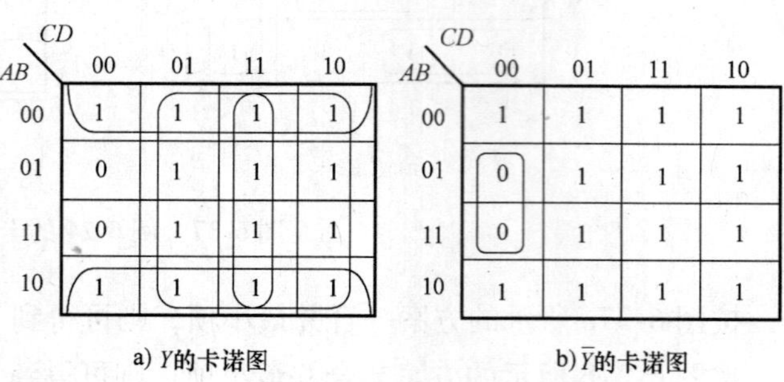

a) Y的卡诺图　　b) $\overline{Y}$的卡诺图

图6-40　例6-27的卡诺图

由本例可看出，化简相邻0方格很少的卡诺图时，可采用圈0方格的方法求反函数$\overline{Y}$，然后再将$\overline{Y}$求反，便可得到原函数Y，这比用圈1方格的方法要简单方便。

本章小结

1. 数字电路中信号的特点是只有两种电平，可用0和1两个数码来表示。这两种电平在电路输入与输出的各种组合可以构成各种复杂的逻辑关系，得到各种用途的逻辑电路。

2. 规定高电平为1，低电平为0，1和0只是表示对立的两种逻辑状态，为正逻辑体制；负逻辑体制则相反。由于温度的变化，电源电压的波动和干扰及元器件特性变化等，实际高、低电平都不是一个固定值，通常有一个电平变化范围。例如高电平在3~5V之间，低电平在0~0.4V之间。

3. 最基本的逻辑门是与门、或门和非门，它代表输出与输入之间与、或、非三种逻辑关系。复合门电路中最重要的是与非门、或非门、异或门和同或门等。门电路的逻辑功能可用逻辑符号、真值表、逻辑函数式等方式表示，几种常用的逻辑门见表6-15。

表6-15　几种常用的逻辑门

逻辑门	逻辑符号	真值表	逻辑函数式
与门	A, B → [&] → Y	A B Y 0 0 0 0 1 0 　 0 0 1 1 1	$Y=AB$ 有0出0，全1出1
或门	A, B → [≥1] → Y	A B Y 0 0 0 0 1 1 1 0 1 1 1 1	$Y=A+B$ 有1出1，全0出0

（续）

逻辑门	逻辑符号	真值表	逻辑函数式
非门	A —[1]o— Y	A Y 0 1 1 0	$Y=\overline{A}$ 输出与输入反相
与非门	A, B —[&]o— Y	A B Y 0 0 1 0 1 1 1 0 1 1 1 0	$Y=\overline{AB}$ 有 0 出 1，全 1 出 0
或非门	A, B —[≥1]o— Y	A B Y 0 0 1 0 1 0 1 0 0 1 1 0	$Y=\overline{A+B}$ 有 1 出 0，全 0 出 1
异或门	A, B —[=1]— Y	A B Y 0 0 0 0 1 1 1 0 1 1 1 0	$Y=A\oplus B=\overline{A}B+A\overline{B}$ 相同出 0，相反出 1
同或门	A, B —[=1]o— Y	A B Y 0 0 1 0 1 0 1 0 0 1 1 1	$F=A\odot B==AB+\overline{AB}$ 相同出 1，相反出 0

4. TTL 与非门电路输出高电平为 3.6V，低电平为 0.3V。三态输出与非门有三种输出状态，当控制端 $C=1$ 时，输出的状态取决于输入状态，实现与非逻辑关系；当控制端 $C=0$ 时，输出的状态与输入的状态无关，输出端开路而处于高阻状态。集电极开路门（OC 门）可线与连接、可驱动二极管和继电器、可实现电平转换。

5. CMOS 门电路具有更低的功耗和高抗干扰能力，CMOS 传输门当 $C=0$、$\overline{C}=1$ 时，输入与输出之间为高阻态，传输门截止；当 $C=1$、$\overline{C}=0$ 时，传输门导通。它具有双向性，是一个双向模拟开关。

6. 对于集成与非门的闲置输入端可直接与电源或与有用输入端并联使用；对于集成或

非门的闲置输入端可直接接地或与有用输入端并联使用。

7. 逻辑函数的表示方法主要有真值表、逻辑函数式、逻辑图和卡诺图，它们之间是一一对应的关系，可以互相转换。列真值表时，n 个变量可列出 2^n 种不同的组态。由真值表列逻辑函数式时，挑出那些使函数值为 1 的变量取值组合，变量为 1 的写成原变量，为 0 的写成反变量，对应于使函数值为 1 的每一个组合可以写出一个乘积项（与关系），将这些乘积项相加（或关系），即可得到逻辑函数的与-或关系式。

8. 逻辑函数式化简是为了获得最简逻辑表达式，使实际的逻辑电路变得更加简单，从而降低成本，同时提高电路工作的可靠性。逻辑函数化简方法有两种，即逻辑代数化简法和卡诺图化简法。逻辑代数化简法就是用逻辑代数的公式和定理进行化简，常用的方法有并项法、吸收法、消去法和配项法。卡诺图对于四变量以下逻辑函数的化简是非常方便的。具有无关项的逻辑函数化简在实际应用中经常遇到，应熟练掌握这类函数的化简。

习　题　6

6.1　什么是数字信号？什么是模拟信号？

6.2　在数字逻辑电路中为什么采用二进制？它有哪些优点？

6.3　逻辑函数式有哪几种表示形式？

6.4　试说明集电极开路门的逻辑功能，它有什么特点和用途？

6.5　试说明三态门的逻辑功能，它有什么特点和用途？

6.6　试比较 TTL 门电路和 CMOS 门电路的主要优缺点，对它们的闲置输入端应如何处理？

6.7　将下列二进制数转换为十进制数。

（1）$(10010111)_2$　　（2）$(11001.011)_2$

（3）$(11110.110)_2$　　（4）$(100001101)_2$

6.8　将下列十进制数转换为二进制数。

（1）$(127)_{10}$　　（2）$(156)_{10}$

（3）$(45.378)_{10}$　　（4）$(25.7)_{10}$

6.9　将下列二进制数转换为八进制数和十六进制数。

（1）$(11001010)_2$　　（2）$(1010110)_2$

（3）$(110011.101)_2$　　（4）$(1110111.1101)_2$

6.10　将下列十六进制数转换为二进制数、八进制数和十进制数。

（1）$(FB)_{16}$　　（2）$(6DE)_{16}$

（3）$(8FE.FD)_{16}$　　（4）$(79A.4B)_{16}$

6.11　利用基本定律和常用公式证明下列恒等式。

（1）$AB+\overline{A}C+\overline{B}C=AB+C$　　（2）$A\overline{B}+BD+CDE+\overline{A}D=A\overline{B}+D$

（3）$A\oplus B\oplus C=ABC+(A+B+C)\overline{AB+BC+AC}$　　（4）$A\overline{B}\overline{C}+A\overline{B}C+AB\overline{C}=A\overline{BC}$

6.12　分别用公式法和卡诺图法化简下列逻辑函数，并列出真值表和画出逻辑图。

（1）$Y=A\overline{B}+\overline{A}B+A$　　（2）$Y=AB+A\overline{C}+BC+A+\overline{C}$

（3）$Y=AB+A\overline{C}+BCD+ABD$　　（4）$Y=AC(\overline{C}D+\overline{A}B)+BC\overline{\overline{\overline{B}+AD}+CE}$

6.13　逻辑图如图 6-41 所示，写出它们的逻辑表达式并化简，再列出真值表。

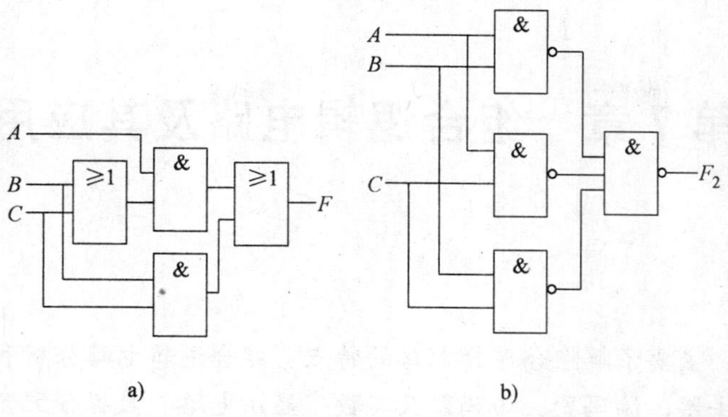

图 6-41　习题 6.13 的逻辑图

6.14　真值表如表 6-16 和表 6-17 所示，写出它们的逻辑表达式并化简，再画出逻辑图。

表 6-16　习题 6.14 的真值表 1

A	*B*	*C*	*Y*
0	0	0	0
0	0	1	0
0	1	0	0
0	1	1	1
1	0	0	1
1	0	1	0
1	1	0	1
1	1	1	1

表 6-17　习题 6.14 的真值表 2

A	*B*	*C*	*Y*
0	0	0	0
0	0	1	0
0	1	0	1
0	1	1	0
1	0	0	1
1	0	1	1
1	1	0	1
1	1	1	0

6.15　在图 6-42a、b 中，已知 *A*、*B*、*C*、*D* 的波形如图 6-42c 所示，试画出 Y_1 和 Y_2 的波形。

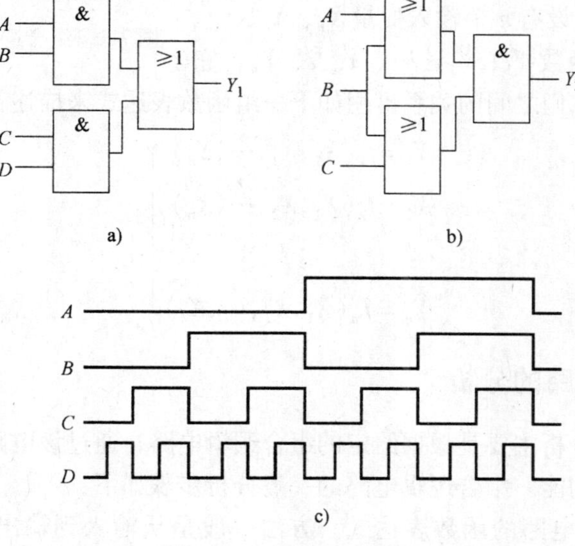

图 6-42　习题 6.15 的图

第 7 章　组合逻辑电路及其应用

【学习目标】

通过本章学习，主要了解组合逻辑电路的特点、组合逻辑电路分析和设计的一般方法和步骤，重点掌握加法器、编码器、译码器及其数字显示电路、数据分配器和数据选择器的工作原理和应用。

7.1　组合逻辑电路的分析与设计

7.1.1　组合逻辑电路的特点

组合逻辑电路的功能特点是：电路在任一时刻的输出状态只取决于该时刻电路的输入状态，而与电路的原有状态无关。

组合逻辑电路结构特点是：主要由门电路组成，没有存储记忆电路，只有从输入到输出的通路，没有从输出到输入的反馈回路。

描述组合逻辑电路的功能可用逻辑函数式、真值表、卡诺图、逻辑图等。组合逻辑电路可以有一个或多个输入端，也可以有一个或多个输出端。其一般示意框图如图 7-1 所示。设有 n 个输入变量 X_1、X_2、…、X_{n-1}、X_n，m 个输出函数 Y_1、Y_2、…、Y_{m-1}、Y_m，它是输入变量的函数，它们之间的关系可用如下一组函数表达式来描述：

图 7-1　组合逻辑电路的一般示意框图

$$\left.\begin{aligned} Y_1 &= f_1(X_1, X_2, \cdots, X_n) \\ Y_2 &= f_2(X_1, X_2, \cdots, X_n) \\ &\vdots \\ Y_m &= f_m(X_1, X_2, \cdots, X_n) \end{aligned}\right\} \tag{7-1}$$

7.1.2　组合逻辑电路的分析

组合逻辑电路的分析主要是根据给定的组合逻辑电路，通过该电路的输出函数和真值表来分析出电路的逻辑功能。组合逻辑电路的一般分析步骤如下：

1）写出给定逻辑电路的函数表达式。方法一般是从输入到输出逐级写出逻辑函数表达式。

2）如果写出的逻辑函数式不是最简式，则应进行逻辑化简，得到最简函数表达式。

3）根据最简逻辑函数式列出真值表。

4）根据真值表分析电路的逻辑功能。

【例 7-1】 分析图 7-2 所示逻辑电路的功能。

解：（1）写出逻辑函数表达式：

$$Y_1 = \overline{ABC},\ Y_2 = \overline{AY_1} = \overline{A\,\overline{ABC}},\ Y_3 = \overline{BY_1} = \overline{B\,\overline{ABC}},\ Y_4 = \overline{CY_1} = \overline{C\,\overline{ABC}}$$

$$Y = \overline{Y_2 Y_3 Y_4} = \overline{Y_2} + \overline{Y_3} + \overline{Y_4} = A\,\overline{ABC} + B\,\overline{ABC} + C\,\overline{ABC}$$

（2）化简逻辑函数表达式：

$$Y = A\,\overline{ABC} + B\,\overline{ABC} + C\,\overline{ABC} = (A+B+C)\overline{ABC} = (A+B+C)(\overline{A}+\overline{B}+\overline{C})$$
$$= A\overline{B} + A\overline{C} + B\overline{A} + B\overline{C} + C\overline{A} + C\overline{B} = A\overline{B} + C\overline{A} + C\overline{B} + A\overline{C} + B\overline{A} + B\overline{C}$$
$$= A\overline{B} + C\overline{A} + A\overline{C} + B\overline{A} + B\overline{C} = A\overline{B} + A\overline{C} + C\overline{A} + B\overline{C} + B\overline{A}$$
$$= A\overline{B} + A\overline{C} + C\overline{A} + B\overline{C} = A\overline{B} + B\overline{C} + A\overline{C} + \overline{A}C = A\overline{B} + B\overline{C} + \overline{A}C$$

（3）根据逻辑函数填写真值表，见表 7-1。

（4）功能分析：由真值表可知，当输入变量 A、B、C 的取值不相同时，输出 Y 就为 1；反之，当 A、B、C 输入相同时，输出 Y 为 0。所以，这是一个三变量的非一致电路。

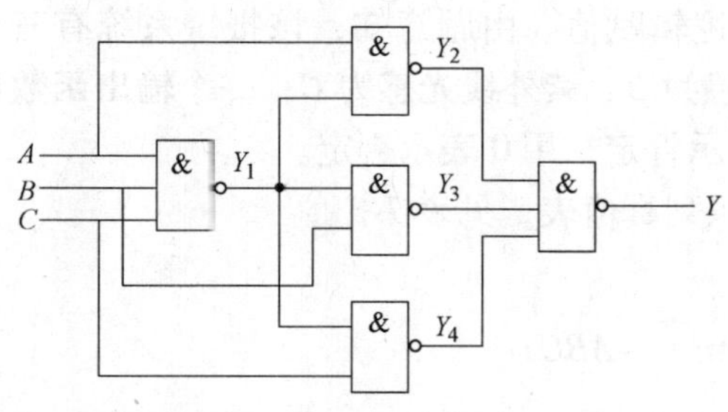

图 7-2　例 7-1 的逻辑电路图

表 7-1　例 7-1 的真值表

A	B	C	Y
0	0	0	0
0	0	1	1
0	1	0	1
0	1	1	1
1	0	0	1
1	0	1	1
1	1	0	1
1	1	1	0

【例 7-2】 分析图 7-3 所示逻辑电路的逻辑功能。

解：（1）写出逻辑函数表达式

$$Y_1 = \overline{AB},\ Y_2 = \overline{AY_1},\ Y_3 = \overline{BY_1},\ Y = \overline{Y_2 Y_3}$$

（2）化简逻辑函数表达式

$$Y = \overline{Y_2 Y_3} = \overline{Y_2} + \overline{Y_3} = AY_1 + BY_1 = (A+B)(\overline{A}+\overline{B}) = A\overline{B} + B\overline{A} = A \oplus B$$

（3）根据逻辑函数填写真值表，见表 7-2。

（4）分析电路的逻辑功能：由逻辑函数和真值表可知，该电路具有异或功能，为异或门。

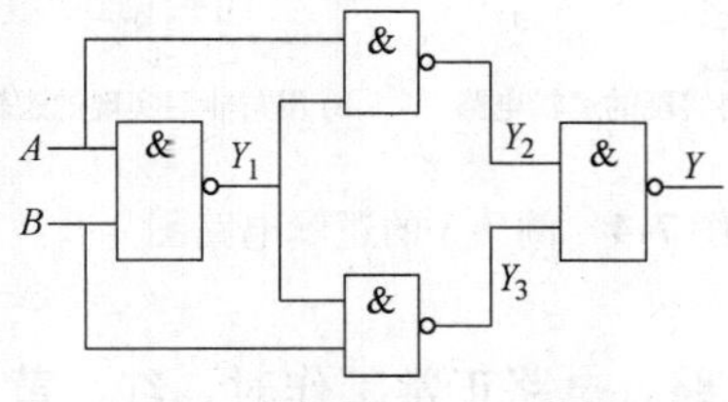

图 7-3　例 7-2 的逻辑电路图

表 7-2　例 7-2 真值表

A	B	Y
0	0	0
0	1	1
1	0	1
1	1	0

7.1.3 组合逻辑电路的设计

组合逻辑电路的设计是根据给定的实际逻辑问题，设计出最简单的逻辑电路，其电路一般不是唯一的。组合逻辑电路的一般设计步骤如下：

1）分析设计要求，确定输入变量和输出函数的数目，并进行逻辑赋值。

2）根据输出函数与输入变量之间的逻辑关系列出真值表。

3）由真值表写出逻辑函数表达式。

4）对逻辑函数进行化简或变换，得到所需的最简表达式。

5）根据最简表达式画出逻辑电路图。

需要指出，上述是设计的一般步骤，不是一成不变的，有些逻辑问题比较简单，某些设计步骤可以省略。

【例 7-3】 一火灾报警系统，设有烟感、温感和紫外光感三种类型的火灾探测器。为了防止误报警，只有当其中有两种或两种以上类型的探测器发出火灾检测信号时，报警系统产生报警控制信号。试设计一个产生报警控制信号的电路。

解：(1) 分析设计要求，设输入输出变量并逻辑赋值。由题意知，该报警系统有三个输入变量，分别设为 A、B、C，即烟感为 A、温感为 B、紫外线光感为 C；一个输出函数用 Y 表示，即报警控制信号为 Y。逻辑赋值：用 1 表示肯定，用 0 表示否定。

(2) 根据输出函数与输入变量之间的逻辑关系列真值表，见表 7-3。

(3) 由真值表写出逻辑函数表达式：

$$Y=\overline{A}BC+A\overline{B}C+AB\overline{C}+ABC$$

(4) 化简逻辑函数：

$$Y=\overline{A}BC+ABC+A\overline{B}C+ABC+AB\overline{C}+ABC=AB+BC+AC=\overline{\overline{AB+BC+AC}}=\overline{\overline{AB}\cdot\overline{BC}\cdot\overline{AC}}$$

(5) 画出逻辑电路图：根据要求的不同，实现设计要求的逻辑电路可有多个不同的方案，下面介绍几种常用的方案。

方案一：用与门和或门实现的逻辑电路，如图 7-4a 所示。

方案二：用与非门实现的逻辑电路，如图 7-4b 所示。

表 7-3　例 7-3 的真值表

A	B	C	Y
0	0	0	0
0	0	1	0
0	1	0	0
0	1	1	1
1	0	0	0
1	0	1	1
1	1	0	1
1	1	1	1

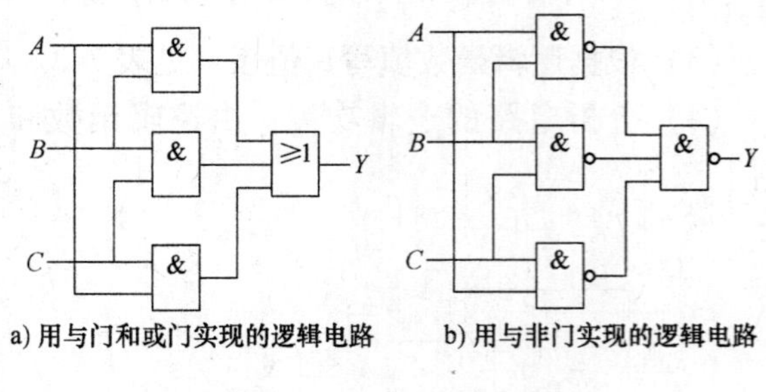

a) 用与门和或门实现的逻辑电路　　b) 用与非门实现的逻辑电路

图 7-4　例 7-3 的逻辑电路图

【例 7-4】 设计一个监测信号灯工作状态的逻辑电路。电路正常工作时，红、黄、绿三盏灯中只能是红、绿单独亮或黄、绿同时亮。而当出现其他五种点亮状态时，表明发生了故障，要求监测电路发出故障信号，以提醒维护人员前去维修。

解：(1) 分析设计要求，设输入输出变量并逻辑赋值。以红、黄、绿三盏灯的状态为输入变量，分别用 A、B、C 表示，规定灯亮为 1，不亮为 0。取故障信号为输出变量，用 Y 表示，正常工作时 Y 为 0，发生故障时 Y 为 1。

(2) 根据输出函数与输入变量之间的逻辑关系列真值表，见表 7-4。

(3) 由真值表写出逻辑函数表达式。

$$Y=\overline{A}\,\overline{B}\,\overline{C}+\overline{A}B\overline{C}+A\overline{B}C+AB\overline{C}+ABC$$

(4) 化简逻辑函数：

$$Y=\overline{A}\,\overline{B}\,\overline{C}+\overline{A}B\overline{C}+A\overline{B}C+ABC+AB\overline{C}+ABC=\overline{A}\,\overline{C}+AC+AB=\overline{\overline{\overline{A}\,\overline{C}}\cdot\overline{AC}\cdot\overline{AB}}$$

(5) 画出逻辑电路图。用与-或门实现的逻辑电路如图 7-5a 所示。用与非门实现的逻辑电路如图 7-5b 所示。

表 7-4　例 7-4 的真值表

A	B	C	Y
0	0	0	1
0	0	1	0
0	1	0	1
0	1	1	0
1	0	0	0
1	0	1	1
1	1	0	1
1	1	1	1

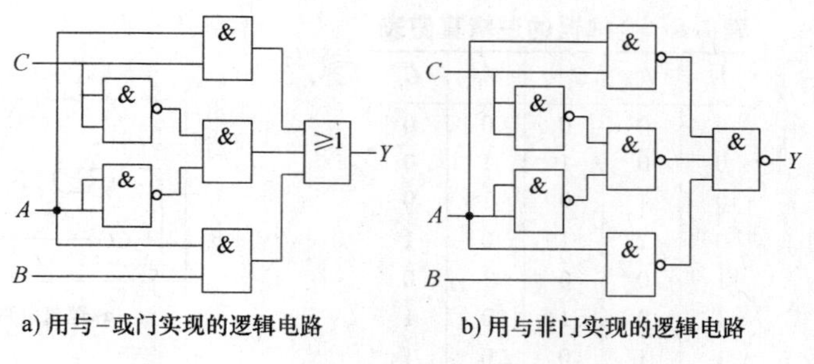

图 7-5　例 7-4 的逻辑电路图

7.2　加法器

7.2.1　半加器

只考虑本位两个二进制数相加，而不考虑来自低位进位数相加的运算电路称为半加器。根据半加器定义，可列出其真值表，见表 7-5。表中 A、B 是两个加数，S 是相加的和，C 是向高位的进位。由真值表可直接写出逻辑函数表达式为

$$S=A\overline{B}+B\overline{A}=A\oplus B$$

$$C=AB$$

因此，半加器由一个异或门和一个与门组成，其逻辑电路图和逻辑符号如图 7-6 所示。

表 7-5　半加器的逻辑真值表

A	B	S	C
0	0	0	0
0	1	1	0
1	0	1	0
1	1	0	1

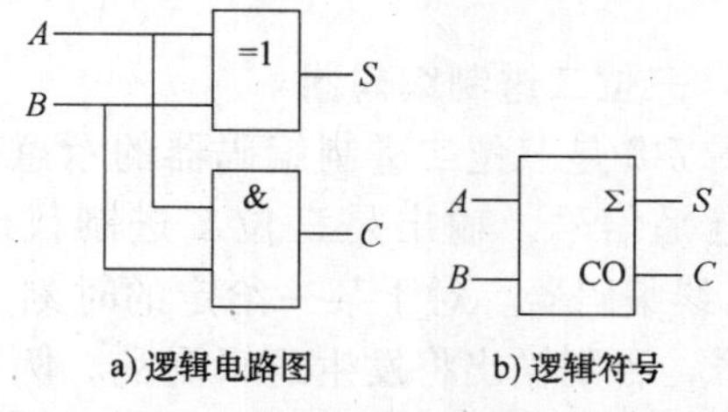

图 7-6　半加器的逻辑电路图和逻辑符号

7.2.2 全加器

将两个多位二进制数相加时，除考虑本位两个二进制数相加外，还应考虑相邻低位的进位，这三个数相加，称为全加。实现全加运算的电路称为全加器。根据全加器的定义，可以列出全加器的真值表，见表 7-6，根据真值表可列出输出 S_i 和进位 C_i 的逻辑函数表达式并化简可得：

$$C_i=\overline{A}_iB_iC_{i-1}+A_i\overline{B}_iC_{i-1}+A_iB_i\overline{C_{i-1}}+A_iB_iC_{i-1}=A_iB_i+(A_i\oplus B_i)C_{i-1}$$

$$S_i=\overline{A}_i\overline{B}_iC_{i-1}+\overline{A}_iB_i\overline{C_{i-1}}+A_i\overline{B}_i\overline{C_{i-1}}+A_iB_iC_{i-1}$$

$$=\overline{A_i\oplus B_i}C_{i-1}+(A_i\oplus B_i)\overline{C_{i-1}}=A_i\oplus B_i\oplus C_{i-1}$$

可以看出，全加器可用两个半加器和一个或门组成，其逻辑电路图和逻辑符号如图 7-7 所示。

表 7-6　全加器的逻辑真值表

A_i	B_i	C_{i-1}	S_i	C_i
0	0	0	0	0
0	0	1	1	0
0	1	0	1	0
0	1	1	0	1
1	0	0	1	0
1	0	1	0	1
1	1	0	0	1
1	1	1	1	1

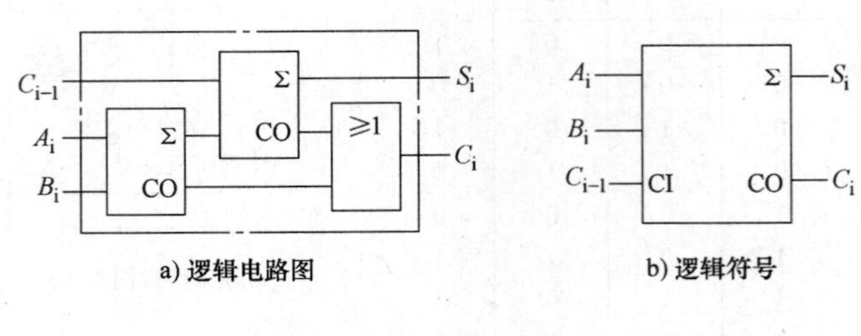

图 7-7　全加器的逻辑电路图和逻辑符号

7.3 编码器

用二进制代码表示某一信息称为编码，实现编码功能的电路称为编码器，编码器是一个多输入、多输出的组合逻辑电路，其每一个输入端线代表一种信息（如数、字符等），而全部输出端线表示与该信息相对应的二进制代码。编码器分为二进制编码器、二–十进制编码器等。

7.3.1 二进制编码器

将输入信息编成二进制代码的电路称为二进制编码器。由于 n 位二进制代码有 2^n 个取值组合，可以表示 2^n 种信息。所以，输出 n 位代码的二进制编码器，一般有 2^n 个输入信号端。

1. 三位二进制编码器

图 7-8 是三位二进制编码器的示意图，它的输入是 $I_0 \sim I_7$ 共 8 个高电平信号，输出是三位二进制代码 $Y_2Y_1Y_0$。因此，又称为 8 线 -3 线编码器。对于某一给定的时刻，编码器只允许输入一个编码信号，否则输出将发生逻辑混乱。例如，当输入 I_0 为 1，其余为 0 时，则输出 $Y_2Y_1Y_0=000$；当输入 I_1 为 1，其余为 0 时，则输出

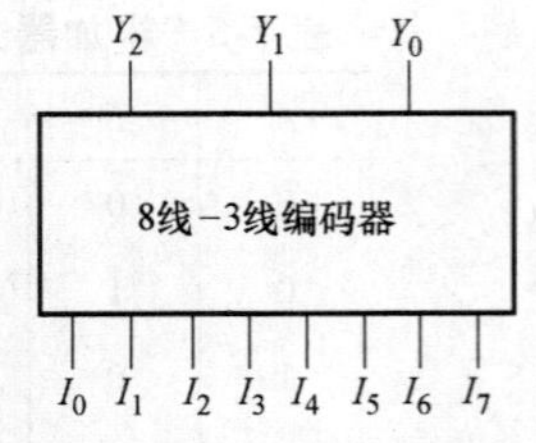

图 7-8　编码器的示意图

$Y_2Y_1Y_0=001$；依次类推。

2. 优先编码器

在实际应用中，常常要求输入端有多个输入信号同时请求编码时，编码器能够根据事先设计好的优先顺序，只对其中优先级别最高的信号进行编码，这样的逻辑电路称为优先编码器。在优先编码器中，是优先级别高的编码信号排斥优先级别低的。至于输入编码信号的优先级别的高低，则是由设计者事先安排的。

图 7-9 是 8 线-3 线优先编码器 CT74LS148 的引脚排列图。$\overline{I}_0\sim\overline{I}_7$为输入信号端，输入信号低电平有效。$\overline{Y}_0\sim\overline{Y}_2$ 为编码输出端，采用反码输出，所谓反码是指它的数值原定输出为 1 时，现在输出为 0，如原定为 101，那么它的反码是 010。$\overline{S}$为选通输入端，$\overline{Y}_S$ 为选通输出端，在两片集成电路串接应用时，高位片的 $\overline{Y}_S$ 与低位片$\overline{S}$相连，以便扩展优先编码功能。$\overline{Y}_{EX}$为扩展端，用于扩展编码功能的输出端。

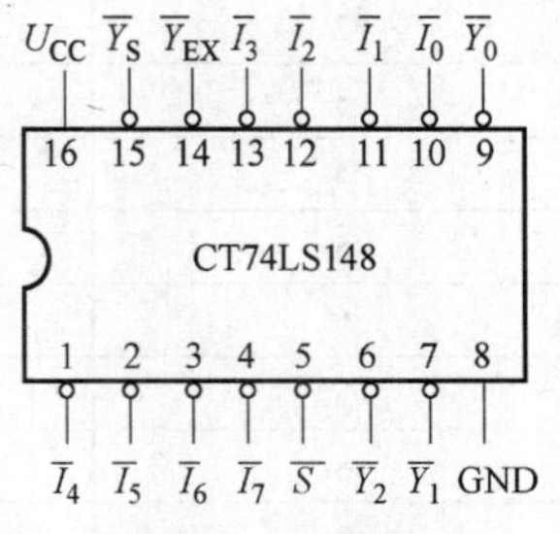

图 7-9　CT74LS148 的引脚排列图

$\overline{S}$ 为选通输入端，在 $\overline{S}=1$ 时，编码器均被封锁在高电平，此时输入 $\overline{I}_0\sim\overline{I}_7$ 不论为何种状态，输出 $\overline{Y}_0\sim\overline{Y}_2$ 和 $\overline{Y}_S$、$\overline{Y}_{EX}$均为1。在 $\overline{S}=0$ 时，电路正常工作，允许 $\overline{I}_0\sim\overline{I}_7$ 当中同时有几个编码输入，而 $\overline{I}_7$ 的优先级别最高，$\overline{I}_0$ 的优先级别最低。当 $\overline{I}_7=0$ 时，无论其他输入端有无信号输入，编码器只对“7”进行编码，即输出为$\overline{Y}_2\overline{Y}_1\overline{Y}_0=000$，其原码为 111。当 $\overline{I}_7=1$、$\overline{I}_6=0$ 时，无论其余输入端有无信号输入，编码器只对“6”进行编码，输出$\overline{Y}_2\overline{Y}_1\overline{Y}_0=001$，其原码为 110。其余依次类推，最后可得 8 线-3 线 CT74LS148 的真值表，见表 7-7。表中“×”表示任意状态。

表 7-7　8 线-3 线 CT74LS148 的真值表

输入									输出				
$\overline{S}$	$\overline{I}_0$	$\overline{I}_1$	$\overline{I}_2$	$\overline{I}_3$	$\overline{I}_4$	$\overline{I}_5$	$\overline{I}_6$	$\overline{I}_7$	$\overline{Y}_2$	$\overline{Y}_1$	$\overline{Y}_0$	$\overline{Y}_S$	$\overline{Y}_{EX}$
1	×	×	×	×	×	×	×	×	1	1	1	1	1
0	1	1	1	1	1	1	1	1	1	1	1	0	1
0	×	×	×	×	×	×	×	0	0	0	0	1	0
0	×	×	×	×	×	×	0	1	0	0	1	1	0
0	×	×	×	×	×	0	1	1	0	1	0	1	0
0	×	×	×	×	0	1	1	1	0	1	1	1	0
0	×	×	×	0	1	1	1	1	1	0	0	1	0
0	×	×	0	1	1	1	1	1	1	0	1	1	0
0	×	0	1	1	1	1	1	1	1	1	0	1	0
0	0	1	1	1	1	1	1	1	1	1	1	1	0

7.3.2　二-十进制编码器

所谓二-十进制编码器，就是用 4 位二进制代码对 0 ~ 9 一位十进制数码进行编码的电路。8421BCD 码编码器的编码表见表 7-8。

由编码表可写出输出端 Y_3、Y_2、Y_1、Y_0 表达式为

$$Y_3=I_8+I_9=\overline{\overline{I_8}\,\overline{I_9}}\ ,\ Y_2=I_4+I_5+I_6+I_7=\overline{\overline{I_4}\,\overline{I_5}\,\overline{I_6}\,\overline{I_7}}\ ,$$

$$Y_1 = I_2 + I_3 + I_6 + I_7 = \overline{\overline{I_2}\,\overline{I_3}\,\overline{I_6}\,\overline{I_7}}, Y_0 = I_1 + I_3 + I_5 + I_7 + I_9 = \overline{\overline{I_1}\,\overline{I_3}\,\overline{I_5}\,\overline{I_7}\,\overline{I_9}}$$

表 7-8　8421BCD 码编码器的编码表

十进制数	输入变量	8421BCD			
		Y_3	Y_2	Y_1	Y_0
0	I_0	0	0	0	0
1	I_1	0	0	0	1
2	I_2	0	0	1	0
3	I_3	0	0	1	1
4	I_4	0	1	0	0
5	I_5	0	1	0	1
6	I_6	0	1	1	0
7	I_7	0	1	1	1
8	I_8	1	0	0	0
9	I_9	1	0	0	1

根据以上逻辑表达式，可画出由与非门组成的 8421BCD 码编码器的逻辑图，如图 7-10 所示。最常用的二-十进制编码电路是具有高位优先编码功能的 8421BCD 编码器 CT74LS147，它是一个中规模集成组件，其引脚排列与使用可通过有关手册查出。

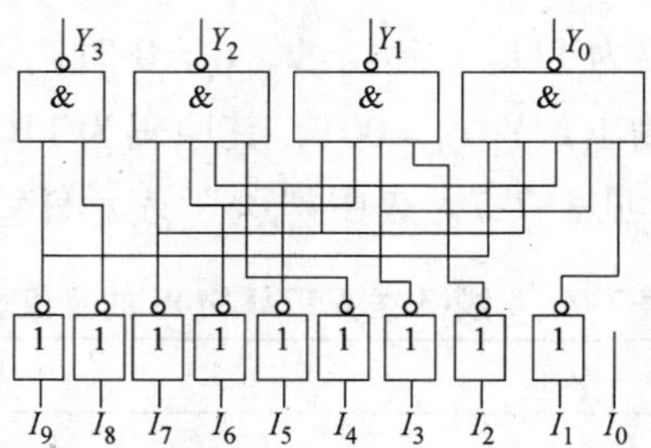

图 7-10　8421BCD 码编码器的逻辑图

7.4　译码器及其数字显示电路

译码是编码的逆过程，把表示特定信号或对象的代码“翻译”出来的过程称译码，实现译码功能的组合逻辑电路称为译码器。它能将输入的二进制代码的含义“翻译”成对应的输出信号，用来驱动显示电路或控制其他部件工作，实现代码所规定的操作。常用的译码器有二进制译码器、二–十进制译码器和显示译码器等。

7.4.1　二进制译码器

将二进制代码“翻译”成对应的输出信号的电路称为二进制译码器，其示意图如图 7-11 所示。它的输入是一组二进制代码，输出是一组高低电平值。若输入是 n 位二进制代码，译码器必然有 2^n 个输出端。所以二位二进制译码器有 2 个输入端，4 个输出端，故又称 2 线 –4 线译码器。三位二进制译

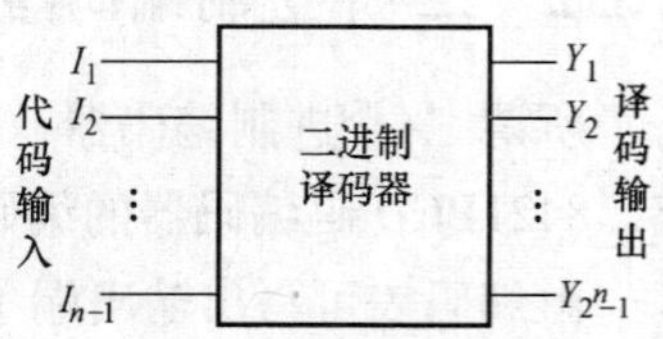

图 7-11　二进制译码器示意图

码器有3个输入端，8个输出端，又称3线-8线译码器。下面以2线-4线译码器CT74LS139为例，说明二进制译码器的工作原理。

图7-12a所示是2线-4线译码器74LS139的逻辑电路图，图7-12b所示是其引脚排列图。A_1A_0为二进制代码输入端，$\overline{Y}_0 \sim \overline{Y}_3$为译码输出端，$\overline{S}$为选通端，用以控制译码器工作。

由图7-12a可见，当选通端$\overline{S}=1$，则接选通端的反相器输出为0时，四个与非门被封锁，不论A_1A_0为何值，$\overline{Y}_0 \sim \overline{Y}_3$均输出高电平，译码器不工作。当$\overline{S}=0$，则接选通端的反相器输出为1时，四个与非门打开，译码器工作，对应A_1A_0的不同取值组合，$\overline{Y}_0 \sim \overline{Y}_3$只有一个输出为低电平，其余输出均为高电平。例如，若输入代码$A_1A_0=11$，只有对应的输出端$\overline{Y}_3=0$，而其余输出端均输出高电平（无效）。根据逻辑电路图可得出它的输出表达式为

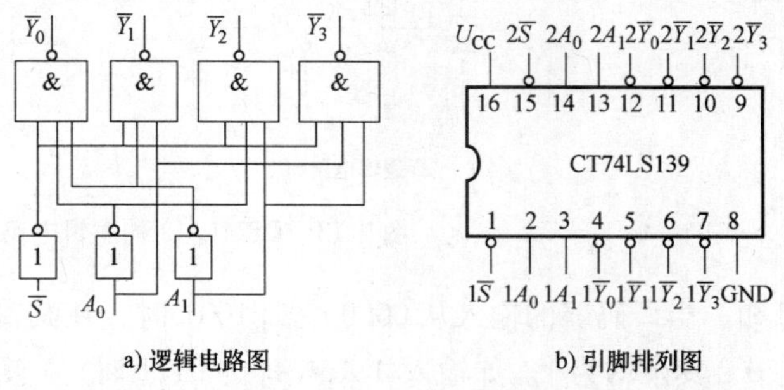

图7-12　译码器74LS139的逻辑电路图和引脚排列图

$$\overline{Y}_0=\overline{S\,\overline{A_1}\,\overline{A_0}},\ \overline{Y}_1=\overline{S\,\overline{A_1}A_0},\ \overline{Y}_2=\overline{SA_1\,\overline{A_0}},\ \overline{Y}_3=\overline{SA_1A_0}$$

根据以上逻辑表达式，可画出2线-4线译码器CT74LS139真值表，见表7-9。

表7-9　译码器CT74LS139的真值表

输　入			输　出			
$\overline{S}$	A_1	A_0	$\overline{Y}_0$	$\overline{Y}_1$	$\overline{Y}_2$	$\overline{Y}_3$
1	×	×	1	1	1	1
0	0	0	0	1	1	1
0	0	1	1	0	1	1
0	1	0	1	1	0	1
0	1	1	1	1	1	0

7.4.2　二-十进制译码器

将二进制代码译成十进制数码信号的电路，叫做二-十进制译码器。二-十进制译码器中有四位二进制代码，所以这种译码器有4个输入端，10个输出端，是4线-10线译码器，它的功能是将8421BCD码译成10个有效电平（高电平或低电平）的输出信号，图7-13a所示为4线-10线译码器CT74LS42的逻辑电路图，图7-13b所示为其引脚排列图。

四个输入端为$A_3 \sim A_0$，用于输入8421BCD码，十个输出端为$\overline{Y}_0 \sim \overline{Y}_9$，对应十进制数的0~9，输出低电平有效。根据逻辑电路图可得出它的输出表达式为

$$\overline{Y}_0=\overline{\overline{A_3}\,\overline{A_2}\,\overline{A_1}\,\overline{A_0}},\ \overline{Y}_1=\overline{\overline{A_3}\,\overline{A_2}\,\overline{A_1}A_0},\ \overline{Y}_2=\overline{\overline{A_3}\,\overline{A_2}A_1\,\overline{A_0}},\ \overline{Y}_3=\overline{\overline{A_3}\,\overline{A_2}A_1A_0},\ \overline{Y}_4=\overline{\overline{A_3}A_2\,\overline{A_1}\,\overline{A_0}}$$

$$\overline{Y}_5=\overline{\overline{A_3}A_2\,\overline{A_1}A_0},\ \overline{Y}_6=\overline{\overline{A_3}A_2A_1\,\overline{A_0}},\ \overline{Y}_7=\overline{\overline{A_3}A_2A_1A_0},\ \overline{Y}_8=\overline{A_3\,\overline{A_2}\,\overline{A_1}\,\overline{A_0}},\ \overline{Y}_9=\overline{A_3\,\overline{A_2}\,\overline{A_1}A_0}$$

根据以上逻辑表达式，可画出4线-10线译码器CT74LS42的真值表，见表7-10。由表

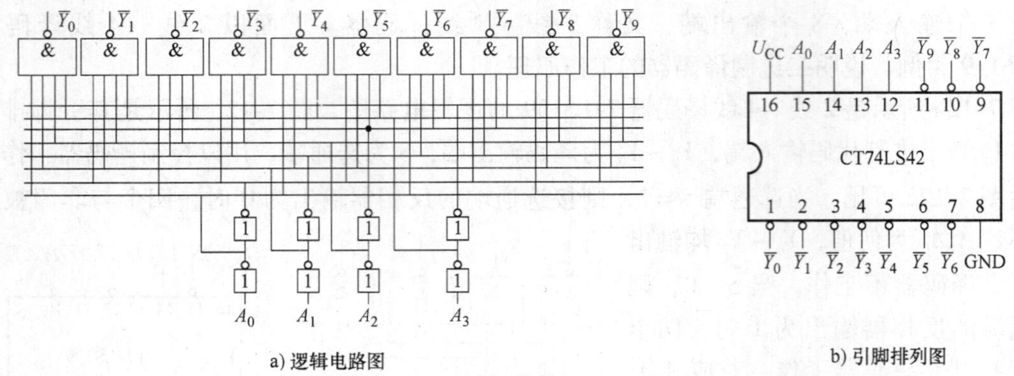

a) 逻辑电路图　　　　　　b) 引脚排列图

图 7-13　CT74LS42 的逻辑电路图和引脚排列图

可知，当译码器的输入从 0000 变到 1001 时，在其输出端 $\overline{Y}_0 \sim \overline{Y}_9$ 中，只有对应的一个输出为 0，其余均为 1。如输入 $A_3A_2A_1A_0$ 为 0111 时，$\overline{Y}_7$ 输出为 0，其余均为 1。当输入 $A_3A_2A_1A_0$ 出现 1010 ~ 1111 任一组伪码时，$\overline{Y}_0 \sim \overline{Y}_9$ 均输出 1，而不会出现 0，即拒绝伪码输入。

表 7-10　CT74LS42 真值表

十进制数	输入				输出									
	A_3	A_2	A_1	A_0	$\overline{Y}_9$	$\overline{Y}_8$	$\overline{Y}_7$	$\overline{Y}_6$	$\overline{Y}_5$	$\overline{Y}_4$	$\overline{Y}_3$	$\overline{Y}_2$	$\overline{Y}_1$	$\overline{Y}_0$
0	0	0	0	0	1	1	1	1	1	1	1	1	1	0
1	0	0	0	1	1	1	1	1	1	1	1	1	0	1
2	0	0	1	0	1	1	1	1	1	1	1	0	1	1
3	0	0	1	1	1	1	1	1	1	1	0	1	1	1
4	0	1	0	0	1	1	1	1	1	0	1	1	1	1
5	0	1	0	1	1	1	1	1	0	1	1	1	1	1
6	0	1	1	0	1	1	1	0	1	1	1	1	1	1
7	0	1	1	1	1	1	0	1	1	1	1	1	1	1
8	1	0	0	0	1	0	1	1	1	1	1	1	1	1
9	1	0	0	1	0	1	1	1	1	1	1	1	1	1
伪码	1	0	1	0	1	1	1	1	1	1	1	1	1	1
	1	0	1	1	1	1	1	1	1	1	1	1	1	1
	1	1	0	0	1	1	1	1	1	1	1	1	1	1
	1	1	0	1	1	1	1	1	1	1	1	1	1	1
	1	1	1	0	1	1	1	1	1	1	1	1	1	1
	1	1	1	1	1	1	1	1	1	1	1	1	1	1

7.4.3　显示译码器

在数字计算系统及数字式测量仪表中，常需要将二进制代码译成十进制数字、文字或符号，并显示出来，能完成这种逻辑功能的电路称为显示译码器。

目前广泛应用于袖珍电子计算器、电子钟表及数字万用表等仪器设备上的显示器常采用分段式数码显示器，它是由多条发光的线段按一定的方式组合构成的。图 17-14 所示的七段数码显示字形管中，光段的排列形状为“日”字形，通常用 a、b、c、d、e、f、g 七个小写字母表示，DP 是小数点发光段。一定的发光线段组合，便能显示相应的十进制数字，例如

当 a、b、c、d、g 线段亮而其他段不亮时，可显示数字“3”。分段显示器有荧光数码管、半导体数码管及液晶显示器等，虽然它们结构原理各异，但译码显示电路的原理是相同的。

1. 荧光数码管显示器

荧光数码管是一种分段式电真空显示器件，其优点是清晰悦目、稳定可靠、视距较大、工作电压较低、电流小、寿命长，缺点是需要灯丝电源、强度差、安装不便。

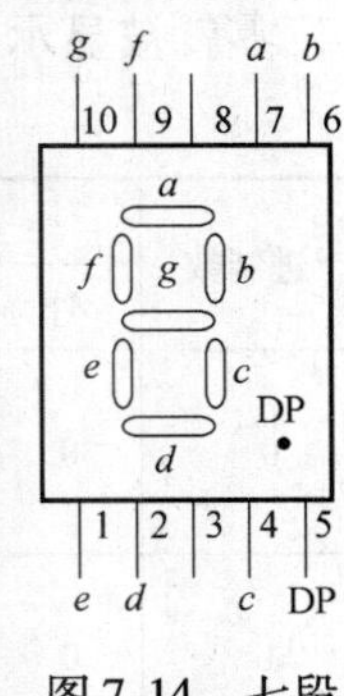

图7-14　七段数码字形管

2. 液晶显示器（简称LCD）

电子手表、微型计算器等电子器件的数字显示部分常采用液晶分段数码显示器。它是利用液态晶体（简称液晶）的光学特性，即液晶透明度和颜色随电场、磁场、光的变化而变化制成的显示器。由于它具有工作电压低、耗电省、成本低、体积小等优点，获得了较广泛的应用。其缺点是显示不够清晰，工作温度范围较窄（-10～+60℃）。

3. 半导体数码管显示器（LED数码管）

半导体数码管显示器是将发光二极管（发光段）布置成“日”字形状制成的。按照高低电平的不同驱动方式，半导体数码管显示器有共阳极接法（所有二极管阳极并接到电源）和共阴极接法（所有二极管阴极接地），分别如图7-15a和图7-15b所示。译码器输出高电平驱动显示器时，需选用共阴极接法的半导体数码管；译码器输出低电平驱动显示器时，需选用共阳极接法。当两种接法中的某些二极管导通而发光时，则发光各段组成不同的数字及小数点，如图7-16所示。

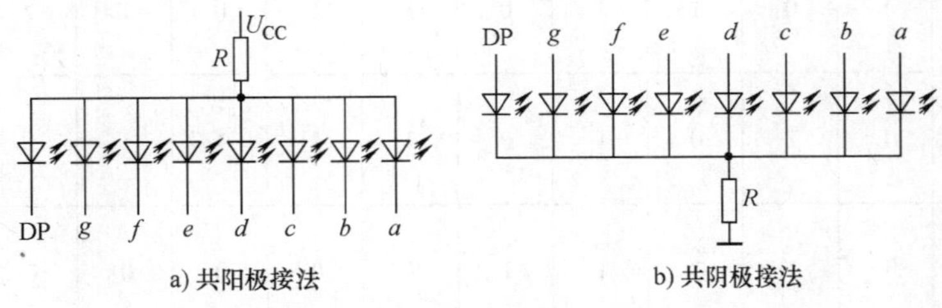

图7-15　半导体LED数码管的内部接线图

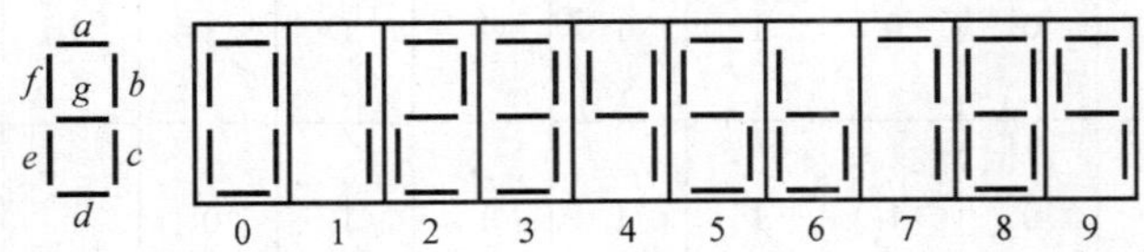

图7-16　七段半导体LED数码管组合显示的数字

要用七段数码管显示，需要BCD七段显示译码器与之配合。中规模BCD七段显示译码器的种类很多，这里介绍4线-7线译码器/驱动器CT74LS48，图7-17和表7-11分别为其引脚排列图和真值表。其部分引脚功能如下：

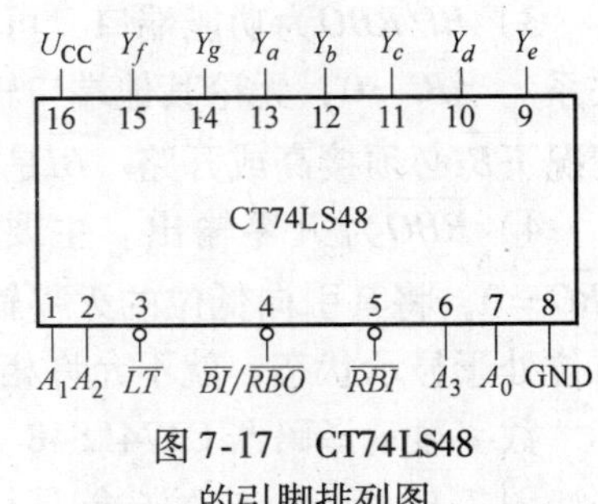

图7-17　CT74LS48的引脚排列图

1）$\overline{LT}$ 为灯测试输入。当 $\overline{LT}=0$ 且 $\overline{BI}=1$，无论 $A_3\sim A_0$ 状态如何，输出 $Y_a\sim Y_g$ 全部为高电平，七段管全部点亮，以此可以检测各段管的好坏。正常工作时 $\overline{LT}=1$。

2）$\overline{RBI}$为灭零输入。接受来自高位的灭零控制信号，当$\overline{RBI}=0$、$\overline{LT}=1$时，如果$A_3A_2A_1A_0=0000$，则输出为0，而这个零不显示出来；如果高位不要求低位灭零，即$\overline{RBI}=1$时，零就被显示出来。

表 7-11 CT74LS48 的真值表

十进制数	输入				输出							字形
	A_3	A_2	A_1	A_0	Y_a	Y_b	Y_c	Y_d	Y_e	Y_f	Y_g	
0	0	0	0	0	1	1	1	1	1	1	0	0
1	0	0	0	1	0	1	1	0	0	0	0	1
2	0	0	1	0	1	1	0	1	1	0	1	2
3	0	0	1	1	1	1	1	1	0	0	1	3
4	0	1	0	0	0	1	1	0	0	1	1	4
5	0	1	0	1	1	0	1	1	0	1	1	5
6	0	1	1	0	1	0	1	1	1	1	1	6
7	0	1	1	1	1	1	1	0	0	0	0	7
8	1	0	0	0	1	1	1	1	1	1	1	8
9	1	0	0	1	1	1	1	1	0	1	1	9

3）$\overline{BI}/\overline{RBO}$为功能端口，可作为输入信号$\overline{BI}$端口或输出信号$\overline{RBO}$端口，它们是“线与”关系。当$\overline{BI}=0$，无论其他端口输入如何，输出$Y_a \sim Y_g$全部为低电平，显示器不显示，正常情况下$\overline{BI}$必须接高或开路。$\overline{BI}$是级别最高的控制信号。

4）$\overline{RBO}$为灭零输出。主要用作灭零指示，当该片输入$A_3A_2A_1A_0=0000$，且熄灭时，$\overline{RBO}=0$，将其引向低位的灭零输入$\overline{RBI}$端，允许相邻低位灭零。反之，若$\overline{RBO}=1$，就说明本位处于显示状态，就不允许相邻低位灭零。

数字显示译码器 CT74LS48 是一种与共阴极 LED 数码管配合使用的集成译码器，连接方法如图 7-18 所示。它的功能是将输入的 4 位二进制代码转换成显示器所需要的七段驱动信号，以便显示器显示十进制形式的数字。

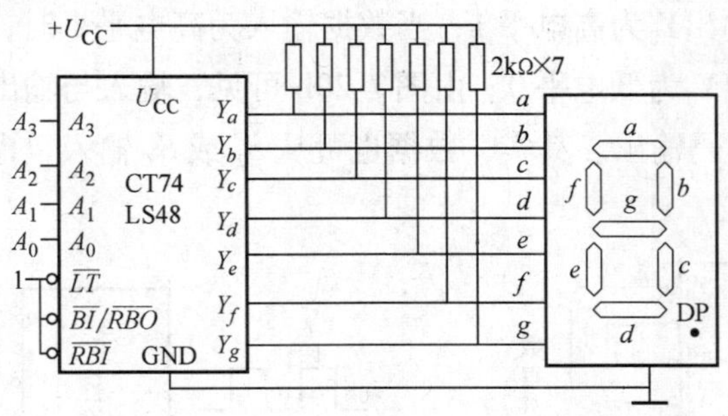

图 7-18　CT74LS48 驱动数字显示器的连接方法

7.5　数据分配器和数据选择器及其应用

7.5.1　数据分配器的工作原理

在数据传输系统中，经常需要将数据分配到不同的数据通道上，能够完成这种功能的电路称为数据分配器，也称多路分配器。

CT74LS138 不仅可以用作 3 线-8 线译码器，还可用作 1 路-8 路数据分配器。3 线-8 线译码器 CT74LS138 的逻辑功能表见表 7-12。其逻辑功能示意图如图 7-19 所示。

表 7-12　3 线-8 线译码器 CT74LS138 逻辑功能表

输入					输出							
S_1	$S=\overline{S}_2+\overline{S}_3$	A_2	A_1	A_0	$\overline{Y}_0$	$\overline{Y}_1$	$\overline{Y}_2$	$\overline{Y}_3$	$\overline{Y}_4$	$\overline{Y}_5$	$\overline{Y}_6$	$\overline{Y}_7$
0	×	×	×	×	1	1	1	1	1	1	1	1
×	1	×	×	×	1	1	1	1	1	1	1	1
1	0	0	0	0	0	1	1	1	1	1	1	1
1	0	0	0	1	1	0	1	1	1	1	1	1
1	0	0	1	0	1	1	0	1	1	1	1	1
1	0	0	1	1	1	1	1	0	1	1	1	1
1	0	1	0	0	1	1	1	1	0	1	1	1
1	0	1	0	1	1	1	1	1	1	0	1	1
1	0	1	1	0	1	1	1	1	1	1	0	1
1	0	1	1	1	1	1	1	1	1	1	1	0

CT74LS138 用作数据分配器的逻辑功能示意图如图 7-20a 所示。将译码输出 $\overline{Y}_0 \sim \overline{Y}_7$ 改做 8 路数据输出，译码输入 $A_0 \sim A_2$ 改做 3 个地址输入（选择输入），而使能控制输入端 S_1、$\overline{S}_2$ 和 $\overline{S}_3$，则可从中选择一个作为数据输入 D。当数据从 S_1 输入时，输出为反码输出；数据从 $\overline{S}_2$ 或 $\overline{S}_3$ 输入时，输出为原码输出。下面以数据从 S_1 输入为例，说明其工作原理。

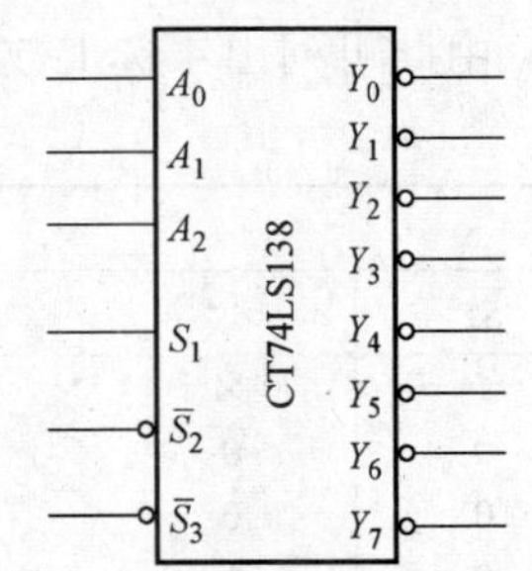

图 7-19　3 线-8 线译码器 CT74LS138 逻辑功能示意图

由表 7-12 可知，当 $S_1\,\overline{S}_2\overline{S}_3=100$ 时，译码器正常工作，将 $\overline{S}_2\overline{S}_3$ 接地，地址输入端设为 $A_2A_1A_0=000$，即数据从 $\overline{Y}_0$ 端输出，

如果改变地址输入，则可改变输出端。当数据输入为低电平 0 时，即使能控制端 $S_1\ \overline{S}_2\overline{S}_3 = 000$，译码器不工作，输出$\overline{Y}_0$为高电平 1；当数据输入为高电平 1 时，即使能控制端$S_1\ \overline{S}_2\overline{S}_3 = 100$，译码器工作，输出$\overline{Y}_0$为低电平 0。由图 7-20b 可见，输入与输出波形相反，说明当数据从 S_1 输入时，输出为反码输出。其实，数据也可从 $\overline{S}_2$ 或 $\overline{S}_3$ 输入，也可改变地址输入，均能满足数据分配器的功能。

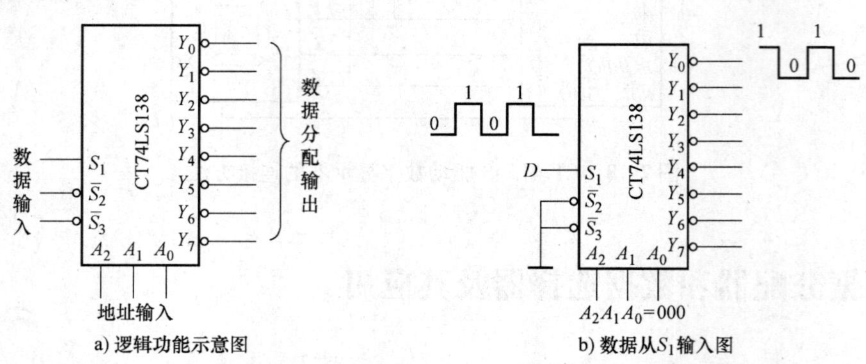

图 7-20 CT74LS138 用作 1 路-8 路数据分配器

7.5.2 数据选择器的工作原理

能够实现从多路数据中选择一路进行传输的逻辑电路称数据选择器，又称多路开关。其电路为多输入、单输出形式。

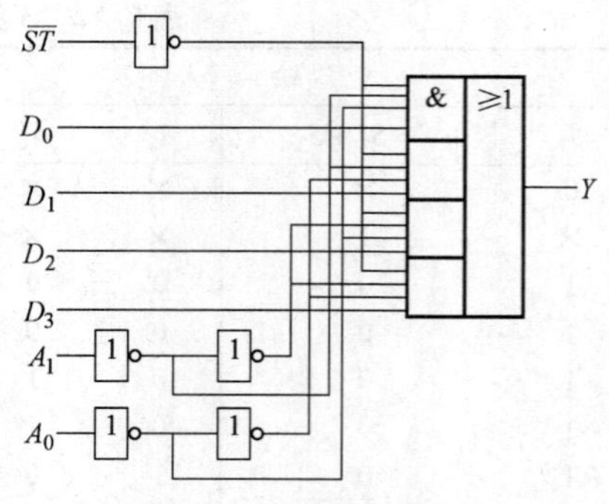

图 7-21 4 选 1 数据选择器的逻辑电路图

（1）4 选 1 数据选择器 4 选 1 数据选择器的逻辑电路图如图 7-21 所示。它有四个数据输入端，一个输出端。数据输入端分别用 D_0、D_1、D_2、D_3 表示，有数据输入时用 1 表示，任意值用×表示。有两个地址输入端，用 A_0、A_1 表示，使能控制端用$\overline{ST}$表示。

输出逻辑函数式为

$$Y = (\overline{A_1}\ \overline{A_0}\ D_0 + \overline{A_1}A_0D_1 + A_1\ \overline{A_0}D_2 + A_1A_0D_3)\ \overline{\overline{ST}}$$

当$\overline{ST}=1$ 时，数据选择器不工作，输出 $Y=0$；当$\overline{ST}=0$，$\overline{\overline{ST}}=1$ 时，数据选择器工作，输出逻辑函数式为

$$Y = \overline{A}_1\overline{A}_0D_0 + \overline{A}_1A_0D_1 + A_1\ \overline{A}_0D_2 + A_1A_0D_3$$

由此可列出 4 选 1 数据选择器的功能表，见表 7-13。

表 7-13 4 选 1 数据选择器的功能表

输入							输出
$\overline{ST}$	A_1	A_0	D_0	D_1	D_2	D_3	Y
1	×	×	×	×	×	×	0
0	0	0	1	×	×	×	1
0	0	1	×	1	×	×	1
0	1	0	×	×	1	×	1
0	1	1	×	×	×	1	1

图 7-22 所示为 CT74LS153 双 4 选 1 数据选择器的逻辑功能示意图，它由两个相同的 4 选 1 数据选择器组成，$D_0 \sim D_3$（省略前面 1、2）为数据输入端，A_0、A_1 为公共地址信号输入端，$\overline{ST}$（省略前面 1、2）为使能端，用于控制电路的工作状态和扩展功能，低电平有效，Y（省略前面 1、2）为数据输出端。其功能表见表 7-14。

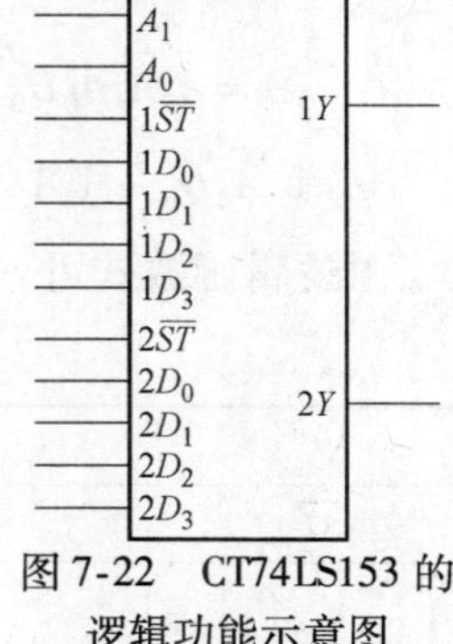

图 7-22　CT74LS153 的逻辑功能示意图

由逻辑功能表可写出输出逻辑函数 $1Y$ 的表达式为

$$1Y = (\overline{A}_1\overline{A}_0 1D_0 + \overline{A}_1 A_0 1D_1 + A_1 \overline{A}_0 1D_2 + A_1 A_0 1D_3) 1\overline{\overline{ST}}$$

当 $1\overline{ST} = 1$ 时，$1\overline{\overline{ST}} = 0$，数据选择器不工作，输出 $1Y = 0$；当 $1\overline{ST} = 0$，$1\overline{\overline{ST}} = 1$ 时，数据选择器工作，输出逻辑函数式为

$$Y = \overline{A}_1\overline{A}_0 1D_0 + \overline{A}_1 A_0 1D_1 + A_1 \overline{A}_0 1D_2 + A_1 A_0 1D_3$$

由此可知，当数据 $1D_0 \sim 1D_3$ 均为 1 时，数据选择器输出逻辑函数为输入地址的全部最小项之和。因此，数据选择器又称最小项输出器。

表 7-14　CT74LS153 的功能表

输　入							输　出
$1\overline{ST}$	A_1	A_0	$1D_0$	$1D_1$	$1D_2$	$1D_3$	$1Y$
1	×	×	×	×	×	×	0
0	0	0	0	×	×	×	0
0	0	0	1	×	×	×	1
0	0	1	×	0	×	×	0
0	0	1	×	1	×	×	1
0	1	0	×	×	0	×	0
0	1	0	×	×	1	×	1
0	1	1	×	×	×	0	0
0	1	1	×	×	×	1	1

（2）8 选 1 数据选择器　图 7-23 所示为 8 选 1 数据选择器 CT74LS151 的逻辑电路图。图中 $D_0 \sim D_7$ 为数据输入端；A_2、A_1、A_0 为地址信号输入端；Y 和 $\overline{Y}$ 为互补输出端；$\overline{ST}$为使能端，低电平有效。其逻辑功能示意图如图 7-24 所示。由逻辑图可得输出逻辑函数式为

$$Y = (\overline{A}_2\overline{A}_1\overline{A}_0 D_0 + \overline{A}_2\overline{A}_1 A_0 D_1 + \overline{A}_2 A_1 \overline{A}_0 D_2 + \overline{A}_2 A_1 A_0 D_3 + A_2 \overline{A}_1\overline{A}_0 D_4 + A_2 \overline{A}_1 A_0 D_5 + A_2 A_1 \overline{A}_0 D_6 + A_2 A_1 A_0 D_7)\overline{\overline{ST}}$$

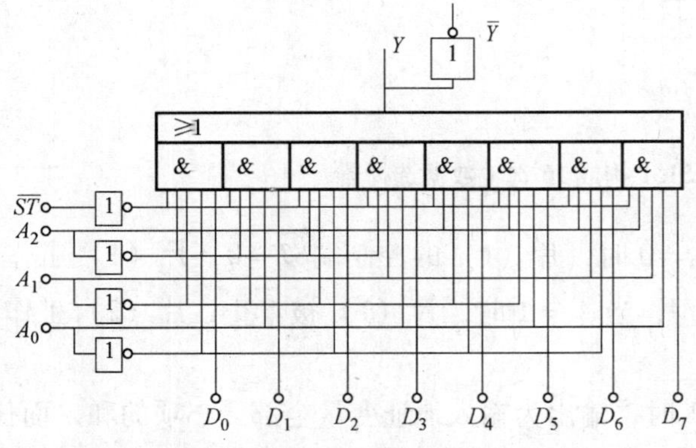

图 7-23　CT74LS151 的逻辑电路图

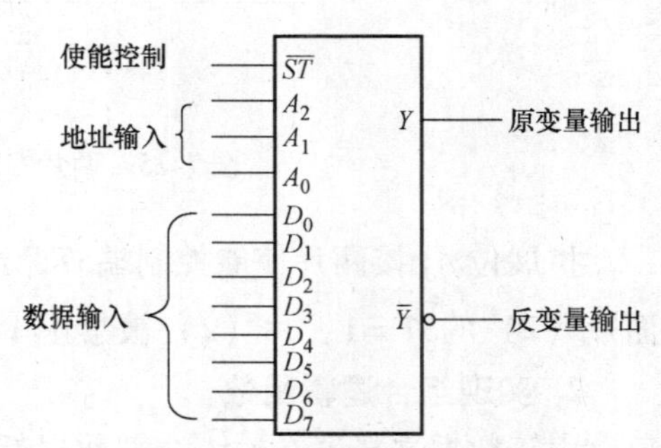

图 7-24　CT74LS151 的逻辑功能示意图

当$\overline{ST}=1$时，输出$Y=0$，数据选择器不工作；当$\overline{ST}=0$时，数据选择器工作，输出逻辑函式为

$$Y=\overline{A}_2\overline{A}_1\overline{A}_0D_0+\overline{A}_2\overline{A}_1A_0D_1+\overline{A}_2A_1\overline{A}_0D_2+\overline{A}_2A_1A_0D_3+A_2\overline{A}_1\overline{A}_0D_4+A_2\overline{A}_1A_0D_5+$$
$$A_2A_1\overline{A}_0D_6+A_2A_1A_0D_7=m_0D_0+m_1D_1+m_2D_2+m_3D_3+m_4D_4+m_5D_5+m_6D_6+m_7D_7$$

由逻辑函数式可列出功能，见表 7-15。

表 7-15　8 选 1 数据选择器 CT74LS151 功能表

输入				输出	
$\overline{ST}$	A_2	A_1	A_0	Y	$\overline{Y}$
1	×	×	×	0	1
0	0	0	0	D_0	$\overline{D}_0$
0	0	0	1	D_1	$\overline{D}_1$
0	0	1	0	D_2	$\overline{D}_2$
0	0	1	1	D_3	$\overline{D}_3$
0	1	0	0	D_4	$\overline{D}_4$
0	1	0	1	D_5	$\overline{D}_5$
0	1	1	0	D_6	$\overline{D}_6$
0	1	1	1	D_7	$\overline{D}_7$

7.5.3　数据选择器的应用举例

1. 功能扩展

图 7-25 所示为用两片 8 选 1 数据选择器 CT74LS151 构成 16 选 1 数据选择器。工作原理如下：

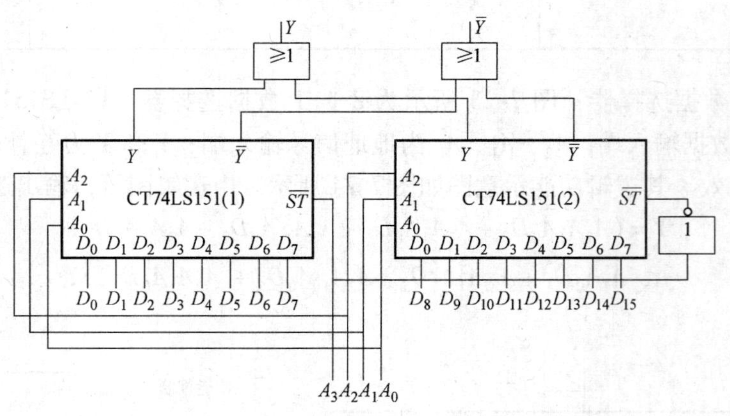

图 7-25　两片 CT74LS151 构成 16 选 1 数据选择器

扩展位A_3接两片使能控制端$\overline{ST}$，当$A_3=0$时，片（1）的控制端$\overline{ST}=0$，片（1）工作，而片（2）的$\overline{ST}=1$，片（2）被禁止；同理，当$A_3=1$时，片（1）被禁止，片（2）工作。

2. 实现组合逻辑函数

由于数据选择器在输入全部数据都为 1 时，输出为输入地址变量全部最小项的和，而任一逻辑函数都可变换为最小项之和的标准与-或表达式，因此，用数据选择器可以很方便地

实现逻辑函数，其方法有代数法和卡诺图法两种。

（1）代数法　代数法的一般步骤为：

1）写出要求实现的逻辑函数 Y 的最小项表达式；

2）写出 CT74LS151 输出逻辑函数 Y'的标准表达式；

3）比较 Y 和 Y'两式中对应最小项的关系，确定 D_i；

4）画逻辑图。

【例 7-5】 用 8 选 1 数据选择器 CT74LS151 实现逻辑函数 $Y=\overline{A}\,\overline{B}\,\overline{C}+\overline{A}BC+AC$。

解：1）写出要求实现的逻辑函数 Y 的最小项表达式：

$$Y=\overline{A}\,\overline{B}\,\overline{C}+\overline{A}BC+ABC+A\overline{B}C=m_0+m_3+m_5+m_7$$

2）写出 CT74LS151 输出逻辑函数 Y'的标准表达式：

$$Y'=m_0D_0+m_1D_1+m_2D_2+m_3D_3+m_4D_4+m_5D_5+m_6D_6+m_7D_7$$

3）比较 Y 和 Y'两式中对应最小项的关系，确定 D_i：

设数据选择器的地址输入为 $A=A_2$、$B=A_1$、$C=A_0$，且 $Y=Y'$。

则有 $D_0=D_3=D_5=D_7=1$，$D_1=D_2=D_4=D_6=0$

4）画逻辑图，如图 7-26 所示。

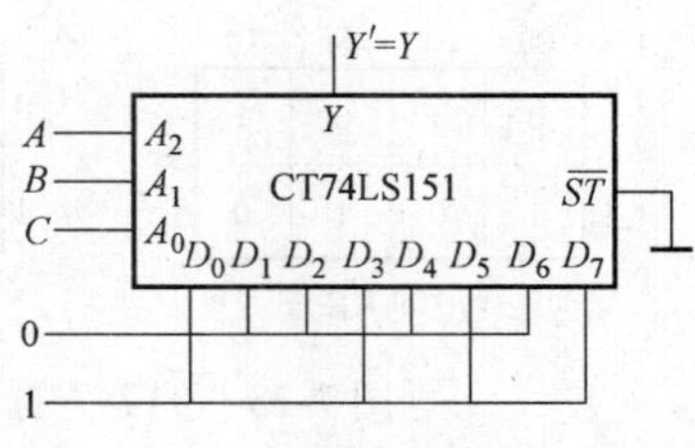

图 7-26　例 7-5 逻辑图

【例 7-6】 用 8 选 1 数据选择器 CT74LS151 实现逻辑函数 $Y=A\overline{C}D+\overline{AB}CD+BC+B\overline{CD}$。

解：由于函数 Y 的变量数为 4，而 CT74LS151 数据选择器的选择输入端数为 3，因此，需从函数中分离出一个变量。这里设选择输入为 $A_2=A$、$A_1=B$、$A_0=C$，即将 D 从函数中分离出来。

1）写出要求实现逻辑函数的最小项表达式：

$$\begin{aligned}Y&=(AB\overline{C})D+(A\overline{B}\,\overline{C})D+(\overline{A}\,\overline{B}C)D+(ABC)D+(ABC)\overline{D}+\\&\quad(\overline{A}BC)D+(\overline{A}BC)\overline{D}+(AB\overline{C})\overline{D}+(\overline{A}B\overline{C})\overline{D}\\&=(\overline{A}\,\overline{B}C)D+(\overline{A}B\overline{C})\overline{D}+\overline{A}BC+(A\overline{B}\,\overline{C})D+AB\overline{C}+ABC\\&=m_1D+m_2\overline{D}+m_3+m_4D+m_6+m_7\end{aligned}$$

2）写出 CT74LS151 输出逻辑函数 Y'的标准表达式：

$$Y'=m_0D_0+m_1D_1+m_2D_2+m_3D_3+m_4D_4+m_5D_5+m_6D_6+m_7D_7$$

3）比较 Y 和 Y'两式中对应最小项的关系，确定 D_i：

$D_0=D_5=0$，$D_1=D_4=D$，$D_2=\overline{D}$，$D_3=D_6=D_7=1$

4）画逻辑图，如图 7-27 所示。

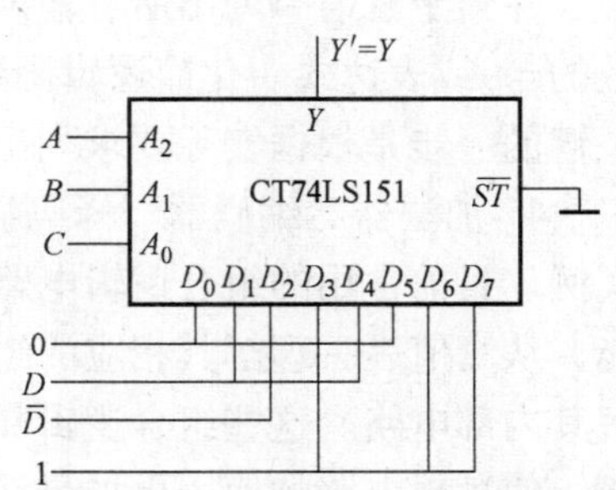

图 7-27　例 7-6 的逻辑图

在例 7-6 中也可设选择输入 $A_2=B$、$A_1=C$、$A_0=D$；$A_2=A$、$A_1=C$、$A_0=D$ 和 $A_2=A$、$A_1=B$、$A_0=D$ 请读者自己分析。

（2）卡诺图法　卡诺图法的一般步骤是：

1）确定数据选择器的选择输入变量；

2）分别画出要求实现的逻辑函数 Y 和数据选择器输出

Y'的卡诺图；

3）对比两者卡诺图，确定 D_i；

4）画逻辑图。

【例 7-7】 用 8 选 1 数据选择器 CT74LS151 实现逻辑函数 $Y = A \oplus B \oplus C$。

解：1）确定数据选择器的选择输入变量：由于逻辑函数有 3 个变量，8 选 1 数据选择器有 3 个选择输入，因此，设 $A_2A_1A_0 = ABC$。

2）分别画出要求实现的逻辑函数 Y 和数据选择器输出 Y' 的卡诺图，如图 7-28 所示。

3）对比两者卡诺图，确定 D_i：

对比两卡诺图可得，$D_0 = D_3 = D_5 = D_6 = 0$，$D_1 = D_2 = D_4 = D_7 = 1$

4）画逻辑图，如图 7-29 所示。

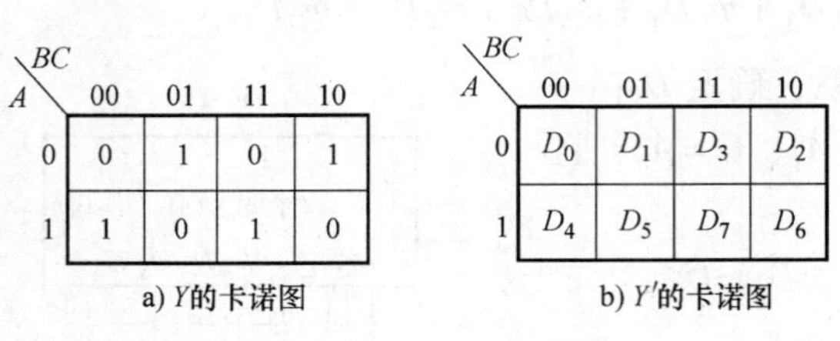

图 7-28 例 7-7 的卡诺图

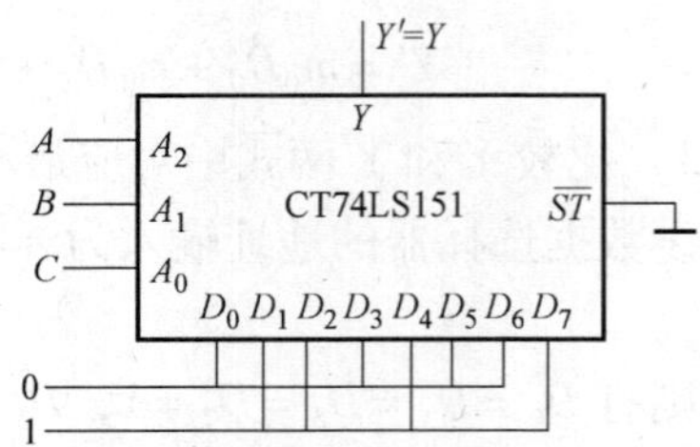

图 7-29 例 7-7 的逻辑图

本章小结

1. 组合逻辑电路所反映的事件没有时间的先后关系，只有在当时何种原因下产生何种结果，无论是输入（原因）还是输出（结果）变量只有 0 和 1 两种逻辑状态。组合逻辑电路功能上的特点是：在任一时刻的输出状态只取决于同一时刻的输入状态，而与电路的原有状态没有关系。在电路结构上的特点是：它全部由门电路组成，没有记忆电路。

2. 分析组合逻辑电路的目的是为了确定它的逻辑功能。对组合逻辑电路分析的步骤是：根据已知的逻辑电路图→写出逻辑函数表达式→化简或变换逻辑函数式→列出真值表→分析逻辑关系。

3. 组合逻辑电路的设计原则是根据要解决的实际问题设计出符合要求的逻辑电路。用门电路设计组合逻辑电路的一般步骤是：首先要按事件的因果关系→设逻辑变量和逻辑函数，并给予赋值→列出所有输入变量逻辑状态下的输出变量逻辑状态的真值表→写出逻辑函数的与-或表达式→化简逻辑函数得最简表达式→画出相应逻辑电路图。在设计步骤中，最关键的一步是根据实际要求列出真值表和写出逻辑函数表达式。

4. 加法器、编码器、译码显示器、数据选择器和数据分配器等是组合逻辑电路应用的实例。目前常用的组合逻辑电路大多为中规模集成电路。因此在学习时首先要搞清它们的功能，从真值表去理解其相应的组合逻辑电路的引脚功能和使用方法，而不要花太多时间去了解其内部电路。这些组合逻辑部件除具有要求的基本逻辑功能外，通常还有使能端、扩展端等，使逻辑电路的使用更加灵活，便于扩展功能和构成较复杂的系统。

5. 加法器是数字运算电路中的基本运算单元，用于做二进制的加法运算（逢二进一）。

两个数相加，不需要考虑进位，这种加法称半加（完成半加功能的逻辑电路称为半加器）；包括加数、被加数以及低位向本位的进位数相加，这种加法称为全加（完成全加功能的逻辑电路称为全加器）；任何位相加的结果都产生两个输出，一个是本位和，另一个是向高位的进位。

6. 编码器的功能是将对应的各种信息分别编上一组特定二进制代码，其作用相当于给每一个电话用户编上一个电话号码（二进制的代码）。编码器广泛用于键盘，将十进制数变换为二进制代码。如将十进制数（0～9）编成 4 位 8421BCD 代码的逻辑电路，当按下某个按键后（如按下数码 6 这个按键），编码器输出端为 0110，即产生与按键号对应的 8421BCD 码。编码器是将输入的电平信号编成二进制代码，优先编码器允许同时有多个输入信号请求编码，但电路只对优先级别高的信号进行编码。

7. 译码器的逻辑功能是将某一组特定输入的二进制代码译成相应信息输出，相当于拨一个电话号码接通（译出）某一用户的电话机。对于七段数码译码器，对应于 8421BCD 码输入可译出七段数码管的几个笔划段，来显示某个数字。

8. 数据选择器和数据分配器的功能主要用在数字系统中，把来自不同地址的信息送往公共数据线（总线）或将公共数据上的信息传送到不同部件中去。数据选择器应注意其输入端的地址码与相应数据输入端的对应关系，即地址码与数据输入端下标十进制数对应的该位数据可以输出，如 CT74LS151 芯片的地址是 $A_2A_1A_0=101=(5)_{10}$，则 D_5 的数据可输出。数据选择器为多输入单输出的组合逻辑电路。在输入数据都为 1 时，其输出逻辑表达式为地址变量的全部最小项的和。因此，它很适合用于实现单输出组合逻辑函数。

9. 在阅读数字集成电路芯片逻辑图时，若在输入或输出变量上带非的符号及输入端带小圆圈或小斜角的符号，均表示低电平起作用或称之为低电平有效。如图 7-9 所示 CT74LS148 芯片上的 $\overline{S}$ 控制端，表示允许输入控制端低电平有效，即 $\overline{S}=0$，允许编码器工作；$\overline{S}=1$，编码器不工作，输出 $\overline{Y}_2\overline{Y}_1\overline{Y}_0=111$。

习　题　7

7.1　分析图 7-30 所示组合逻辑电路的逻辑功能。

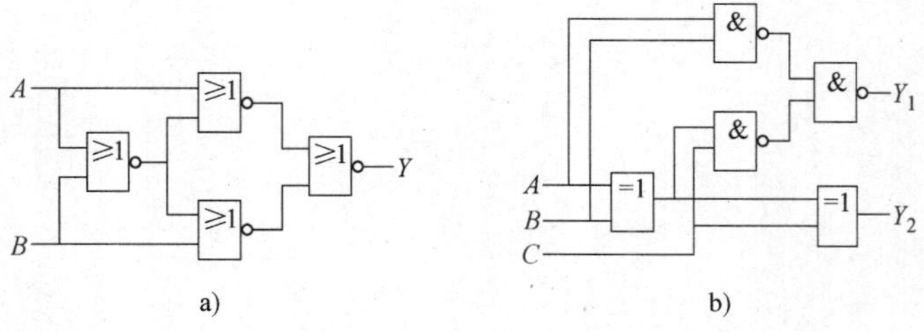

图 7-30　习题 7.1 图

7.2　分别用与非门设计一个能实现四变量多数表决器逻辑功能的组合逻辑电路。

7.3　分别用与非门设计一个能实现三变量一致逻辑功能的组合逻辑电路。

7.4　试设计一个故障指示器，要求如下：两台电动机同时工作时，绿灯亮；一台电动机发生故障时，黄灯亮；两台电动机同时发生故障时，红灯亮。

7.5　有 3 个班的学生上晚自习，大教室能容纳两个班学生，小教室能容纳一个班学生。试设计两个教室是否开灯的逻辑控制电路，要求如下：（1）一个班学生上晚自习，开小教室的灯；（2）两个班上晚自习，开大教室的灯；（3）三个上晚自习，两个教室的灯都开。

7.6　试设计一个保密暗锁，当三个按键 A、B、C 中，全部或 AB、AC 有一组同时按下时，锁才能被打开；如果不符合此条件时，将产生报警信号。

7.7　设计一个监视交通信号灯工作状态的逻辑电路，在正常工作状态下，每时段红、绿、黄三个灯应有一个亮，如果都不亮或有两个亮，说明电路出故障。

7.8　有一水箱由大、小两台水泵 M_L 和 M_S 供水，如图 7-31 所示。水箱中设置了 3 个水位检测元件 A、B、C。当水面低于检测元件时，检测元件给出高电平；水面高于检测元件时，检测元件给出低电平。现要求当水位超出 C 点时两水泵都停止工作；水位低于 C 点而高于 B 点时，由水泵 M_S 单独工作；水位低于 B 点而高于 A 点时，由水泵 M_L 单独工作；水位低于 A 点时 M_L 和 M_S 同时工作。试用门电路设计一个控制两台水泵的逻辑电路，要求电路尽量简单。

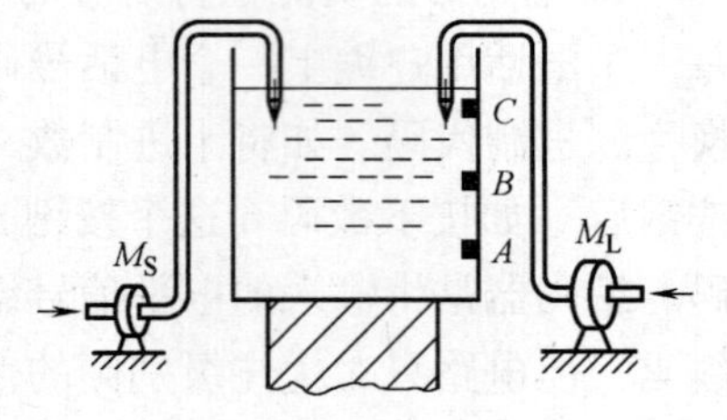

图 7-31　习题 7.8 图

7.9　某技术培训班开设 4 门课程，其中 A 为必修课，B、C、D 为选修课，章程规定学员经考试后，必修课及格且有 2 门选修课及格方可获得结业证书。设计一个能判断合格者的逻辑电路，并画出电路图。

7.10　试用与非门设计一个 3 个输入端和 1 个输出端的判奇电路。它的逻辑功能为：3 个输入信号中有奇数个输入为高电平时，则输出为高电平，否则输出为低电平，试画出逻辑图。

7.11　用 8 选 1 数据选择器 CT74LS151 实现逻辑函数 $Y = A\overline{C} + BC + AB$。

7.12　用 8 选 1 数据选择器 CT74LS151 实现逻辑函数 $Y = A\overline{C}D + BCD + AB$。

第 8 章　触发器和时序逻辑电路及其应用

【学习目标】

通过本章学习，应主要了解触发器的电路结构、寄存器和计数器的工作原理和应用，重点掌握触发器的逻辑功能和相互转换以及常见中规模集成计数器的逻辑功能及应用。

8.1　概述

数字电路的两大基本类型是组合逻辑电路和时序逻辑电路。组合逻辑电路以门电路为基本逻辑单元，其输出变量的状态完全由当时的输入变量的组合状态来决定，而与电路原来的状态无关，即组合逻辑电路没有记忆功能。时序逻辑电路是以触发器为基本逻辑单元，触发器输出变量的状态不仅与当时的输入变量的组合状态有关，而且还与电路原来的状态有关，即触发器具有记忆功能。图 8-1 所示为时序逻辑电路的结构框图。

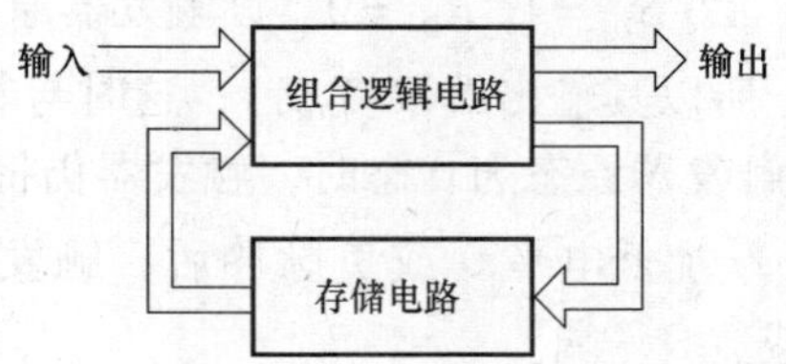

图 8-1　时序逻辑电路的结构框图

8.2　触发器

触发器是最简单的一种时序数字电路，触发器具有存储作用，也是构成其他时序逻辑电路的重要组成部分。触发器按其稳定工作状态可分为双稳态触发器、单稳态触发器和多谐振荡器。双稳态触发器按其触发翻转是否受时钟脉冲 *CP* 控制，可分为基本 *RS* 触发器和钟控触发器。钟控触发器按其逻辑功能又可分为 *RS* 触发器、*JK* 触发器、*D* 触发器、*T* 触发器和 *T'* 触发器；钟控触发器按其结构又可分为同步 *RS* 触发器、主从型触发器和边沿型触发器。边沿型触发器又包括维持阻塞型触发器（上升沿触发）和下降沿触发的触发器。

8.2.1　*RS* 触发器

1. 基本 *RS* 触发器

基本 *RS* 触发器的逻辑图如图 8-2a 所示，是由两个与非门交叉连接而成。图 8-2b 所示为它的逻辑符号。$\overline{S}_D$ 称为直接置位（或置 1）端，$\overline{R}_D$ 称为直接复位（或置 0）端，而图中输入端引线上靠近方框的小圆圈表示触发器的触发方式为电平触发，低电平 0（或负脉冲）有效。Q 和 $\overline{Q}$ 是基本 *RS* 触发器的两个互补输出端，它们的

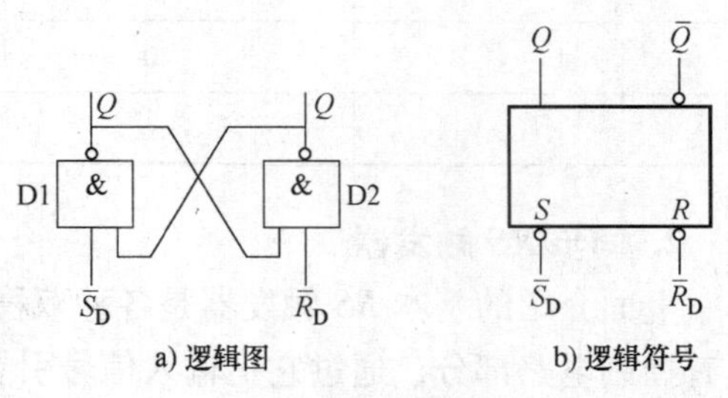

a) 逻辑图　　b) 逻辑符号

图 8-2　基本 *RS* 触发器的逻辑图和逻辑符号

逻辑状态在正常条件下能保持相反。

（1）电路的特点　从基本 RS 触发器的逻辑图可得，基本 RS 触发器具有两个稳定状态：一个状态是 $Q=1$，$\overline{Q}=0$，称为触发器的 1 态（或置位状态）；一个状态是 $Q=0$，$\overline{Q}=1$，称为触发器的 0 态（或复位状态）。通过其逻辑功能分析可以看出，基本 RS 触发器不但可直接置位（$\overline{S}_D=0$，$\overline{R}_D=1$）和直接复位（$\overline{R}_D=0$，$\overline{S}_D=1$）；而且还具有存储和记忆 0、1 两个信息（或数据）的功能。

（2）逻辑功能　由于有两个信号输入端，所以输入信号有四种不同的组合，下面分四种情况来分析基本 RS 触发器的逻辑功能。

1）$\overline{S}_D=1$、$\overline{R}_D=1$。设触发器原来的状态（称为原态）为 1 态，即 $Q=1$，$\overline{Q}=0$。此时与非门 D2 的输入端全为 1，所以其输出端 $\overline{Q}$ 变成 0。这时与非门 D1 有一个输入端为 0，所以其输出端 Q 变成 1，即触发器保持原态不变，即为 1 态；同理，当触发器原态为 0 态时，触发器也保持原状态不变，即为 0 态。也就是说，当 $\overline{S}_D=1$，$\overline{R}_D=1$ 时，触发器的状态将保持不变。因此触发器具有两个稳定状态，因而能用于记忆和存储 0、1 两个信息（或数据）。

2）$\overline{S}_D=1$、$\overline{R}_D=0$。设触发器原态为 1 态，即 $Q=1$，$\overline{Q}=0$。此时 D2 门有一个输入端为 0，所以其输出端 $\overline{Q}$ 变成 1；这时与非门 D1 的输入端全为 1，所以其输出端 Q 变成 0。同理，当触发器原态为 0 态时，触发器仍将保持原态不变，即也为 0 态。也就是说，令 $\overline{S}_D=1$，在 $\overline{R}_D$ 端加低电平 0 或负脉冲后，触发器的状态将直接置 0（或复位），故 $\overline{R}_D$ 称为直接复位（或置 0）端。

3）$\overline{S}_D=0$、$\overline{R}_D=1$。设触发器原态为 0 态，即 $Q=0$，$\overline{Q}=1$。此时 D1 门有一个输入端为 0，所以其输出端 Q 变成 1；这时 D2 门的输入端全为 1，所以其输出端 $\overline{Q}$ 变成 0。同理，当触发器原态为 1 态，触发器仍将保持原态不变，即也为 1 态。也就是说，令 $\overline{R}_D=1$，在 $\overline{S}_D$ 端加低电平 0 或负脉冲后，触发器的状态将直接置 1（或置位），故 $\overline{S}_D$ 称为直接置位（或置 1）端。

4）$\overline{S}_D=0$、$\overline{R}_D=0$。两个与非门的输出端都为 1，即 $Q=\overline{Q}=1$，这就与 Q 和 $\overline{Q}$ 的状态应该相反的逻辑要求相矛盾，而且当负脉冲同时由 0 变 1 后，触发器的状态将不能确定，所以这种情况在使用时应予禁止。

从上面分析可得出基本 RS 触发器的真值（或功能）表，见表 8-1。

表 8-1　基本 RS 触发器的真值表

$\overline{S}_D$	$\overline{R}_D$	Q	$\overline{Q}$
0	0	不定	不定
0	1	1	0
1	0	0	1
1	1	不变	不变

2. 同步 *RS* 触发器

上面介绍的基本 RS 触发器是各种双稳态触发器的共同部分，除此之外，触发器一般还具有控制电路部分，通过它把输入信号引导到基本 RS 触发器。图 8-3 所示为同步 RS 触发器的逻辑图和逻辑符号。

（1）电路的特点

1）与非门 D1 和 D2 构成基本 *RS* 触发器，与非门 D3 和 D4 构成基本 *RS* 触发器的控制电路。

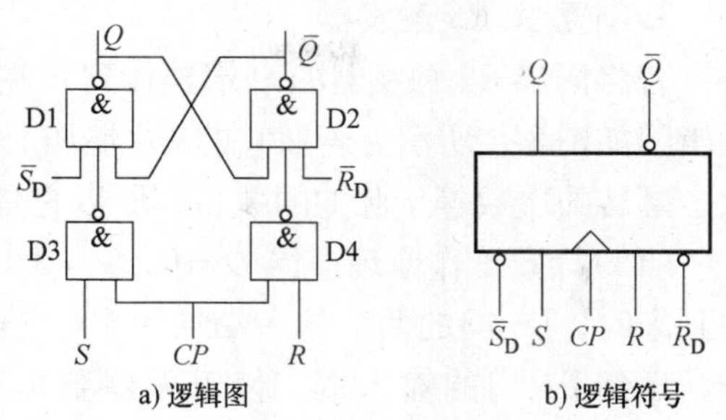

a) 逻辑图　　b) 逻辑符号

图 8-3　同步 *RS* 触发器的逻辑图和逻辑符号

2）*R* 和 *S* 分别为它的置 0 和置 1 信号输入端，高电平 1 有效。*CP* 是它的时钟脉冲输入端，决定触发器的翻转时刻。当 $CP=0$ 时，不论 *R* 和 *S* 端的电平如何变化，D3 和 D4 门的输出均为 1，基本 *RS* 触发器保持原状态不变。当 $CP=1$ 时，由 *R* 和 *S* 端的输入信号决定 D3 和 D4 门的输出状态，再进一步决定基本 *RS* 触发器的状态。

3）$\overline{S}_D$ 和 $\overline{R}_D$ 为它的直接置位端和直接复位端，可不受时钟脉冲 *CP* 的控制，直接对同步 *RS* 触发器置位和复位。

（2）逻辑功能　当 $CP=1$ 时，*R* 和 *S* 的状态才起作用，下面就 *R* 和 *S* 的四种不同的组合状态来讨论当 $CP=1$ 时，同步 *RS* 触发器的逻辑功能。

1）$S=1$、$R=0$。设触发器原态为 1 态，即 $Q=1$，$\overline{Q}=0$。此时 D4 门有一个输入端为 0，所以其输出端变成 1，D3 门的输入端全为 1，所以其输出端变成 0，故基本 *RS* 触发器置 1，即触发器仍将保持原态不变。同理，当触发器原态为 0 态时，触发器的状态将由 0 态变为 1 态。也就是说，在 $S=1$，$R=0$ 时，触发器的状态为 1 态。

2）$S=0$、$R=1$。设触发器原态为 0 态，即 $Q=0$，$\overline{Q}=1$。此时 D3 门有一个输入端为 0，所以其输出端变成 1，D4 门的输入端全为 1，所以其输出端变成 0，故基本 *RS* 触发器置 0，即触发器仍将保持原态不变。同理，当触发器原态为 1 态时，触发器的状态将由 1 态变为 0 态。也就是说，在 $S=0$，$R=1$ 时，触发器的状态为 0 态。

3）$S=0$、$R=0$。此时 D3 门和 D4 门的均有一输入端为 0，所以其输出端均变成 1。即 D1 门和与 D2 门的输入端均变成 1，触发器保持原态不变。

4）$S=1$、$R=1$。此时 D3 门和 D4 门的输入端全均为 1，所以其输出端均变成 0。即 D1 门和 D2 门的输出端均变成 1，即 $Q=\overline{Q}=1$，这就与 *Q* 和 $\overline{Q}$ 的状态应该相反的逻辑要求相矛盾，而且当正脉冲同时由 1 变 0 后，触发器的状态将不能确定，所以这种情况在使用时应予禁止。

从上面分析可得出同步 *RS* 触发器的真值表，见表 8-2。其中 Q^n 表示时钟脉冲来到之前触发器的输出状态，称为原态；Q^{n+1} 表示时钟脉冲来到之后触发器的输出状态，称为次态。

表 8-2　同步 *RS* 触发器的真值表

S	*R*	Q^{n+1}
0	0	Q^n
0	1	0
1	0	1
1	1	不定

（3）特性方程　所谓的特性方程就是触发器的次态与原态及输入变量之间的逻辑关系，它是触发器逻辑功能的另一种表达形式。由同步 *RS* 触发器的真值表可知，当 $R=S=1$，其输出状态不定，故其约束条件为 $RS=0$，即应排除 $R=S=1$ 这种情况。所以同步 *RS* 触发器的特性方程为

$$Q^{n+1}=S+\overline{R}Q^{n} \qquad (RS=0) \qquad (8\text{-}1)$$

3. 计数式 *RS* 触发器

若将同步 *RS* 触发器的 Q 端连接到 R 端，$\overline{Q}$ 端连接到 S 端，便可得计数式 *RS* 触发器，其逻辑图如图 8-4 所示。若在它的 *CP* 端加上计数脉冲，则来一个计数脉冲，触发器就翻转一次，翻转的次数等于脉冲的数目，所以它具有计数功能。

（1）计数工作原理　当 $Q=0$，$\overline{Q}=1$ 时，在计数脉冲到来时，D3 门的两个输入端均为 1，它输出一个负脉冲，送到 D1 门的输入端，使触发器置 1，此时 $Q=1$，$\overline{Q}=0$，即触发器发生翻转。当 $Q=1$，$\overline{Q}=0$ 时，在计数脉冲到来时，D4 门的两个输入端均为 1，它输出一个负脉冲，送到 D2 门的输入端，使触发器置 0，此时 $Q=0$，$\overline{Q}=1$，即触发器发生翻转。也就是说不管触发器原态是什么，只要来一个触发脉冲，触发器就翻转一次，实现计数功能。

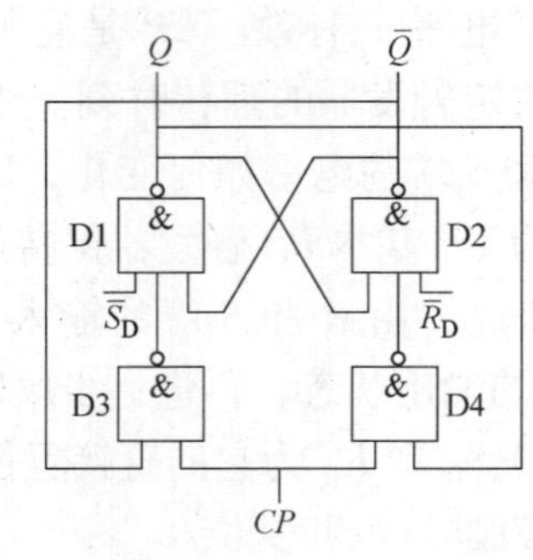

图 8-4　计数式 *RS* 触发器的逻辑图

（2）存在的问题　若计数脉冲太宽，在触发器翻转之后，控制电路将失控，从而导致错误，产生空翻现象。为什么会产生这种情况呢？在 D3 门输出负脉冲时，D4 门是不应输出负脉冲的。但是，在触发器翻转之后，若计数脉冲的高电平没有及时降下来，这时 D4 门的输入端全为 1，使 D4 门输出负脉冲，促使触发器再次翻转，即产生不应有的新翻转。也就是在一个时钟脉冲 *CP* 的作用下，触发器产生两次或多次翻转，即产生所谓的空翻现象，造成触发器动作混乱。

8.2.2　主从型 *JK* 触发器

为了克服空翻现象，下面介绍另一种触发器，它不但可以计数，而且能克服空翻现象，还有其他许多优点，它就是主从型 *JK* 触发器。图 8-5a 所示是主从型 *JK* 触发器的逻辑图，它由主触发器和从触发器两部分组成，这两部分都是同步 *RS* 触发器，且通过一个非门使主触发器和从触发器的时钟脉冲相位反相。图 8-5b 所示是 *JK* 触发器的逻辑符号。

1. *JK* 触发器的逻辑电路特点

1）由图 8-5a 所示的主从型 *JK* 触发器的逻辑图可知，主触发器的 $S=J\overline{Q}$，$R=KQ$。触发器还可直接置位（$\overline{S}_D=0$）和复位（$\overline{R}_D=0$）。

2）主从型 *JK* 触发器的状态与从触发器的状态是相同的。

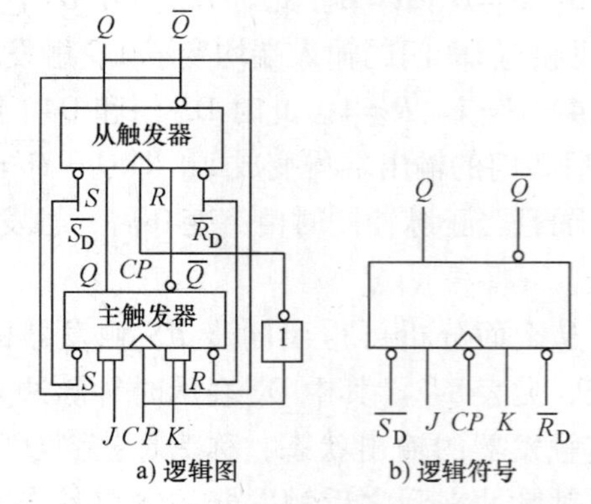

图 8-5　主从型 *JK* 触发器的逻辑图和逻辑符号

3）在时钟脉冲来到之后，即 $CP=1$ 时，非门输出为 0，故从触发器的状态不变。此时主触发器的状态是什么，要看从触发器的状态以及 J 和 K 端所处的状态决定。当 *CP* 从 1 变为 0，即 $CP=0$ 时，非门输出为 1，故主触发器的状态不变。此时从触发器的状态由主触发器的状态决定。

4）从上面的特点可看出，主从型 JK 触发器是不会发生空翻的。

2. JK 触发器的逻辑功能

（1）$J=K=0$　设触发器原态为 0，即 $Q=0$，$\overline{Q}=1$。当 $CP=1$ 时，此时主触发器的 $S=R=0$，所以主触发器的状态保持不变。当 CP 从 1 变为 0，即 $CP=0$ 时，由于主触发器的 $Q=0$，$\overline{Q}=1$，即从触发器的 $S=0$，$R=1$，所以从触发器的状态也保持不变，即触发器保持原态。同理，若触发器原态为 1 时，触发器也将保持原态不变。

（2）$J=K=1$　设触发器原态为 0 时，即 $Q=0$、$\overline{Q}=1$。当 $CP=1$ 时，此时主触发器 $S=1$、$R=0$，所以主触发器的状态翻转为 1，从触发器的状态保持不变。当 CP 从 1 变为 0，即当 $CP=0$ 时，主触发器的状态保持不变，而从触发器的状态与主触发器的状态相同，也就是说触发器发生翻转变为 1。同理，若触发器原态为 1 时，来一个脉冲，触发器发生翻转变为 0。所以，当 $J=K=1$ 时，来一个脉冲，触发器就翻转一次，即触发器具有计数的功能。

（3）$J=1$，$K=0$　设触发器原态为 0 时，当 $CP=1$ 时，从触发器的状态保持不变，而主触发器由于其 $S=1$ 和 $R=0$，所以它的状态翻转为 1。当 CP 从 1 变为 0，即当 $CP=0$ 时，主触发器的状态保持不变，而从触发器的状态与主触发器的状态相同，也就是说触发器发生翻转变为 1。同理，若触发器原态为 1 时，来一个脉冲，发器保持不变，即为 1。所以，当 $J=1$，$K=0$ 时，来一个脉冲，触发器的状态将与 J 相同，即 $Q^{n+1}=J$。

（4）$J=0$，$K=1$　设触发器原态为 0 时，当 $CP=1$ 时，从触发器的状态保持不变，而主触发器由于其 $S=0$ 和 $R=0$，所以它的状态保持不变。当 CP 从 1 变为 0，即当 $CP=0$ 时，主触发器的状态保持不变，而从触发器的状态与主触发器的状态相同，也就是说触发器保持不变，即 $Q=0$。同理，若触发器原态为 1 时，来一个脉冲，触发器变为 0。所以，当 $J=0$，$K=1$ 时，来一个脉冲，触发器的状态将与 J 相同，即 $Q^{n+1}=J$。

从上述分析可知，主触发器本身是一个同步 RS 触发器，所以在 $CP=1$ 的全部时间里输入信号都将对主触器起控制作用，但由于 Q、$\overline{Q}$ 端接回到了输入门上，所以，在 $CP=1$ 期间，主触发器只翻转一次，一旦翻转了就不会翻回来。这时，主从型触发器把输入信号暂存在主触发器之中，为从触发器的翻转或不变作准备；当 CP 下跳为 0 时，存储的信号起作用，使从触发器翻转或不变。从上面的分析可得主从型 JK 触发器的真值表，见表 8-3。

表 8-3　JK 触发器的真值表

J	K	Q^{n+1}
0	0	Q^n
0	1	0
1	0	1
1	1	$\overline{Q^n}$

3. JK 触发器的特性方程

由主从型 JK 触发器的真值表可知，主从型 JK 触发器没有输出状态不定现象，故其没有约束条件。再分析其真值表且化简可得，主从型 JK 触发器的特性方程为

$$Q^{n+1}=J\overline{Q^n}+\overline{K}Q^n \tag{8-2}$$

8.2.3　维持阻塞型 D 触发器

为了提高触发器的可靠性，增强抗干扰能力，希望触发器的次态仅仅取决于 CP 信号下降沿（或上升沿）到达时刻输入信号的状态，而在此之前和之后输入状态的变化对触发器的次态没有影响，这种触发器叫做边沿型触发器。D 触发器的结构有多种类型，我国生产的

主要是维持阻塞型 D 触发器，它属于上升沿触发的边沿型触发器，它的作用主要是传输数据。图 8-6 所示是 D 触发器的逻辑图。

1. 维持阻塞型 D 触发器的电路特点

由图 8-6 所示的逻辑图可看出，它是由六个与非门组成，其中 D5 和 D6 组成数据输入电路，D3 和 D4 组成时钟控制电路，D1 和 D2 组成基本触发器。

2. 维持阻塞型 D 触发器的逻辑功能

（1）$D=0$　当时钟脉冲到来之前，即 $CP=0$ 时，D3、D4 和 D6 的输出均为 1，而 D5 输入全为 1，故输出为 0。此时触发器的状态不变。当时钟脉冲从 0 变 1，即 $CP=1$ 时，D3、D5 和 D6 的输出保持原状态不变，而 D4 由于输入全 1，故输出为 0。这个负脉冲使 D2 输出为 1，再使 D1 输出为 0，即此时触发器处于 0 状态。同时，D4 的 0 输出信号反馈到 D6 的输入端，使在 $CP=1$ 时，不论 D 作何变化，触发器保持 0 状态不变，不会发生空翻现象。

（2）$D=1$　当时钟脉冲到来之前，即 $CP=0$ 时，D3、D4 和 D5 的输出均为 1，而 D6 输入全为 1，故输出为 0。此时触发器的状态不变。当时钟脉冲从 0 变 1，即 $CP=1$ 时，D4 和 D5 的输出保持原状态不变，而 D3 由于输入全 1，故输出为 0。这个负脉冲使 D1 输出为 1，再使 D2 输出为 0，即此时触发器处于 1 状态。同时，D3 的 0 输出信号反馈到 D4、D5 的输入端，使在 $CP=1$ 时，不论 D 作何变化，只能改变 D6 的输出状态，而其他门的输出状态均保持不变，即触发器保持 1 状态不变，不会发生空翻现象。

从上面的分析可知，维持阻塞型 D 触发器具有在时钟脉冲上升沿触发的特点，即触发器的次态仅取决于 CP 信号的上升沿到达时输入端 D 的逻辑状态。其逻辑功能为触发器的状态随着输入端 D 的状态而变化，但总比输入端 D 的状态的变化晚一步，即某个时钟脉冲来到之后触发器的状态和该时钟脉冲到来之前输入端 D 的状态一样。它的真值表见表 8-4，维持阻塞型 D 触发器的逻辑符号如图 8-7 所示。

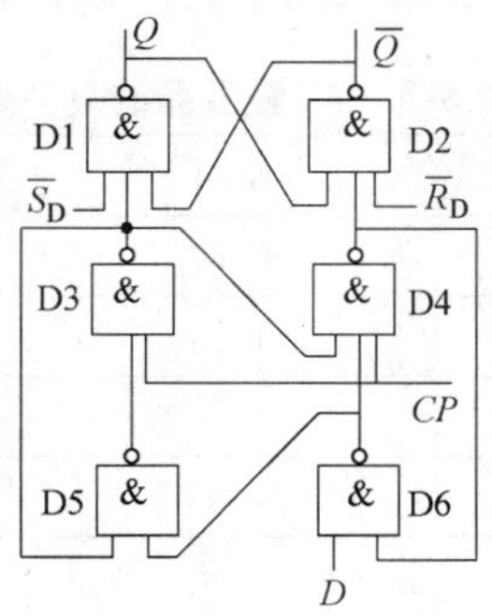

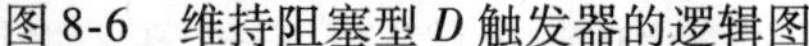

图 8-6　维持阻塞型 D 触发器的逻辑图

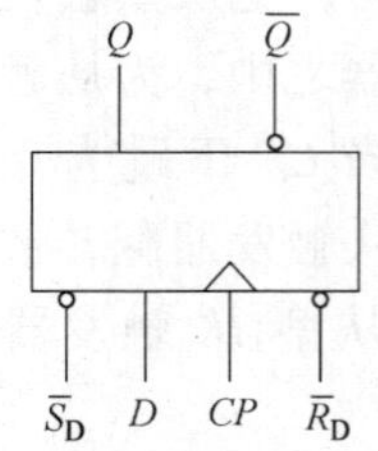

图 8-7　维持阻塞型 D 触发器的逻辑符号

下降沿触发的边沿型维持阻塞型 D 触发器的逻辑功能与上升沿触发的边沿型维持阻塞型 D 触发器的逻辑功能基本相似，不同的是下降沿触发的边沿型 D 触发器的次态仅取决于 CP 信号的下降沿到达时输入端 D 的逻辑状态，其逻辑功能为触发器的状态随着输入端 D 的状态而变化，但总比输入端 D 的状态的变化晚一步，即某个时钟脉冲来到之后触发器的状态和该时钟脉冲到来之前输入端 D 的状态一样。所以它的真值表和上升沿触发的边沿型触发器的真值表相同，见表 8-4。

3. 维持阻塞型 *D* 触发器的特性方程

维持阻塞型 *D* 触发器不存在次态不定的问题，且次态 Q^{n+1} 仅取决于控制输入端 *D* 的状态，而与原状态无关，所以其特性方程为

表 8-4　维持阻塞型 *D* 触发器的真值表

D^n	Q^{n+1}
0	0
1	1

$$Q^{n+1}=D \tag{8-3}$$

8.2.4　*T* 和 *T′* 触发器

1. *T* 触发器

T 触发器是数字电路逻辑设计中经常使用的一种触发器，但是一般不生产这种产品，因为它可以由主从 *JK* 触发器或维持阻塞 *D* 触发器转换得到（后面会讲到），*T* 触发器的逻辑符号如图 8-8 所示，其中图 8-8a 为下降沿触发，图 8-8b 为上升沿触发。它的真值表见表 8-5。

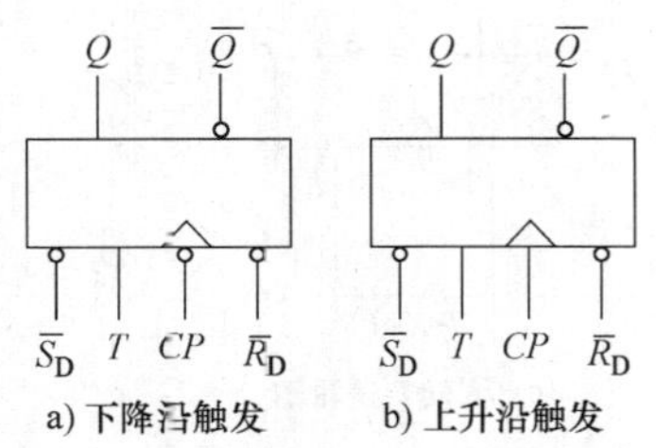

图 8-8　*T* 触发器的逻辑符号

表 8-5　*T* 触发器的真值表

T	Q^{n+1}
0	Q^n
1	$\overline{Q^n}$

从 *T* 触发器的状态表可看出，当 $T=0$ 时，在时钟脉冲 *CP* 的作用下，其状态保持不变，即 $Q^{n+1}=Q^n$。当 $T=1$ 时，在时钟脉冲 *CP* 的作用下，其状态翻转，即 $Q^{n+1}=\overline{Q}^n$，所以，*T* 触发器又称为受控计数触发器。其特性方程为

$$Q^{n+1}=T\overline{Q^n}+\overline{T}Q^n=T\oplus Q^n \tag{8-4}$$

2. *T′* 触发器

T′ 触发器的逻辑功能是每来一个时钟脉冲 *CP*，触发器的状态就改变（或翻转）一次，所以 *T′* 触发器就相当于当 $T=1$ 时的 *T* 触发器，它也是一个计数触发器。其特性方程为

$$Q^{n+1}=\overline{Q}^n \tag{8-5}$$

8.2.5　触发器的相互转换

目前市场上提供的集成触发器多为 *JK* 触发器和 *D* 触发器。当实际工作中需要用到其他逻辑功能的触发器时，可以根据实际需要在 *JK* 触发器和 *D* 触发器的基础上，通过适当连线和增加一些控制电路，转换成另一种触发器，这就是触发器逻辑功能的转换。

1. *JK* 触发器转换成其他逻辑功能的触发器

（1）由 *JK* 触发器转换成 *D* 触发器　*JK* 触发器的特性方程为

$$Q^{n+1}=J\overline{Q}^n+\overline{K}Q^n$$

D 触发器的特性方程为

$$Q^{n+1}=D=D\ (\overline{Q^n}+Q^n)\ =D\overline{Q^n}+DQ^n$$

将上面两式比较可得，令 $J=D$，$K=\overline{D}$，即完成 JK 触发器向 D 触发器的转换。逻辑电路如图 8-9a 所示。

（2）由 JK 触发器转换成 T 触发器　T 触发器的特性方程为

$$Q^{n+1}=T\overline{Q^n}+\overline{T}Q^n$$

所以，只要令 $T=J=K$，即可完成 JK 触发器向 T 触发器的转换。逻辑电路如图 8-9b 所示。

（3）由 JK 触发器转换成 T′触发器　T′触发器的特性方程为

$$Q^{n+1}=\overline{Q^n}$$

所以，只要令 $J=K=1$，即可完成 JK 触发器向 T′触发器的转换。逻辑电路如图 8-9c 所示。

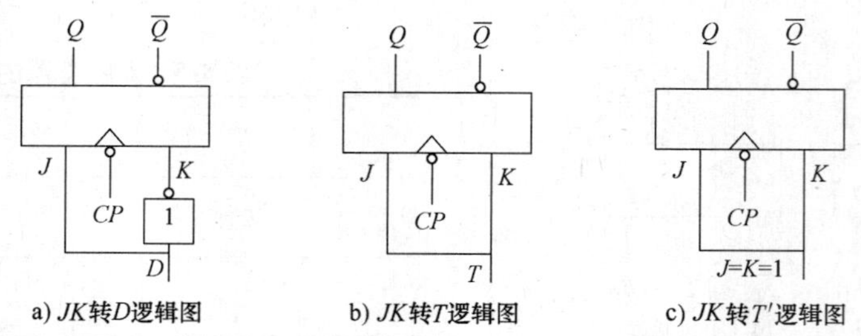

a) JK转D逻辑图　b) JK转T逻辑图　c) JK转T′逻辑图

图 8-9　JK 触发器转换成 D、T 和 T′触发器的逻辑图

2. D 触发器转换成其他逻辑功能的触发器

（1）由 D 触发器转换成 JK 触发器　比较 D 触发器和 JK 触发器的特性方程可得：

$$D=J\overline{Q^n}+\overline{K}Q^n=\overline{\overline{J\overline{Q^n}}\cdot\overline{\overline{K}Q^n}}$$

由该方程可得它的逻辑电路图如图 8-10 所示。

（2）由 D 触发器转换成 T 触发器　比较 D 触发器和 T 触发器的特性方程可得：

$$D=T\overline{Q^n}+\overline{T}Q^n=T\oplus Q^n$$

这个方程为一个异或关系式，由该方程可得它的逻辑电路图如图 8-11a 所示。

（3）由 D 触发器转换成 T′触发器　比较 D 触发器和 T′触发器的特性决程可得

$$D=\overline{Q^n}$$

所以，只要把 D 触发器的输出端 $\overline{Q^n}$ 与输入端 D 连起来，就可把 D 触发器转换成 T′触发器，它的逻辑电路图如图 8-11b 所示。

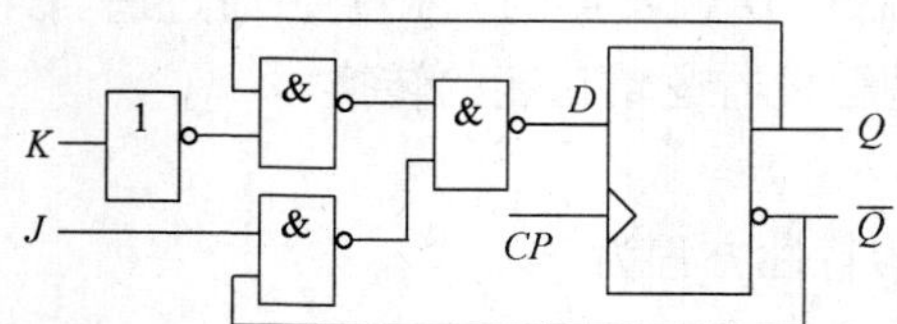

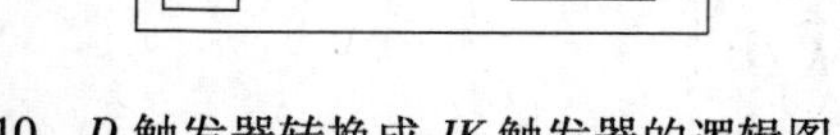

图 8-10　D 触发器转换成 JK 触发器的逻辑图

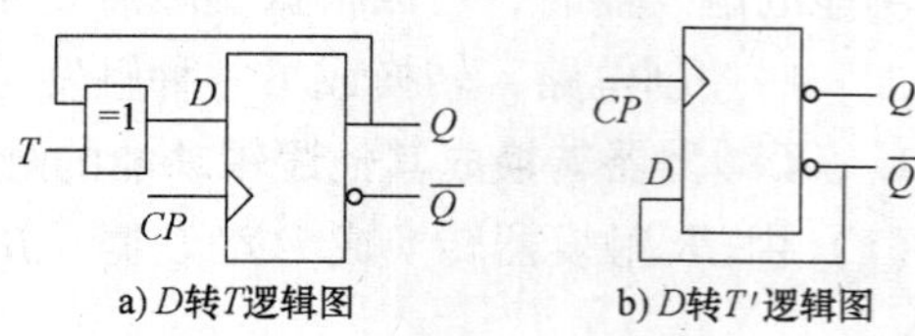

图 8-11　D 触发器转换成 T 和 T′触发器的逻辑图

8.3 寄存器

寄存器是一种重要的数字逻辑单元，常用于接收、传递数码和指令等信息，暂时存放参与运算的数据和运算结果。由于一个触发器只有两种稳定状态，故只可存放一位二进制数码。若要存放 N 位二进制数码，就需要 N 个触发器。为了使寄存器能按照指令接收、存放、传送数码和信息，有时还需配备一些起控制作用的门电路。

把数码存放在寄存器的方式有并行和串行两种，并行方式就是各位数码分别从对应位输入端同时输入到寄存器中，串行方式就是数码从一个输入端逐位输入到寄存器中。把数码从寄存器中取出的方式也有并行和串行两种，并行方式就是被取出的各位数码分别从对应位输出端上同时输出，串行方式就是被取出的数码从一个输出端上逐位输出。

寄存器由触发器构成，常分为数码寄存器和移位寄存器，两者的区别在于有无移位的功能。

8.3.1 数码寄存器

1. 数码寄存器电路组成

数码寄存器是最简单的存储器，只有接收、暂存数码和清除原有数码的功能。D 触发器组成的四位数码寄存器 CT74LS175 的逻辑电路图如图 8-12 所示。图中四个 D 触发器的时钟脉冲输入端连接在一起，为接收数码的控制端 CP；$D_3 \sim D_0$ 为寄存器的并行数码输入端；$Q_3 \sim Q_0$ 为数码并行输出端；各触发器的复位端也连接在一起，为寄存器的总清零端 $\overline{R}_D$，低电平有效。

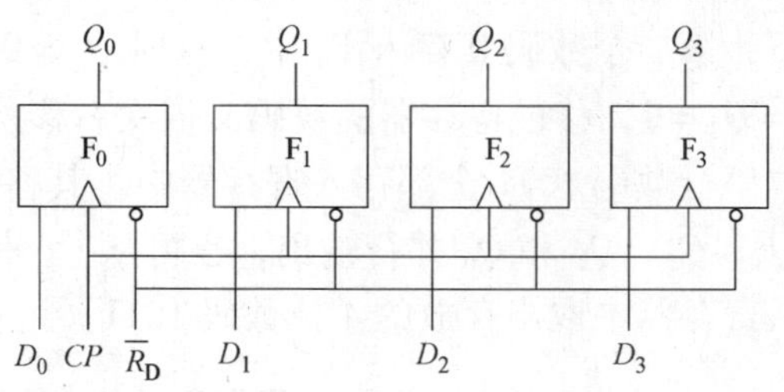

图 8-12　D 触发器组成的四位数码寄存器的逻辑电路图

2. 数码寄存器工作原理

1）寄存数码前，令 $\overline{R}_D=0$，则数码寄存器清零，它的状态 $Q_3Q_2Q_1Q_0=0000$。

2）寄存数码时，令 $\overline{R}_D=1$，若存入的数码是 1011，令寄存器的输入 $D_3D_2D_1D_0=1011$。因为 D 触发器的逻辑功能是 $Q^{n+1}=D$，所以，在接收指令脉冲 CP 的上升沿来临时，它的状态 $Q_3Q_2Q_1Q_0=1011$。

3）只要使 $\overline{R}_D=1$，$CP=0$ 不变，寄存器就一直处于保持状态。完成了接收暂存数码的功能。

从上面分析可知，此数码寄存器在接收数码时，各位数码是同时输入的；在输出数码时，也将是同时输出的，所以，这种数码寄存器称为并行输入、并行输出数码寄存器。

8.3.2 移位寄存器

具有存放数码和使数码逐位左移或右移的逻辑电路称为移位寄存器。移位寄存器分为单向移位寄存器和双向移位寄存器。

1. 单向移位寄存器

单向移位寄存器，每输入一个移位脉冲，寄存器中的数码可向左或向右移一位。图8-13所示为由4个边沿D触发器组成的4位右移位寄存器，4个D触发器共用一个脉冲信号，因此为同步时序逻辑电路。数码$d_3d_2d_1d_0$由F_0的D端输入。下面讨论其工作原理。

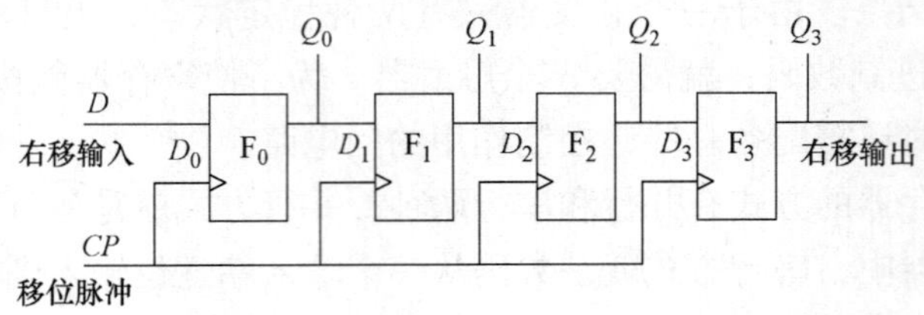

图8-13　4位单向右移位寄存器

设串行输入数码$d_3d_2d_1d_0=1011$，$F_0 \sim F_3$均为0状态。输入第一个数码1时（高位d_3在前先输入），这时$D_0=1$、$D_1=Q_0=0$、$D_2=Q_1=0$、$D_3=Q_2=0$，在第1个移位脉冲信号CP的上升沿作用下，F_0由0状态翻转到1状态，第一位数码存入F_0，其原来的状态$Q_0=0$移入F_1中，数码向右移一位，同理F_1、F_2和F_3中的数码均依次向右移一位。此时，寄存器的状态为$Q_3Q_2Q_1Q_0=0001$。当输入第二个数码0时，在第二个移位脉冲信号CP上升沿的作用下，第二个数码0存入F_0中，这时$Q_0=0$，F_0中原来的数码1移入F_1中，$Q_1=1$，同理$Q_2=Q_3=0$，移位寄存器的数码又依次右移一位。这样，在4个移位脉冲的作用下，输入的四位串行数码1011全部存入寄存器中。其移位情况状态表见表8-6。移位寄存器中的数码可由Q_3、Q_2、Q_1和Q_0并行输出，也可从Q_3串行输出，但需要继续输入4个移位脉冲信号才能从寄存器中取出存放的4位数码1011。

表8-6　4位右移位寄存器状态表

移位脉冲	输入数据	Q_0	Q_1	Q_2	Q_3
0	0	0	0	0	0
1	1	1	0	0	0
2	0	0	1	0	0
3	1	1	0	1	0
4	1	1	1	0	1

由4个D触发器组成的4位左移位寄存器如图8-14所示，其工作原理和右移位寄存器基本相同，不同之处是低位d_0在前先输入，这里不再赘述。

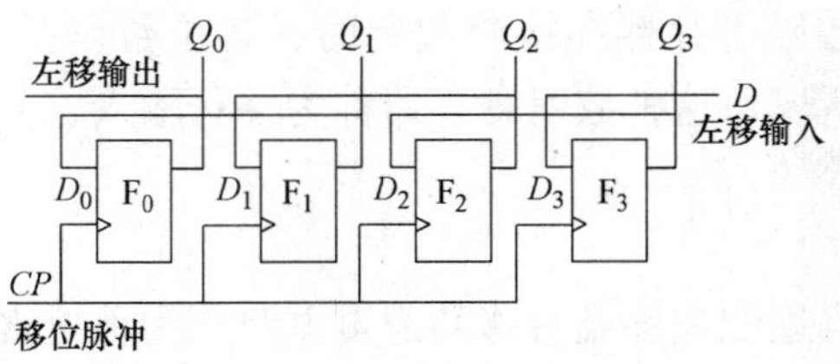

图8-14　4位单向左移位寄存器

2. 双向移位寄存器

若寄存器按不同的控制信号，既能实现右移功能，又能实现左移功能，这种寄存器称为双向移位寄存器。集成四位双向移位寄存器 CT74LS194 具有并行输入、并行输出、串行输入和串行输出的功能，其逻辑符号和引脚排列图如图 8-15 所示。图中 $\overline{R}_D$ 是清零端，当 $\overline{R}_D=0$ 时，寄存器各输出端均为 0 态；当寄存器工作时，$\overline{R}_D=1$，此时寄存器的工作方式由 M_1 和 M_0（M_1 和 M_0 为工作方式控制端）的状态决定。

当 $M_1M_0=00$ 时，寄存器中存入的数据不变；当 $M_1M_0=01$ 时，寄存器为右移工作方式，如图 8-15c 所示，D_{SR} 为右移串行输入端；当 $M_1M_0=10$ 时，寄存器为左移工作方式，如图 8-15d所示，D_{SL} 为左移串行输入端；当 $M_1M_0=11$ 时，寄存器为并行输入方式，如图 8-15e 所示，此时，在时钟脉冲 CP 的作用下，寄存器将输入到 $D_3\sim D_0$ 的数据 $d_3\sim d_0$ 同时存入寄存器中。$Q_3\sim Q_0$ 是寄存器的输出端。表 8-7 所示是它的逻辑功能表。

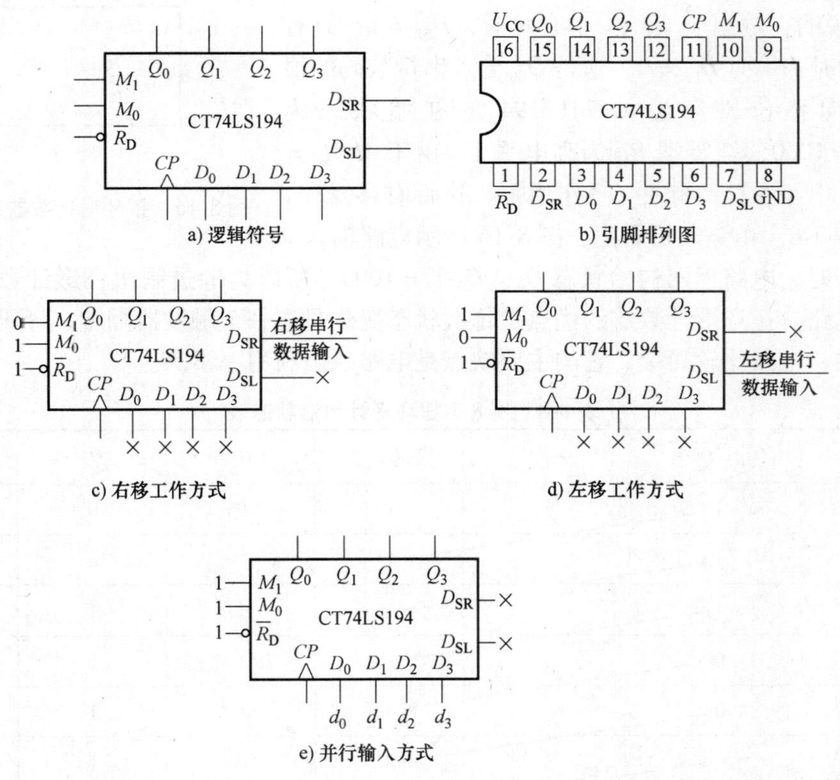

图 8-15　寄存器 CT74LS194 的逻辑符号及工作方式接线图

表 8-7　CT74LS194 的逻辑功能表

输入										输出				说明
$\overline{R}_D$	M_1	M_0	CP	D_{SL}	D_{SR}	D_0	D_1	D_2	D_3	Q_0	Q_1	Q_2	Q_3	
0	×	×	×	×	×	×	×	×	×	0	0	0	0	清零
1	×	×	0	×	×	×	×	×	×	保持不变				
1	1	1	↑	×	×	d_0	d_1	d_2	d_3	d_0	d_1	d_2	d_3	并行置数
1	0	1	↑	×	1	×	×	×	×	1	Q_0	Q_1	Q_2	右移输入 1

（续）

输入										输出				说明
$\overline{R}_D$	M_1	M_0	CP	D_{SL}	D_{SR}	D_0	D_1	D_2	D_3	Q_0	Q_1	Q_2	Q_3	
1	0	1	↑	×	0	×	×	×	×	0	Q_0	Q_1	Q_2	右移输入0
1	1	0	↑	1	×	×	×	×	×	Q_1	Q_2	Q_3	1	左移输入1
1	1	0	↑	0	×	×	×	×	×	Q_1	Q_2	Q_3	0	左移输入0
1	0	0	×	×	×	×	×	×	×	保持不变				

【例8-1】 图8-16所示为由双向移位寄存器CT74LS194组成的扭环形计数器逻辑电路图，试分析其工作原理。

解：由图8-16可看出：它是将输出 Q_2 和 Q_3 的信号通过与非门加在右移串行数码输入端 D_{SR} 上，即 $D_{SR}=\overline{Q_3Q_2}$，它说明在输出 Q_2 和 Q_3 中有0时，$D_{SR}=1$；只有 Q_2 和 Q_3 同时为1时 $D_{SR}=0$，这是 D_{SR} 输入串行数码的根据。设双向移位寄存器CT74LS194的初始状态为 $Q_0Q_1Q_2Q_3=1000$，清零端 $\overline{R}_D$ 为高电平1，由于 $M_1M_0=01$，因此，电路在计数脉冲 CP 作用下，执行右移操作，状态表见表8-8。由该表可看出：图8-16所示电路输入7个计数脉冲时，电路返回初始状态 $Q_0Q_1Q_2Q_3=1000$，所以为七进制扭环形计数器，也是一个七分频电路。扭环形计数器的优点是每次状态变化只有一个触发器翻转，译码器不存在竞争冒险现象，电路比较简单，它的主要缺点是电路状态利用率不高。

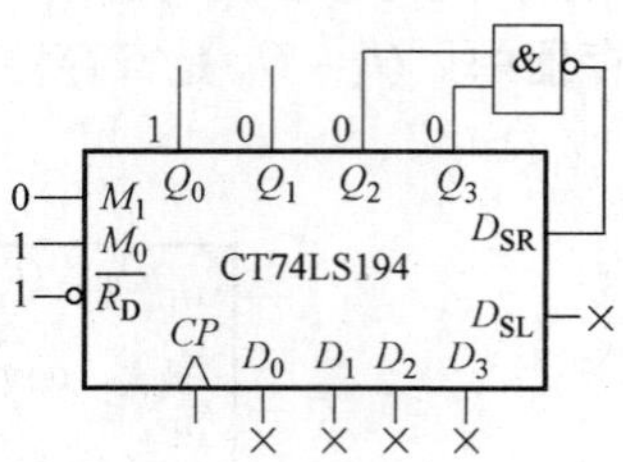

图8-16　扭环形计数器逻辑电路图

表8-8　例8-1扭环形计数器状态表

$D_{SR}=\overline{Q_2Q_3}$	Q_0	Q_1	Q_2	Q_3
1	1	0	0	0
1	1	1	0	0
1	1	1	1	0
0	1	1	1	1
0	0	1	1	1
0	0	0	1	1
1	0	0	0	1
1	1	0	0	0

8.4　计数器

8.4.1　计数器的分类

计数器是最常用的一种时序逻辑部件，它的基本功能是统计输入脉冲的个数。计数器所能统计的脉冲个数的最大值称为模，用 N 表示。计数的种类很多，它可按下列方法来分类。

1）根据计数器的工作方式来分类，可分为同步和异步两大类。同步计数器的所有触发器共用一个时钟脉冲，此时钟脉冲也是被计数的输入脉冲，它的各级触发器的状态更新是同时发生的。而异步计数器只有部分触发器的触发信号是计数脉冲，另一部分触发器的触发信号是其他触发器的输出信号，所以它的各级触发器的状态更新不是同时发生的。

2）根据计数器的进位制数来分类，可分为二进制、非二进制等。

3）根据计数器的逻辑功能来分类，可分为加法计数器、减法计数器和可逆计数器等。加法计数器的状态变化与数的依次累加相对应；减法计数器的状态变化与数的依次递减相对应；可逆计数器不但能实现加法计数，而且能实现减法计数，它是由控制信号实现相应状态的累加或递减。

8.4.2　二进制计数器

1. 异步二进制加法计数器

由于不同的触发器的特点不一样，所以用不同的触发器组成计数器时，它们的连线方式是不同的。根据异步计数器和二进制的特点，由 JK 触发器组成的异步二进制加法计数器的逻辑图如图 8-17 所示。四个 JK 触发器均接成计数式触发器（即 T'触发器），$F_3 \sim F_0$ 都为下降沿触发，计数脉冲 CP 只接在最低位触发器 F_0 的触发端，其余触发器的触发端接前一位触发器的 Q 端，总的输出脉冲（进位信号）$CO = Q_3Q_2Q_1Q_0$。其工作原理如下：

1）令 $\overline{R}_D = 0$，此时 $Q_3Q_2Q_1Q_0 = 0000$，加法计数过程中，$\overline{R}_D = 1$。

2）当输入第一个计数脉冲 CP 后，F_0 的状态由 0 翻转到 1。Q_0 端输出正跳变，F_1 不翻转，状态保持不变，此时 F_2、F_3 的状态也保持不变。四个触发器的状态为$Q_3Q_2Q_1Q_0 = 0001$。

3）当输入第二个计数脉冲 CP 后，F_0 的状态由 1 翻转到 0。Q_0 端输出负跳变，F_1 的状态由 0 翻转到 1，Q_1 端输出正跳变，F_2 不翻转，状态保持不变，此时 F_3 的状态也保持不变。四个触发器的状态为$Q_3Q_2Q_1Q_0 = 0010$。

4）当输入第三个计数脉冲 CP 后，F_0 的状态又由 0 翻转到 1。Q_0 端输出正跳变，F_1 不翻转，状态保持不变，此时 F_2、F_3 的状态也保持不变。四个触发器的状态为$Q_3Q_2Q_1Q_0 = 0011$。

5）当输入第四个计数脉冲 CP 后，F_0 的状态由 1 翻转到 0。Q_0 端输出负跳变，F_1 的状态由 1 翻转到 0，Q_1 端输出负跳变，F_2 的状态由 0 翻转到 1，此时 Q_2 端输出正跳变，F_3 不翻转，状态保持不变。四个触发器的状态为 $Q_3Q_2Q_1Q_0 = 0100$。

6）当连续输入计数脉冲 CP 后，根据上述规律，只要低位触发器的状态由 1 翻转到 0 时，相邻高位触发器的状态便翻转，否则，相邻高位触发器的状态保持不变。由以上分析可得，由 JK 触发器组成的四位异步二进制计数器的时序图如图 8-18 所示。从图 8-18 可知，每输入 16 个计数脉冲 CP 之后，计数器又开始了新的加法循环，所以，图 8-17 所示的逻辑图也为异步十六进制加法计数器。Q_0、Q_1、Q_2、Q_3端输出脉冲的频率分别为输入计数脉冲 CP 频率的 $\frac{1}{2}$、$\frac{1}{4}$、$\frac{1}{8}$、$\frac{1}{16}$，故该计数器可作 2、4、8、16 分频器使用。

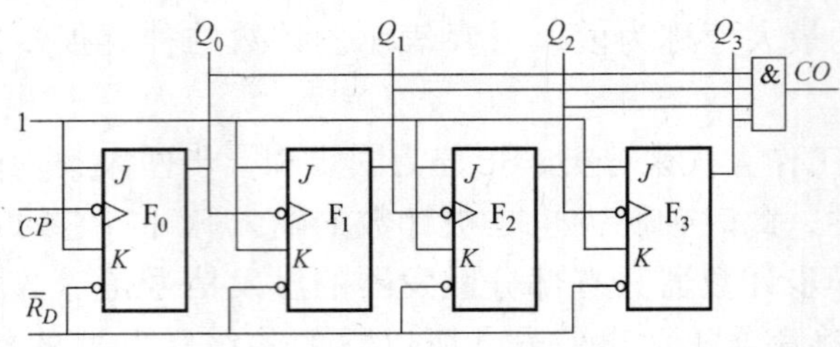

图 8-17　由 *JK* 触发器组成的异步二进制加法计数器的逻辑图

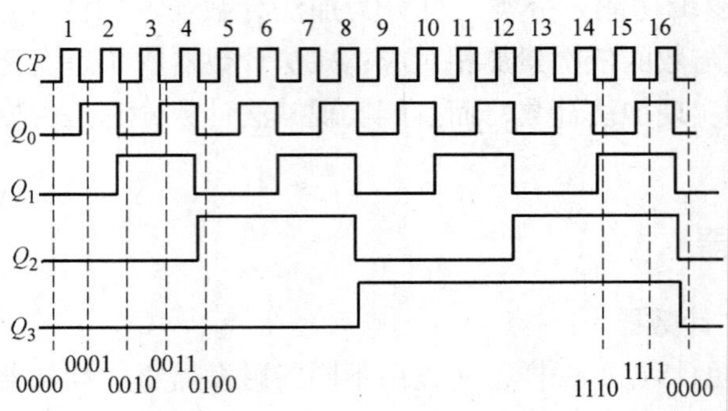

图 8-18　由 *JK* 触发器组成的四位异步二进制加法计数器的时序图

2. 异步二进制减法计数器

与二进制加法计数器相反，计数器的计数值不是随着计数脉冲的输入递增，而是递减，这就是减法计数器的特点。根据异步计数器和二进制的特点，由 *JK* 触发器组成的异步二进制减法计数器的逻辑图如图 8-19 所示。

与图 8-17 比较可知，只要把图 8-17 的异步二进制加法计数器的逻辑图中各触发器的输出端 Q 改为 $\overline{Q}$ 端后，就成为异步二进制减法计数器的逻辑图。异步二进制减法计数器的工作原理与异步二进制加法计数器的工作原理相似，只要低位触发器的状态由 0 翻转到 1，即 $\overline{Q}$ 端由 1 翻转到 0 时，相邻高位触发器的状态便翻转，否则，相邻高位触发器的状态保持不变。四位异步二进制减法计数器的时序图如图 8-20 所示。从图 8-20 可知，每输入 16 个计数脉冲 *CP* 之后，计数器又开始了新的减法循环，所以，图 8-19 所示的逻辑图也为异步十六进制减法计数器。

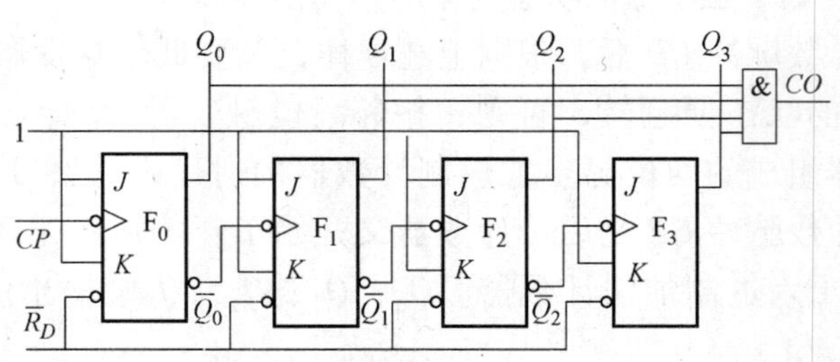

图 8-19　由 *JK* 触发器组成的异步二进制减法计数器的逻辑图

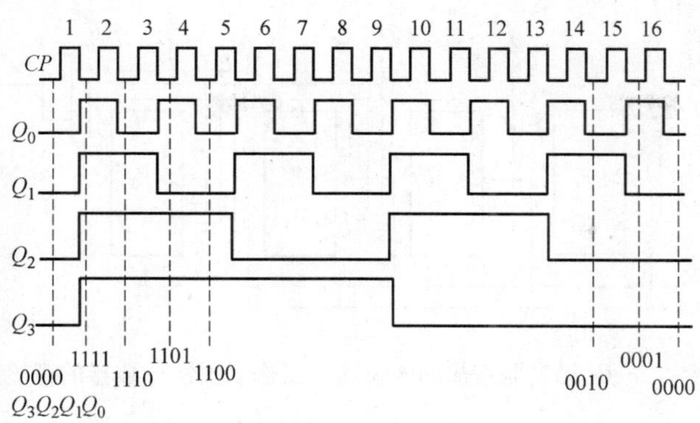

图 8-20 四位异步二进制减法计数器的时序图

3. 同步二进制加法计数器

同步计数器各触发器是同时翻转的。因此，它的速度比异步计数器要快。根据同步计数器和二进制的特点，由 JK 触发器组成的四位同步二进制加法计数器的逻辑图如图 8-21 所示。各个触发器均接成 T 触发器，第 n 位触发器输入端 $T_n = Q_{n-1}Q_{n-2}\cdots Q_1Q_0$，各个触发器的触发脉冲 CP 输入端均连在一起，总的输出脉冲（进位信号）$CO = Q_3Q_2Q_1Q_0$。其工作原理如下：

1）令 $\overline{R}_D = 0$，此时 $Q_3Q_2Q_1Q_0 = 0000$，加法计数过程中，$\overline{R}_D = 1$。

2）$T_0 = 1$，$T_1 = Q_0$，$T_2 = Q_1Q_0$，$T_3 = Q_2Q_1Q_0$。

3）当输入第一个计数脉冲 CP 后，由于 $T_0 = 1$，$T_1 = T_2 = T_3 = 0$，故 F_0 的状态由 0 翻转到 1，F_1、F_2、F_3 不翻转，状态保持不变。四个触发器的状态为 $Q_3Q_2Q_1Q_0 = 0001$。

4）当输入第二个计数脉冲 CP 后，由于 $T_0 = T_1 = 1$，$T_2 = T_3 = 0$，故 F_0 的状态由 1 翻转到 0。F_1 的状态由 0 翻转到 1，F_2、F_3 不翻转，状态保持不变。四个触发器的状态为 $Q_3Q_2Q_1Q_0 = 0010$。

5）当输入第三个计数脉冲 CP 后，由于 $T_0 = 1$，$T_1 = T_2 = T_3 = 0$，故 F_0 的状态又由 0 翻转到 1，F_1、F_2、F_3 不翻转，状态保持不变。故四个触发器的状态为 $Q_3Q_2Q_1Q_0 = 0011$。

6）当输入第四个计数脉冲 CP 后，由于 $T_0 = T_1 = T_2 = 1$，$T_3 = 0$，故 F_0、F_1 的状态由 1 翻转到 0，F_2 的状态由 0 翻转到 1，F_3 不翻转，状态保持不变。故四个触发器的状态为 $Q_3Q_2Q_1Q_0 = 0100$。

7）当连续输入计数脉冲 CP 时，根据上述规律，只有第 n 位触发器前面的各个触发器的状态均为 1 时，第 n 位触发器的状态才会翻转，否则，第 n 位触发器的状态将保持不变。由以上分析可得，由 JK 触发器组成的四位同步二进制加法计数器的时序图与四位异步二进制加法计数器的时序图（见图 8-18）相同。同理，图 8-21 所示的逻辑图也为同步十六进制加法计数器的逻辑图。

4. 同步二进制减法计数器

根据二进制减法规则可知，在多位二进制数减 1 时，若第 n 位以下各位全部为 0，则应向第 n 位发出借位信号，使第 n 位翻转，同时第 n 位以下各位都由 0 变为 1。若用 JK 触发器接成 T 触发器的形式组成同步二进制减法计数器，则第 n 位触发器输入端 $T_n = \overline{Q}_{n-1}\ \overline{Q}_{n-2}\cdots\overline{Q}_1\ \overline{Q}_0$，即只要把图 8-21 所示的四位同步二进制加法计数器的输出由 Q 改为 $\overline{Q}$ 端后，就成了

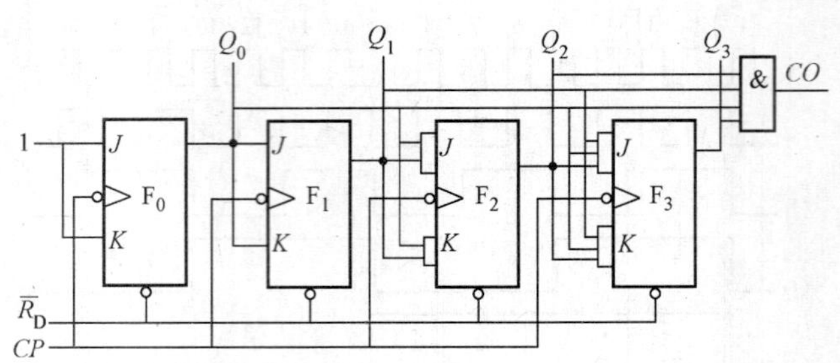

图 8-21　JK 触发器组成的四位同步二进制加法计数器的逻辑图

图 8-22 所示的同步二进制减法计数器。它的电路特点与同步二进制加法计数器相似，它的工作原理与异步二进制减法计数器相似，读者可自己分析。它的时序图与四位异步二进制减法计数器的时序图相同，见图 8-20。同理，图 8-22 所示的逻辑图也为同步十六进制减法计数器的逻辑图。

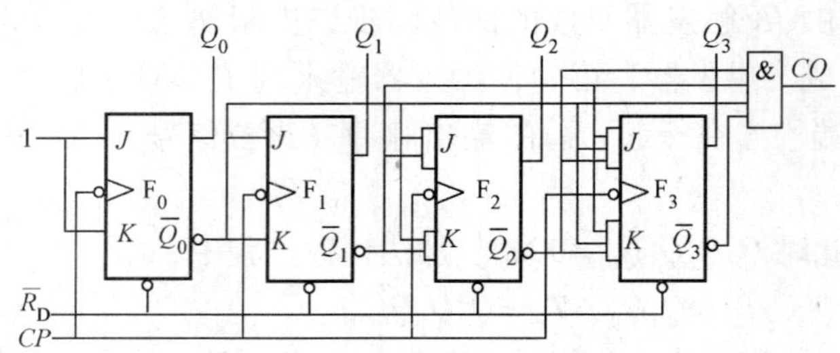

图 8-22　JK 触发器组成的四位同步二进制减法计数器的逻辑图

通过对二进制计数器的分析可知，二进制计数器有如下特点：

1）计数器不管由什么触发器组成，每位触发器本身均接成 T 触发器形式。每输入 1 个计数脉冲，各触发器的状态均按递增（或递减）的顺序翻转或保持不变。

2）一个触发器有两个状态，N 个触发器组成 N 位模为 2^N 的二进制计数器，共有 2^N 个状态。

3）由二进制计数器的时序图可知，第 N 个触发器输出脉冲频率是计数输入脉冲频率的 2^N 分之一，即为 2^N 分频器。所以，二进制计数器又可作为分频器用。

8.4.3　十进制计数器

1. 同步十进制加法计数器

二进制计数器的优点是逻辑电路简单，运算方便。但二进制数不符合人们的计数习惯，直接读数比较困难，为此，常采用十进制数计数器，按十进制数加法运算规律进行计数的电路称为十进制计数器。十进制数的每一位有十个数码，用一个具有十个稳定状态的器件来表示很困难，一般常用二进制数码来表示十进制数，即用四位二进制数来代表一位十进制数的数码，所以也称为二-十进制计数器。二-十进制的编码方式很多，这里主要介绍最常用的 8421BCD 编码方式构成的同步十进制加法计数器。

若还用 JK 触发器组成同步二进制加法计数器，根据二-十进制计数器 8421BCD 编码方式的特点，由 JK 触发器组成的同步十进制加法计数器的逻辑图如图 8-23 所示。各个触发器均接成 T 触发器，各个触发器的输入 $T_0=1$、$T_1=\overline{Q}_3Q_0$、$T_2=Q_1Q_0$、$T_3=Q_2Q_1Q_0+Q_3Q_0$，各个触发器的触发脉冲 CP 输入端均连在一起，总的输出脉冲（进位信号）$CO=Q_3Q_0$。其工作原理如下：

1）令 $\overline{R}_D=0$，此时 $Q_3Q_2Q_1Q_0=0000$，加法计数过程中，$\overline{R}_D=1$。

2）当输入第一个计数脉冲 CP 后，由于 $T_0=1$，$T_1=T_2=T_3=0$，四个触发器的状态为 $Q_3Q_2Q_1Q_0=0001$。

3）当输入第二个计数脉冲 CP 后，由于 $T_0=T_1=1$，$T_2=T_3=0$，四个触发器的状态为 $Q_3Q_2Q_1Q_0=0010$。

4）当输入第三个计数脉冲 CP 后，由于 $T_0=1$，$T_1=T_2=T_3=0$，四个触发器的状态为 $Q_3Q_2Q_1Q_0=0011$。

5）当连续输入计数脉冲 CP 后，根据上述规律，各触发器的状态与同步二进制加法计数器一样，直到第九个计数脉冲到来后，四个触发器的状态为 $Q_3Q_2Q_1Q_0=1001$。

6）当第一个计数脉冲到来后，由于 $T_0=T_3=1$，$T_1=T_2=0$，四个触发器的状态为 $Q_3Q_2Q_1Q_0=0000$。由以上分析可得，由 JK 触发器组成的同步十进制加法计数器的时序图如图 8-24 所示。

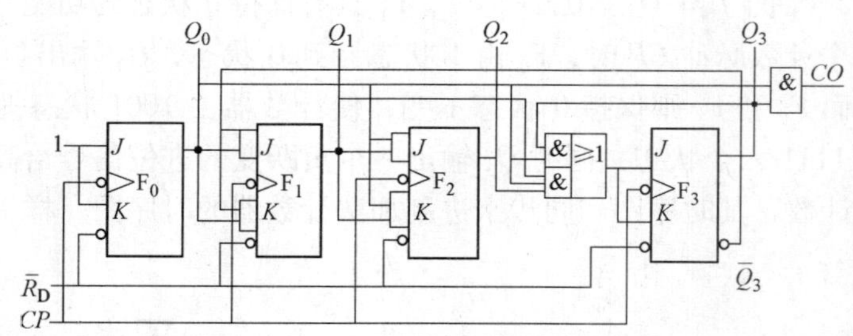

图 8-23　由 JK 触发器组成的同步十进制加法计数器的逻辑图

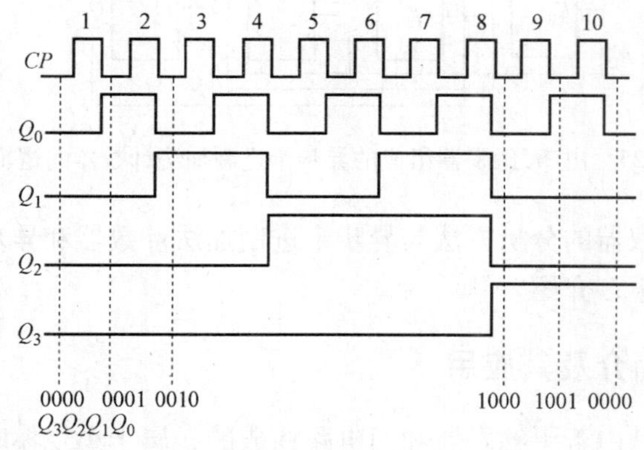

图 8-24　同步十进制加法计数器的时序图

若把多个一位十进制加法计数器互相连接，就可构成多位十进制加法计数器。此时个位计数器输出的进位信号就是十位计数器的输入信号，十位计数器输出的进位信号就是百位计数器的输入信号，其余类推。至于同步十进制减法计数器的分析方法与同步十进制加法计数器和同步二进制减法计数器的分析方法相似，这里就不多介绍。

2. 异步十进制加法计数器

由 4 个 *JK* 触发器组成的 8421 BCD 码异步十进制加法计数器如图 8-25 所示，它是在 4 位异步二进制加法计数器的基础上经过适当修改获得的，它跳过了 1010～1111 六个状态，利用二进制数 0000～1001 前十个状态形成十进制计数有效循环，它的工作原理如下：

1）计数前，在电路的清零端 $\overline{R}_D$ 上加负脉冲清零，使电路处于 $Q_3Q_2Q_1Q_0=0000$ 状态。在加法计数过程中，$\overline{R}_D$ 为高电平。由图 8-25 可知，F_1 的 $J_1=\overline{Q}_3=1$、$K_1=1$，这时 F_0、F_2，均为 T' 触发器，而 F_3 的 $J_3=Q_2Q_1=0$、$K_3=1$。因此，输入前 8 个计数脉冲时，计数器按异步二进制加法计数器的计数规律进行计数。在输入第七个计数脉冲 *CP* 时，计数器的状态为 $Q_3Q_2Q_1Q_0=0111$。这时，F_3 的 $J_3=Q_2Q_1=1$，$K_3=1$，F_3 具备翻到 1 状态的条件。

2）输入第 8 个计数脉冲 *CP* 时，F_0 由 1 状态翻到 0 状态，Q_0 输出负跃变，它一方面使 F_3 由 0 状态翻到 1 状态，另一方面使 F_1 由 1 状态翻到 0 状态，F_2 也随之由 1 状态翻到 0 状态，计数器处于 $Q_3Q_2Q_1Q_0=1000$ 状态。

3）输入第 9 个计数脉冲 *CP* 时，F_0 由 0 状态翻到 1 状态，Q_0 输出正跃变，其他触发器的状态不变。计数器为 $Q_3Q_2Q_1Q_0=1001$ 状态。这时，F_3 的 $J_3=Q_2Q_1=0$，$K_3=1$，F_3 具备翻到 0 状态的条件；F_1 的 $J_1=\overline{Q}_3=0$，$K_1=1$，F_1 具有保持 0 状态的功能。

4）输入第 10 个计数脉冲 *CP* 时，F_0 由 1 状态翻到 0 状态，Q_0 输出负跃变，使 F_3 由 1 状态翻到 0 状态，而 F_1 和 F_3 则保持 0 状态不变，使计数器由 1001 状态返回到 0000 状态，从而跳过了 1010～1111 六个状态，同时 Q_3 输出一个负跃变的进位信号给高位计数器，从而实现了十进制加法计数。其时序图和同步十进制加法计数器的时序图一样，如图 8-24 所示。

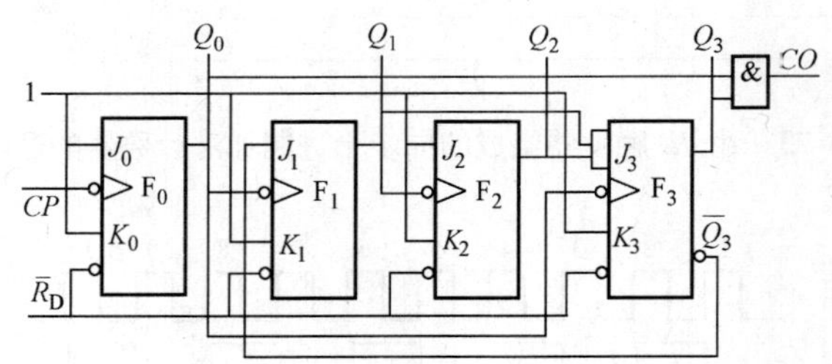

图 8-25 由 *JK* 触发器组成的异步十进制加法计数器的逻辑图

异步十进制减法计数器的分析方法与异步十进制加法计数器和异步二进制减法计数器的分析方法相似，这里就不多介绍。

8.4.4 集成计数器简介及其应用

前面介绍的计数器是由若干触发器和门电路构成的，属于小规模时序电路。实际上已有中规模集成计数器，并逐步取代了触发器组成的计数器，在简单小型数字系统中被广泛应用。中规模集成计数器的产品种类多，品种全，通用性强，应用十分广泛。它主要分异步计数器和同步计数器两大类。有二进制计数器、十进制计数器；有加法计数器、加/减法计数器（又称可逆计数器）。这些计数器通常具有计数、保持、预置数、清零等多种功能，使用方便灵活。为了进一步提高读者正确选择和灵活使用中规模集成计数器的能力，达到举一反三的目的，下面举例介绍几种常用集成计数器的功能，见表 8-9。若需要其他的任意进制计数器时，可用已有的计数器产品经过外电路的不同连接来获得。这里主要介绍两种较为典型的集成计数器的功能和应用，以帮助读者提高借助产品手册上给出的功能表，正确而灵活地运用集成计数器的能力。

表 8-9　几种典型的集成计数器

CP 脉冲方式	型号	计数模式	清零方式	预置数方式
同步	CT74LS160	十进制加	异步（低电平）	同步
	CT74LS162	十进制加	同步（低电平）	同步
	CT74LS161	十六进制加	异步（低电平）	同步
	CT74LS163	十六进制加	同步（低电平）	同步
	CT74LS190	十进制加/减	无	异步
	CT74LS191	十六进制加/减	无	异步
异步	CT74LS290	二 - 五 - 十进制加	异步	异步
	CT74LS197	二 - 八 - 十六进制加	异步	异步

1. 集成异步二-五-十进制计数器

图 8-26 所示为集成异步二-五-十进制型计数器 CT74LS290 的逻辑符号图和引脚排列图，它的逻辑功能表见表 8-10。各接线端的功能说明如下：

1）$R_{0(1)}$ 和 $R_{0(2)}$ 是清零输入端，当两者都为 1 时，将四个触发器清零。

2）$S_{9(1)}$ 和 $S_{9(2)}$ 是置 9 输入端，当两者都为 1 时，$Q_3Q_2Q_1Q_0=1001$。

3）计数脉冲由 CP_0 输入，Q_0 输出，内部触发器 F_1、F_2、F_3 不起作用，为二进制计数器。

4）计数脉冲由 CP_1 输入，Q_3、Q_2、Q_1 输出，内部触发器 F_0 不起作用，为五进制计数器。

5）若将 Q_0 端与 CP_1 端连接，计数脉冲由 CP_0 输入，为 8421BCD 码十进制计数器。

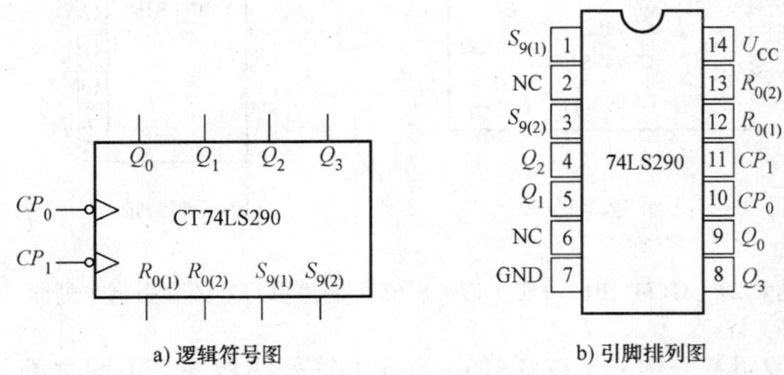

a) 逻辑符号图　　b) 引脚排列图

图 8-26　CT74LS290 型计数器的逻辑符号图和引脚排列图

表 8-10　CT74LS290 型计数器的逻辑功能表

$R_{0(1)}$	$R_{0(2)}$	$S_{9(1)}$	$S_{9(2)}$	Q_3	Q_2	Q_1	Q_0	说　明
1	1	0	×	0	0	0	0	异步清零
1	1	×	0	0	0	0	0	
×	×	1	1	1	0	0	1	异步置 9
×	0	×	0	计	数	功	能	计数
0	×	0	×	计	数	功	能	
0	×	×	0	计	数	功	能	
×	0	0	×	计	数	功	能	

注：“×”表示任意数，即 1 或 0 均可以。

2. 集成同步十六进制计数器

图 8-27 所示为集成同步十六进制计数器 CT74LS161（或 CT74LS163）的逻辑符号图和引脚排列图，它的逻辑功能表见表 8-11。各接线端的功能说明如下：

1）$\overline{R}_D$ 是异步清零输入端，当 $\overline{R}_D=0$ 时，将四个触发器异步清零（不需要 CP 信号）。

2）当 $\overline{R}_D=1$，$\overline{LD}=0$ 时，在 CP 下降沿作用下，实现同步置数功能。即 $Q_3Q_2Q_1Q_0=d_3d_2d_1d_0$（由 $D_3 \sim D_0$ 输入）。

3）当 $\overline{R}_D=\overline{LD}=1$ 时，且当计数控制端 $CT_T=CT_P=1$，对计数脉冲 CP 进行同步二进制计数。计数器的进位输出端 $CO=CT_T \cdot CT_P \cdot Q_3Q_2Q_1Q_0$。

4）当 $\overline{R}_D=\overline{LD}=1$ 时，且当两个计数控制端中只要有一个为零，即 $CT_T \cdot CT_P=0$ 时，不管 CP 如何，计数器中各触发器将保持原状态不变。

5）计数器的进位输出端 $CO=CT_T \cdot CT_P \cdot Q_3Q_2Q_1Q_0$，这说明当且仅当计数控制端 $CT_T=CT_P=1$ 和触发器全为 1 时，CO 才为 1。

如 $CT_P=0$、$CT_T=\times$，则 $CO=CT_P \cdot CT_T \cdot Q_3Q_2Q_1Q_0=0$，电路各级触发器状态不变和进位输出信号 CO 为低电平 0；如 $CT_P=\times$、$CT_T=0$，则 $CO=CT_T \cdot CT_P \cdot Q_3Q_2Q_1Q_0=0$，电路各级触发器状态不变，进位输出 CO 为低电平 0。

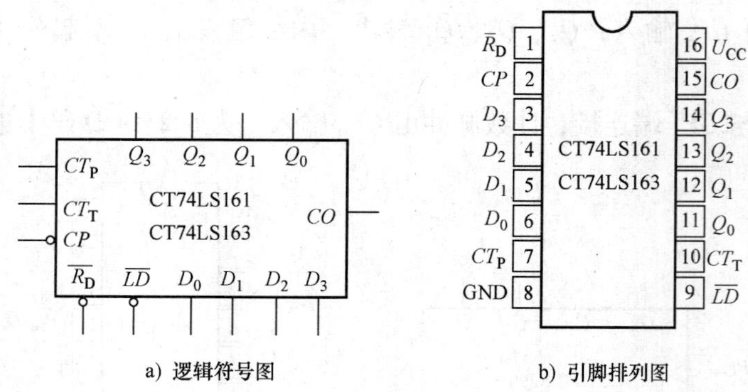

图 8-27　CT74LS161（或 CT74LS163）的逻辑符号图和引脚排列图

CT74LS163 的逻辑符号图和 CT74LS161 的逻辑符号图相同，不同之处是 CT74LS163 为同步清零，这就是说，在同步清零控制端 $\overline{R}_D$ 为低电平时，这时计数器并不被清零，还需再

输入一个计数脉冲 CP 的上升沿后才能被清零，而 CT74LS161 则为异步清零，这是 CT74LS163 和 CT74LS161 的主要区别，它们的其他功能完全相同。

表 8-11　CT74LS161 型计数器的逻辑功能表

输入									输出					说明
$\overline{R}_D$	$\overline{LD}$	CT_P	CT_T	CP	D_3	D_2	D_1	D_0	Q_3	Q_2	Q_1	Q_0	CO	
0	×	×	×	×	×	×	×	×	0	0	0	0	0	异步清零
1	0	×	×	↑	d_0	d_1	d_2	d_3	d_0	d_1	d_2	d_3		
1	1	1	1	↑	×	×	×	×	计数					$CO = Q_3Q_2Q_1Q_0$
1	1	0	×	↑	×	×	×	×	保持不变					$CO=0$
1	1	×	0	↑	×	×	×	×	保持不变				0	$CO=0$

3. 集成计数器的应用

（1）反馈清零法构成任意进制计数器　这种方法是利用中规模集成计数器几乎都具有清零这一功能端来实现的。集成计数器的清零方式有异步清零（有短暂的过渡状态）和同步清零两种。异步清零与时钟脉冲 CP 没有关系，只要异步清零输入端出现清零信号，计数器便立即被清零。所以，利用异步清零法获得 N 进制计数器时，应在输入第 N 个计数脉冲 CP 后，通过控制电路产生一个清零信号加到异步清零输入端上，使计数器清零，从而实现 N 进制计数。同步清零与异步清零不同，同步清零输入端获得清零信号后，计数器不能立即被清零，只是为清零创造了条件，还需要再输入一个计数脉冲 CP 后，计数器才能被清零。所以，利用同步清零法获得 N 进制计数器时，应在输入第 $N-1$ 个计数脉冲 CP 后，向同步清零输入端发送清零信号，这样，再在输入第 N 个计数脉冲 CP 后，计数器才被清零，从而实现 N 进制计数。

【例 8-2】　用反馈清零法将中规模 CT74LS290 型二－五－十进制计数器分别改接成六进制计数器和九进制计数器。

解：（1）因为 $N=6$，且 CT74LS290 采用异步清零，所以相应的反馈清零码应为 0110。根据 CT74LS290 型二－五－十进制计数器的逻辑功能可知，只要把它的 Q_2、Q_1 端分别接在 $R_{0(1)}$ 和 $R_{0(2)}$ 上，且 $S_{9(1)}$ 和 $S_{9(2)}$ 同时接地，Q_0 端接在 CP_1 上，计数脉冲从 CP_0 输入即可。它的逻辑图如图 8-28a 所示。至于它的工作原理和时序图这里就不多介绍了。

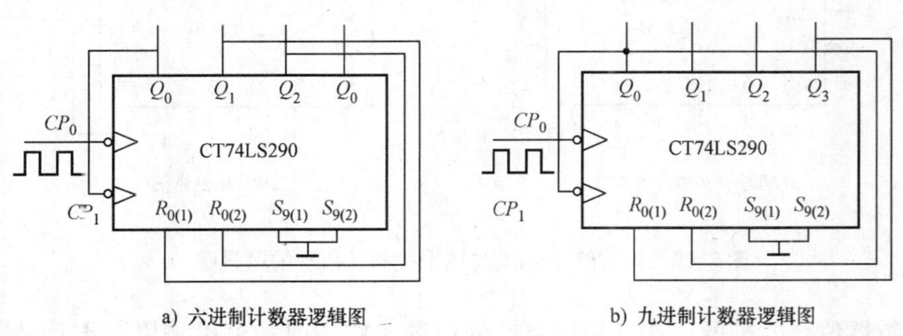

a) 六进制计数器逻辑图　　b) 九进制计数器逻辑图

图 8-28　用 CT74LS290 构成的六进制计数器和九进制计数器逻辑图

（2）至于九进制计数器，因为 $N=9$，所以相应的反馈清零码应为 1001，所以只要把它

的 Q_3、Q_0 端分别接在 $R_{0(1)}$ 和 $R_{0(2)}$ 上，其余的连线和六进制相同，它的逻辑图如图 8-28b 所示。

（3）反馈置数法构成任意进制计数器　由于中规模同步计数器均具有并行输入控制端 $\overline{LD}$，利用计数器的置数功能也可获得 N 进制计数器，但这时应先将计数器起始数据预先置入计数器。集成计数器的置数方式也有同步置数和异步置数两种。和异步清零相似，异步置数与时钟脉冲 CP 没有关系，只要异步置数输入端出现置数信号，并行输入的数据便立即被置入计数器相应的触发器中。所以，利用异步置数法获得 N 进制计数器时，应在输入第 N 个计数脉冲 CP 后，通过控制电路产生一个置数信号加到异步置数输入端上，使计数器返回到初始的预置数状态，从而实现 N 进制计数器。由于同步置数输入端获得置数信号时，仍需再输入一个计数脉冲 CP 才能将预置数置入计数器相应的触发器中。所以，利用同步置数法获得 N 进制计数器时，应在输入第 $N-1$ 个计数脉冲 CP 后，使同步置数输入端获得置数信号，这样，再在输入第 N 个计数脉冲 CP 后，计数器返回到初始的预置数状态，从而实现 N 进制计数。

【例 8-3】　用反馈置数法将中规模 CT74LS161 型四位二进制同步计数器改接成十进制计数器。

解：方法一：利用计数器到达最大值的状态产生的进位信号作为反馈置数信号，将输入端的某一定值 $D_3D_2D_1D_0$ 置入计数器，以实现循环加计数。根据 CT74LS161 型四位二进制同步计数器的同步置数特点，则 $N = 15 - D_3D_2D_1D_0 + 1$。因为 $N = 10$，则 $D_3D_2D_1D_0 = 6$ (0110)，所以其置入的数为 0110，它的逻辑图如图 8-29a 所示。至于它的工作原理和时序图这里也就不多介绍了。

方法二：假设 CT74LS161 的并行输入数据端均接入 0011 码，即 $D_3D_2D_1D_0 = 0011$，相当于十进制数的 3。因为要构成十进制计数器，所以 $N = 10$，若反馈数码的十进制数用 M 表示，则 $M = N + 3 - 1 = 12$，即反馈数码为 1100。所以，采用与非门译码且经化简后可得 $\overline{LD} = \overline{Q_3Q_2}$，且同时令 $\overline{R}_D = CT_T = CT_P = 1$ 即可。它的逻辑图如图 8-29b 所示。至于它的工作原理和时序图这里就不多介绍了。

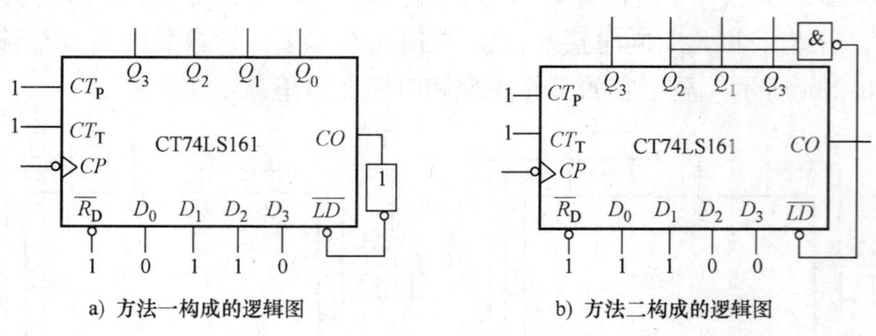

图 8-29　用 CT74LS161 构成十进制计数器的逻辑图

（4）计数器位数的扩展　若一片计数器的位数不够用时，可以采用若干片计数器串联起来，从而获得任意进制计数器。例如把一个 N_1 进制计数器和一个 N_2 进制计数器串联起来就可构成 $N = N_1N_2$ 进制计数器，这种方法称为级联法。级联法有同步式连接和异步式连接两种方法。在同步式连接中，计数脉冲同时加到各片上，低位片的进位输出作为高位片的片选信号或计数脉冲输入的选通信号。在异步式连接中，计数脉冲只加到最低位片上，低位片的进位输出作为高位片的计数脉冲输入信号。

【例 8-4】 利用中规模 CT74LS290 型二－五－十进制计数器改接成六十进制计数器。

解：六十进制计数器由两位组成，个位为十进制计数器，十位为六进制计数器，计数脉冲连接到个位的 CP_0 端，而个位的最高位 Q_3 连接到十位的 CP_0 端。它的逻辑图如图 8-30 所示。

它的工作原理为：低位片（Ⅰ）的十进制计数器经过 10 个脉冲循环一次，每当第 10 个脉冲来到后，它的最高位 Q_3 由 1 变 0，产生一个负脉冲，使高位片（Ⅱ）的六进制计数器计数。低位的十进制计数器经过第一次 10 个脉冲时，高位的六进制计数器计数为 0001；低位的十进制计数器经过第二次 10 个脉冲时，高位的六进制计数器计数为 0010；依次类推。当经过第 59 个脉冲时，低位的十进制计数器为 1001，高位的六进制计数器计数为 0101，经过第 60 个脉冲时，低位的十进制计数器为 0000，高位的六进制计数器计数为 0110，接着立即清零，使低位的十进制计数器和高位的六进制计数器计数都为 0000，即为六十进制计数器。至于它的时序图这里就不多介绍了。

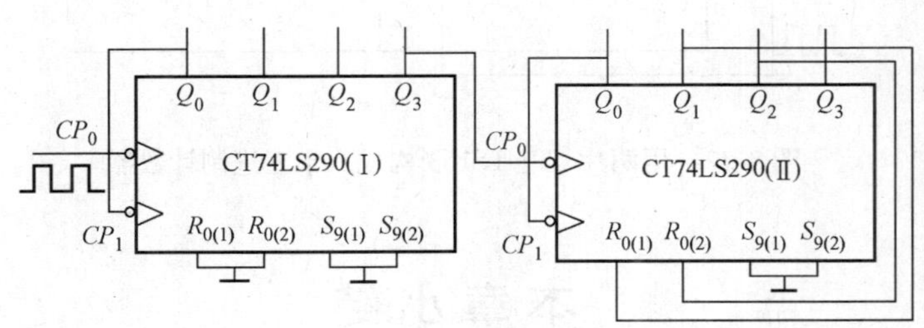

图 8-30　用两片 CT74LS290 构成的六十进制计数器逻辑图

【例 8-5】 用集成 CT74LS161 型四位二进制同步计数器改接成同步一百进制计数器。

解：因为 $M=100$，所以 $2^4<M<2^8$，即需要两片集成 CT74LS161 型四位二进制同步计数器。其多余的状态数为 156，相应的二进制为 10011100，所以可令高位片（Ⅱ）的 $D_3D_2D_1D_0=1001$，低位片（Ⅰ）的 $D_3D_2D_1D_0=1100$。同时，因为只有当两片集成 CT74LS161 型四位二进制同步计数器的输出都为 1 时，高位片（Ⅱ）的进位输出 CO 才为 1，所以，高位片（Ⅱ）的进位输出 CO 经反相后送到两片集成 CT74LS161 型四位二进制同步计数器的 $\overline{LD}$，以构成同步置数的条件。它的逻辑图如图 8-31 所示。至于它的工作原理和时序图这里就不多介绍了。

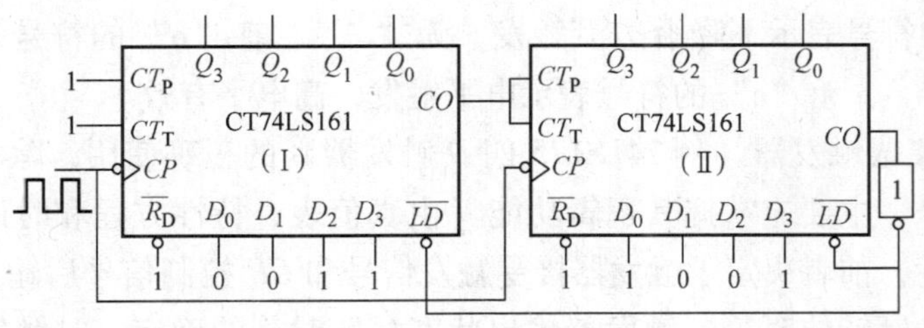

图 8-31　用两片 CT74LS161 构成的同步一百进制计数器逻辑图

【例 8-6】 用两片 CT74LS163 的同步清零功能构成八十五进制计数器。

解：因为 $M=85$，所以 $2^4<M<2^8$，即需要两片 CT74LS163 型四位二进制同步计数器，用同步反馈清零法构成八十五进制计数器。因为是同步清零，所以反馈的状态应是 $85-1=84$，而 84 对应的二进制数为 01010100，所以，可令高位片（Ⅱ）的 $Q'_3Q'_2Q'_1Q'_0=0101$，低位片（Ⅰ）的 $Q_3Q_2Q_1Q_0=0100$。当计数器计到 84 时，计数器的状态为 $Q'_3Q'_2Q'_1Q'_0\ Q_3Q_2Q_1Q_0=01010100$，其反馈清零函数为 $\overline{R_D}=\overline{Q'_2Q'_0Q_2}$，这时，与非门输出低电平 0，在输入第 85 个计数脉冲 CP 时，使两片 CT74LS163 同时被清零，从而实现八十五进制计数。电路如图 8-32 所示。

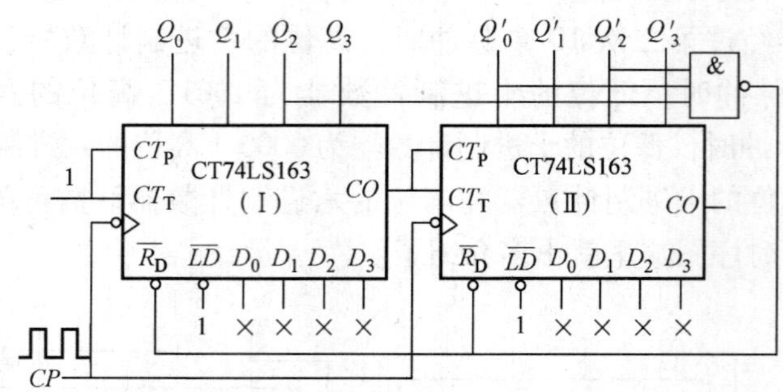

图 8-32　用两片 CT74LS163 构成八十五进制计数器

本章小结

1. 触发器具有两个基本特性：一是有两个稳态；二是在触发信号和时钟控制脉冲 CP 作用下可触发翻转。因此，触发器具有记忆、存储一位（0 和 1）两值信息的功能，是时序逻辑电路的基本单元电路（作半导体存储单元或记忆单元使用）。触发器逻辑功能用以反映触发器输出的次态与现态和输入信号之间的逻辑关系。描写触发器逻辑功能的方法有特性表、特性方程和波形图（又称时序图）等。

2. 双稳触发器按其触发翻转是否受时钟脉冲 CP 控制，可分为基本 RS 触发器和钟控触发器。钟控触发器按其逻辑功能，可分为同步 RS、JK、D、T 和 T' 触发器；按其触发方式，可分为边沿触发（包括上升沿触发和下降沿触发）、主从触发和电平触发型。

3. 几种常见钟控触发器的逻辑符号、触发方式、真值表和特性方程见表 8-12。其中触发方式在逻辑符号中的表示方法为 CP 端有 “∧”、无 “o” 的符号表示上升沿边沿触发；有 “∧”、有 “o” 的符号表示下降沿边沿触发；无 “∧”、有 “o” 的符号表示电平触发，低电平有效；无 “∧”、无 “o” 的符号表示电平触发，高电平有效。

4. 对于钟控集成触发器（例 74LS175 四 D 触发器）的正确使用，除掌握其逻辑符号和外部引脚排列图外，主要应掌握其逻辑功能（由真值表、特性方程和时序图表示）和触发方式两方面的属性，前者决定了触发器接受触发信号和 CP 控制信号后输出翻转的状态，后者则决定了它触发翻转的时刻。触发器输出状态翻转时刻的确定，对触发器工作波形（或时序图）的分析具有极为重要的意义。

钟控电平触发器在 $CP=1$ 期间将始终接受输入信号，如果此期间输入信号多次发生变化，则触发器的状态也会相应产生多次翻转，抗干扰能力差。若用来构成 T' 触发器，则会产生空翻，使其丧失计数功能。

钟控边沿触发器只在控制时钟脉冲 CP 的上升沿或下降沿时刻才接受输入触发信号触发翻转，而在 CP 其他时间里不接受输入触发信号，触发器保持原状态不变。因此，钟控边沿触发器具有很强的抗干扰能力；用于构成 T' 触发器时不产生空翻；触发器翻转时刻明确，翻转输出状态（取决于 CP 触发沿到达时刻前输入触发信号的状态，例如 D、J 和 K 等的状态）易于分析等优点，从而获得了广泛的应用。

表 8-12 常见钟控触发器的逻辑符号、触发方式、真值表和特性方程

名称	同步 RS 触发器	JK 触发器	D 触发器	T 触发器	T' 触发器
逻辑符号	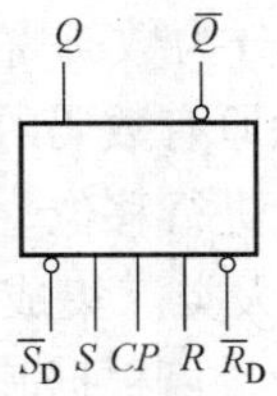 Q $\overline{Q}$ $\overline{S}_D$ S CP R $\overline{R}_D$	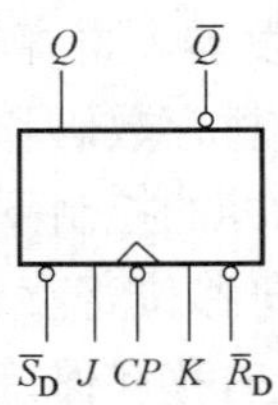 Q $\overline{Q}$ $\overline{S}_D$ J CP K $\overline{R}_D$	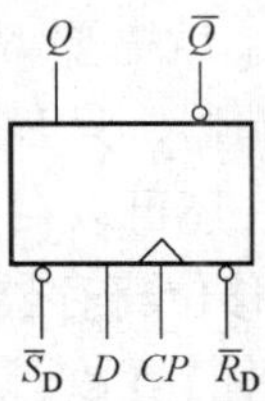 Q $\overline{Q}$ $\overline{S}_D$ D CP $\overline{R}_D$	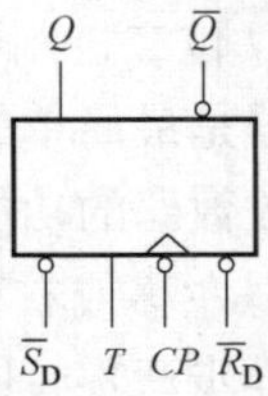 Q $\overline{Q}$ $\overline{S}_D$ T CP $\overline{R}_D$	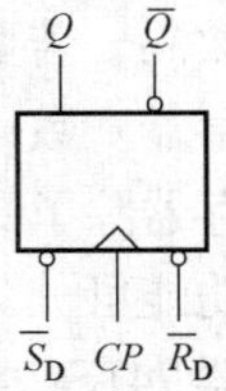 Q $\overline{Q}$ $\overline{S}_D$ CP $\overline{R}_D$
触发方式	电平触发，$CP=1$	下降沿触发	上升沿触发	下降沿触发	上升沿触发
真值表	R S Q^{n+1} 0 0 Q^n 0 1 1 1 0 0 1 1 不定	J K Q^{n+1} 0 0 Q^n 0 1 0 1 0 1 1 1 $\overline{Q^n}$	D Q^{n+1} 0 0 1 1	T Q^{n+1} 0 Q^n 1 $\overline{Q^n}$	Q^n Q^{n+1} 0 1 1 0
特性方程	$Q^{n+1}=S+\overline{R}Q^n$ $SR=0$，约束条件	$Q^{n+1}=J\overline{Q^n}+\overline{K}Q^n$	$Q^{n+1}=D$	$Q^{n+1}=T\oplus Q^n$	$Q^{n+1}=\overline{Q^n}$

5. 在实际应用中，经常遇到触发器逻辑功能转换的问题。例如，市场上不生产集成 T 和 T' 触发器产品，它们通常由集成 JK 或 D 触发器外接适当连线和控制门电路获得。转换的方式有两种：分析真值表得出和利用特性方程联解得出。

（1）由主从型 JK 触发器转换为其他类型的触发器。JK 触发器的特性方程为 $Q^{n+1}=J\overline{Q}^n+\overline{K}Q^n$，所以，令 $J=D$，$K=\overline{D}$，即可完成由 JK 触发器向 D 触发器的转换。同理，令 $J=K=T$，可完成由 JK 触发器向 T 触发器的转换。令 $J=K=1$，可完成由 JK 触发器向 T' 触发器的转换。

（2）由 D 触发器转换为其他类型的触发器。根据 $D=J\overline{Q}^n+\overline{K}Q^n=\overline{\overline{J\overline{Q}^n}\cdot\overline{\overline{K}Q^n}}$，可完成由 D 触发器向 JK 触发器的转换。同理，根据 $D=T\overline{Q}^n+\overline{T}Q^n=T\oplus Q^n$，可完成由 D 触发器向 T 触发器的转换，根据 $D=\overline{Q}^n$，可完成由 D 触发器向 T' 触发器的转换。

6. 时序逻辑电路在电路结构、工作方式、逻辑功能及其表示方法、分析方法上都有明显区别于组合逻辑电路的特点。具体的时序逻辑电路千变万化，种类也不胜枚举，掌握时序逻辑电路的共同特点和一般的分析方法是极为重要的。在电路结构上，时序逻辑电路必定包含存储电路，即以触发器作记忆单元和存储单元，通常接有组合逻辑电路，且在电路内引入了反馈。因此，时序逻辑电路具有记忆、存储作用，且通常记忆和存储多位两值信息。在逻辑功能上，时序逻辑电路任一时刻输出变量的状态不仅与当时输入变量的组合状态有关，而且还与电路原来记忆和存储的状态有关。在工作方式上，时序逻辑电路是由操作时钟脉冲 CP 控制，按时间节拍顺序工作的，电路的状态及其转换具有时序特征。电路状态及其转换规律分析，是时序逻辑电路功能分析的主要内容，其功能可由电路状态转换规律分析得到。

7. 时序逻辑电路根据电路中各触发器状态转换是否受同一个时钟脉冲控制，可分为同步时序逻辑电路和异步时序逻辑电路。本章介绍了两种常用功能的时序逻辑电路——寄存器和计数器等。

8. 寄存器是一种重要的数字逻辑单元，常用于接收、传递数码和指令等信息，暂时存放参与运算的数据和运算结果。由于一个触发器只有两种稳定状态，故只可存放一位二进制数码，若要存放 N 位二进制数码，就需要 N 个触发器。寄存器常分为数码寄存器和移位寄存器。数码寄存器是最简单的存储器，只有接收、暂存数码和清除原有数码的功能。移位寄存器除了具有存放数码的功能外，还可以在移位脉冲的控制下依次进行移位，根据它的逻辑功能可分为单向（左移或右移）移位寄存器和双向移位寄存器两大类。集成双向移位寄存器 74LS194 具有异步清零、同步并行置数、左移、右移和保持功能，可根据其功能表、逻辑符号和引脚图构成各种应用电路。

9. 计数器是最常用的一种时序逻辑部件，它的基本功能除了统计输入脉冲的个数外，还可以用来定时、分频和进行数字运算等。根据计数器的工作方式，可分为同步和异步两大类。根据计数器的进位制数可分为二进制、十进制和任意 M 进制计数器等，它们各自按其计数进位规律工作。根据计数器的逻辑功能可分为加法计数器、减法计数器和可逆计数器等。

同步计数器的特点是各触发器的时钟脉冲均取自同一计数脉冲，使得各触发器的状态变换与时钟脉冲同步，工作速度较快。异步计数器的特点是各触发器的时钟脉冲不是都取自同一计数脉冲（有的是输入 CP 脉冲，有的取自其他触发器的输出），各触发器的状态变换有先有后，是异步的，工作速度较慢。加法计数器的状态变化与数的依次累加相对应；减法计数器的状态变化与数的依次递减相对应；可逆计数器不但能实现加法计数，而且能实现减法计数，它是由加/减选择控制信号实现相应状态的累加或递减。

10. n 位二进制计数器（又称模为 2^n 的计数器）由 n 个触发器构成，它们也是构成十进制和任意 M 进制计数器的基础电路。

异步二进制计数器的分析方法一般采用时序图法，即根据逻辑电路图先画出 Q_0 波形，再以 Q_0 或 $\overline{Q_0}$ 波形作为 CP_1 画出 Q_1 波形，其余类推。

同步二进制计数器的分析方法一般采用电路状态计算法，即根据逻辑电路图：（1）列写驱动方程、输出方程；（2）将驱动方程代入触发器的特性方程得到状态方程；（3）进行状态计数，并画出时序图。

11. 由二进制计数器（模为 2^n）利用反馈方法，阻断电路一些状态使之不参与计数循环，便可构成模 $M<2^n$ 的任意 M 进制计数器。例如十进制计数器便是由四位二进制计数器阻断六个状态获得的。它们的分析方法与二进制计数器相似，即同步型一般采用电路状态计算法，异步型一般采用时序图法。由于引入了反馈，异步型电路的分析相对复杂一些。

12. 中规模集成电路常用的定型产品有四位二进制计数器和十进制计数器等。CT74LS290 二-五-十集成计数器芯片具有异步清零，异步置 9 和二-五-十进制计数功能。CT74LS161 集成四位二进制计数器芯片具有异步清零，同步置数，同步计数和保持功能。使用集成计数器芯片主要应根据逻辑功能表、逻辑符号和外部引脚排列图等，特别要掌握外部引脚符号及它们的功能，注意采用的清零和置数方式。若需要其他的任意进制计数器时，可用已有的计数器产品经过外电路的不同连接来获得，主要方法有反馈置零法、反馈置数法和计数器级联法等。

习 题 8

8.1 已知基本 *RS* 触发器的两输入端 $\overline{S}_D$ 和 $\overline{R}_D$ 的波形如图 8-33 所示，试画出当基本 *RS* 触发器初始状态分别为 0 和 1 两种情况下，输出端 *Q* 的波形图。

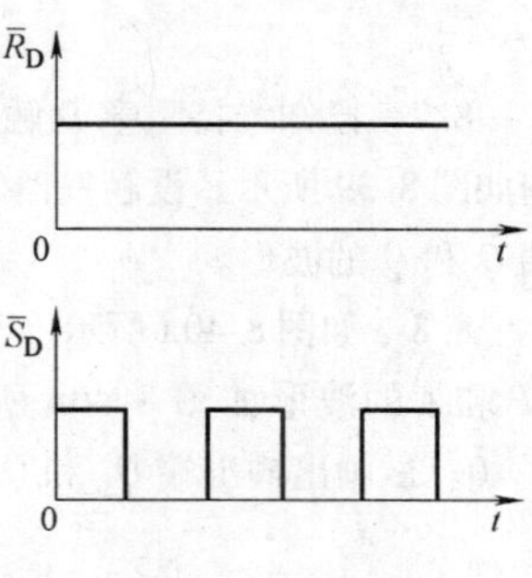

图 8-33 习题 8.1 图

8.2 已知同步 *RS* 触发器的初态为 0，当 *S*、*R* 和 *CP* 的波形如图 8-34所示时，试画出输出端 *Q* 的波形图。

8.3 已知三从 *JK* 触发器的输入端 *CP*、*J* 和 *K* 的波形如图 8-35 所示，试画出触发器初始状态分别为 0 时，输出端 *Q* 的波形图。

8.4 已知各触发器和它的输入脉冲 *CP* 的波形如图 8-36 所示，当各触发器初始状态均为 1 时，试画出各触发器输出 *Q* 端和 $\overline{Q}$ 端的波形。

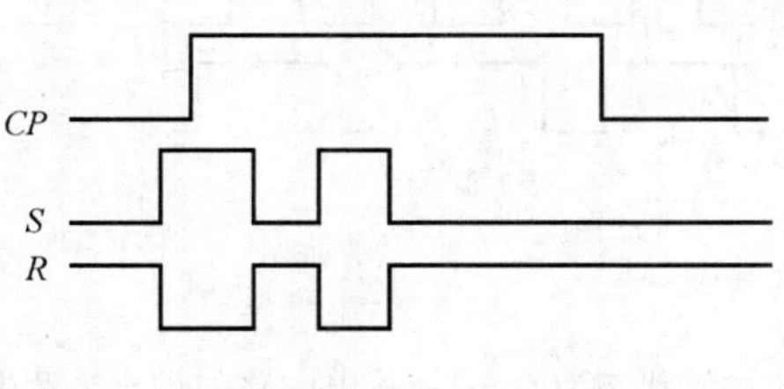

图 8-34 习题 8.2 图

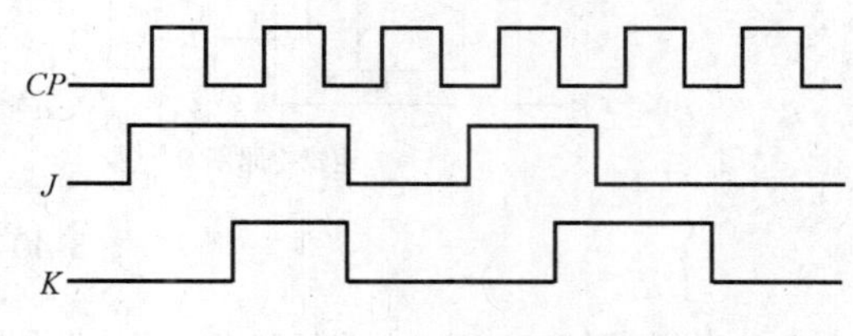

图 8-35 习题 8.3 图

8.5 已知图 8-37 所示的主从 *JK* 触发器和它的输入端 *CP* 的波形图，当各触发器的初始状态均为 1 时，试画出输出端 Q_1 和 Q_2 的波形图？若时钟脉冲 *CP* 的频率为 200Hz，试问 Q_1 和 Q_2 波形的频率各为多少？

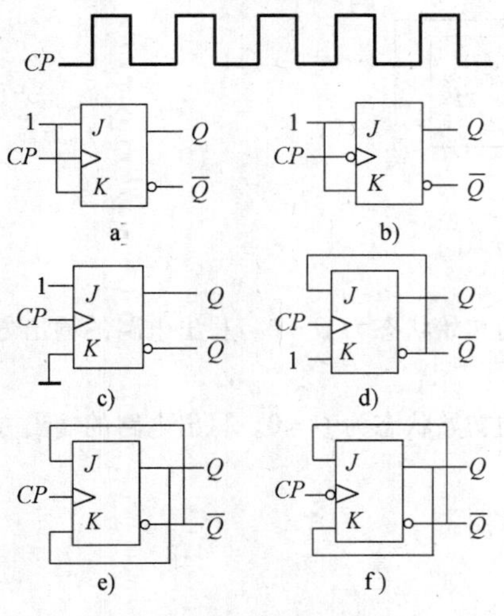

图 8-36 习题 8.4 图

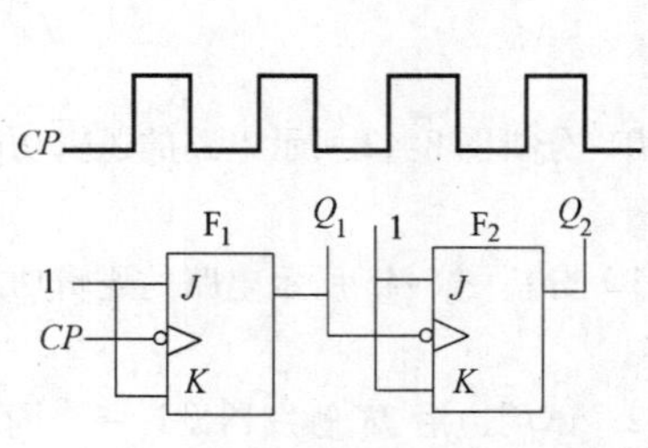

图 8-37 习题 8.5 图

8.6　逻辑电路图如图 8-38a 所示，输入信号 CP、A 和 B 的波形图如图 8-38b 所示的，设触发器的初始状态为 $Q=0$。试写出它的特性方程，并画出输出 Q 端的波形。

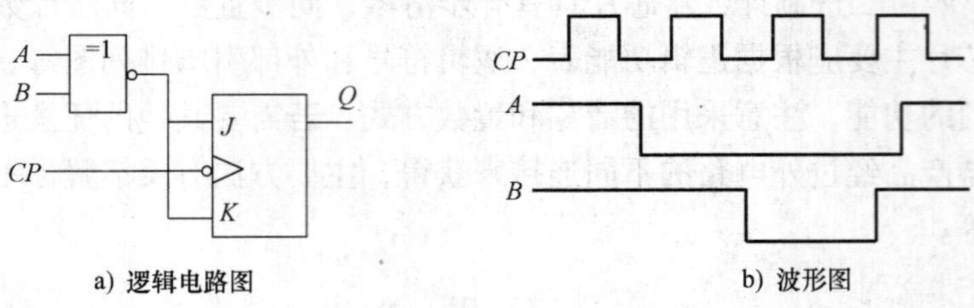

a) 逻辑电路图　　b) 波形图

图 8-38　习题 8.6 图

8.7　已知维持阻塞 D 触发器波形的输入 CP 和 D 的波形图如图 8-39 所示，设触发器的初始状态为 $Q=0$。试画出输出端 Q 和 $\overline{Q}$ 的波形。

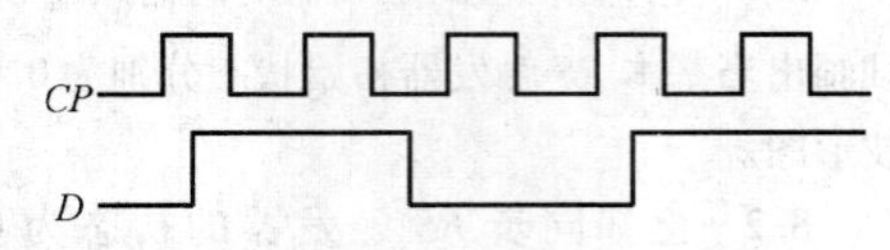

图 8-39　习题 8.7 图

8.8　如图 8-40a 所示，F_1 是 D 触发器，F_2 是 JK 触发器，CP 和 A 的波形如图 8-40b 所示，设各触发器的初始状态为 $Q=0$。试画出输出端 Q_1 和 Q_2 的波形。

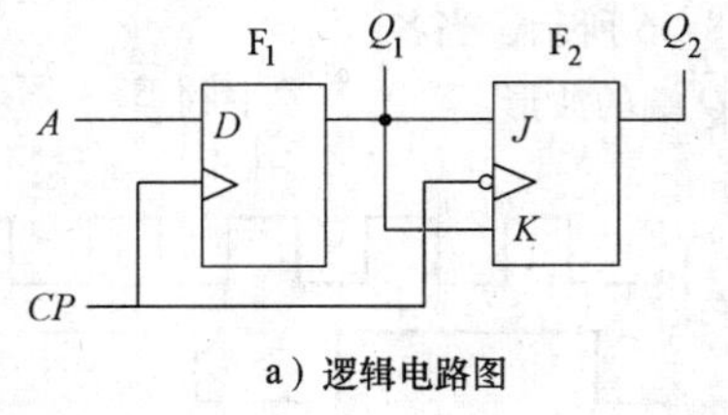

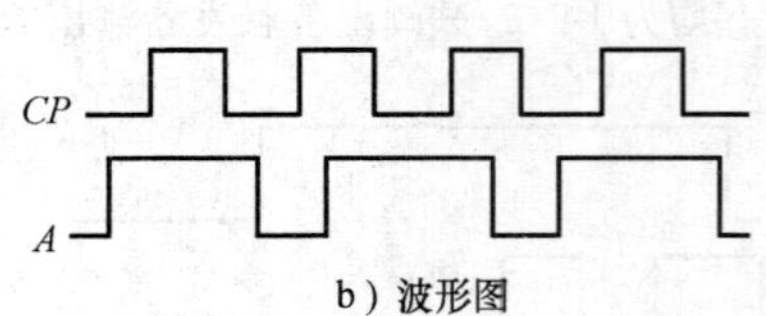

a）逻辑电路图　　b）波形图

图 8-40　习题 8.8 图

8.9　分析图 8-41 所示电路的逻辑功能，设各触发器的初始状态为 $Q=0$。写出电路的输出方程并画出时序图。

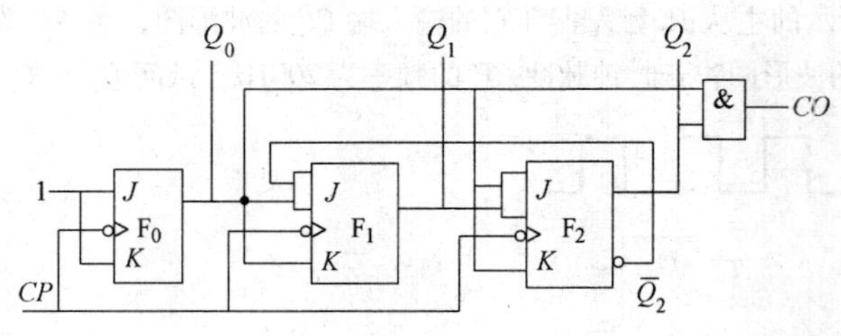

图 8-41　习题 8.9 图

8.10　分析图 8-42 所示电路的逻辑功能，设各触发器的初始状态为 $Q=0$。写出电路的输出方程并画出时序图。

8.11　分析图 8-43 所示电路的逻辑功能，设各触发器的初始状态为 $Q=0$。写出电路的输出方程并画出时序图。

8.12　试用边沿 JK 触发器设计一个同步五进制加法计数器。

8.13　试用边沿 D 触发器设计一个同步十进制计数器。

8.14　试分别用以下集成计数器设计十二进制计数器。

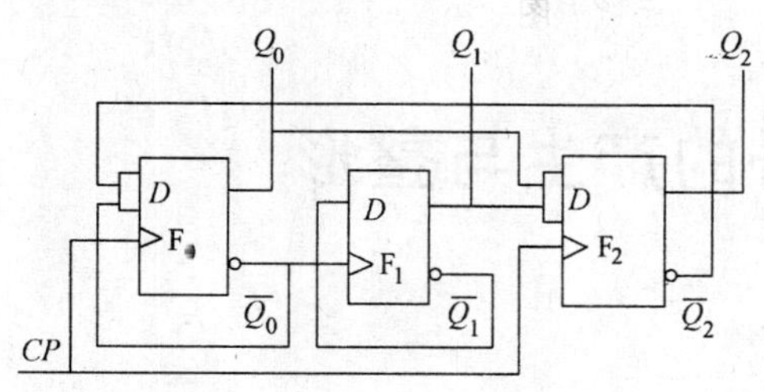

图 8-42　习题 8.10 图

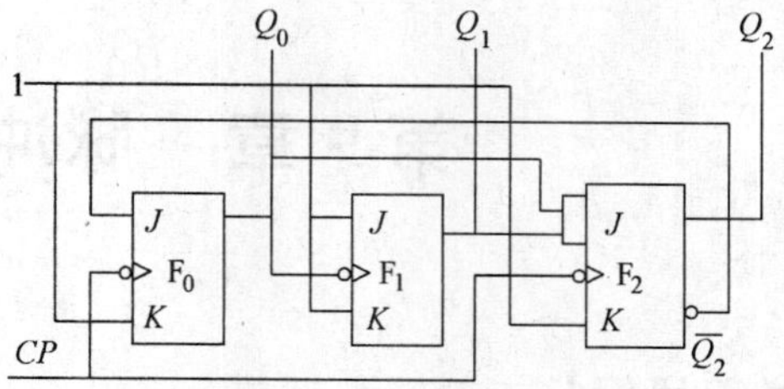

图 8-43　题 8.11 图

（1）利用 CT74LS161 的异步清零功能。

（2）利用 CT74LS161 和 CT74LS163 的同步置数功能。

（3）利用 CT74LS290 的异步清零功能。

8.15　试分别用以下集成计数器设计二十四进制计数器。

（1）利用 CT74LS161 的异步清零功能。

（2）利用 CT74LS163 的同步清零功能。

（3）利用 CT74LS161 和 CT74LS163 的同步置数功能。

（4）利用 CT74LS290 的异步清零功能。

8.16　试月 CT74LS290 的异步清零功能构成下列计数器。

（1）二十四进制计数器。

（2）六十进制计数器。

（3）七十五进制计数器。

第9章　脉冲信号的产生与整形

【学习目标】

通过本章学习，应主要了解集成定时器电路结构和工作原理以及施密特触发器、单稳态触发器和多谐振荡器的工作原理，重点掌握施密特触发器、单稳态触发器和多谐振荡器的特点和应用。

9.1　555集成定时器简介及工作原理

9.1.1　555集成定时器简介

555集成定时器是将模拟和数字电路集成于一体的电子器件，是一种中规模集成时间基准电路，由于它电源范围宽，使用方便、灵活，带负载能力强，所以得到广泛的应用。若以555集成定时器为基础，再配合少量的其他电子元件，就可组成单稳态、多谐振荡器和施密特触发器等多种实用电路。

目前市场上集成555集成定时器产品种类很多，型号各异。常用的集成555集成定时器有TTL型5G555集成定时器和CMOS型CC7555集成定时器，下面以5G555集成定时器为例介绍它的工作原理和主要应用。其他产品的逻辑功能和外部引脚排列与它完全相同。

9.1.2　555集成定时器的工作原理

1. 5G555集成定时器的电路结构

5G555集成定时器的电路结构原理图和外部引脚排列图如图9-1所示。由它的电路原理图可知，它主要由比较器C1和C2、基本*RS*触发器及放电晶体管VT三部分组成。

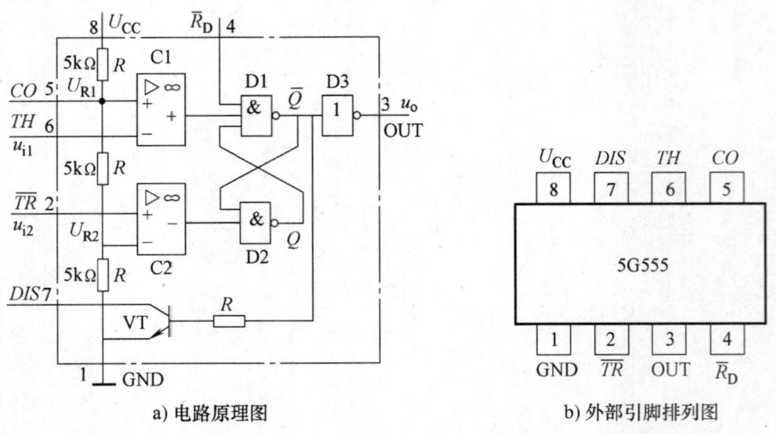

a) 电路原理图　　b) 外部引脚排列图

图9-1　5G555集成定时器的电路原理图和外部引脚排列图

1）当电压控制端 CO 悬空时，$U_{R1}=\frac{2}{3}U_{CC}$，$U_{R2}=\frac{1}{3}U_{CC}$；若电压控制端外接固定电压 U_{CO} 时，则 $U_{R1}=U_{CO}$，$U_{R2}=\frac{1}{2}U_{CO}$。

2）基本 RS 触发器的输入信号是比较器的输出 u_{C1} 和 u_{C2}，基本 RS 触发器的 Q 端为 5G555 定时器的输出端，用 u_o 表示，u_o 的高电平为电源电压的 90%。

3）放电晶体管 VT 的导通和截止由基本 RS 触发器的 $\overline{Q}$ 端控制，VT 的集电极用 DIS 表示，VT 的发射极接地。

4）$\overline{R}_D$ 是直接清零端，U_{CC} 为电源电压（5～18）V。

5）TH（高触发端）是比较器 C1 的输入端，输入电压 u_{i1}；$\overline{TR}$（低触发端）是比较器 C2 的输入端，输入电压 u_{i2}。

2. 5G555 集成定时器的工作原理

1）当 $\overline{R}_D=0$ 时，基本 RS 触发器清零，$Q=0$，$\overline{Q}=1$，$u_o=0$，放电晶体管 VT 导通。

2）当 $u_{i1}>U_{R1}$，$u_{i2}>U_{R2}$ 时，$u_{C1}=0$，$u_{C2}=1$，故基本 RS 触发器清零，$Q=0$，$\overline{Q}=1$，$u_o=0$，放电晶体管 VT 导通。

3）当 $u_{i1}<U_{R1}$，$u_{i2}<U_{R2}$ 时，$u_{C1}=1$，$u_{C2}=0$，故基本 RS 触发器置 1，$Q=1$，$\overline{Q}=0$，$u_o=1$，放电晶体管 VT 截止。

4）当 $u_{i1}<U_{R1}$，$u_{i2}>U_{R2}$ 时，$u_{C1}=1$，$u_{C2}=1$，故基本 RS 触发器保持原状态不变，u_o 和放电晶体管 VT 的状态也保持不变。

通过上述分析可得 5G555 集成定时器的逻辑功能表，见表 9-1。

表 9-1　5G555 集成定时器的逻辑功能表

输入			输出	
u_{i1}	u_{i2}	$\overline{R}_D$	Q	VT 的状态
×	×	0	0	导通状态
$>\frac{2}{3}U_{CC}$	$>\frac{1}{3}U_{CC}$	1	0	导通状态
$<\frac{2}{3}U_{CC}$	$>\frac{1}{3}U_{CC}$	1	保持不变	保持不变
$<\frac{2}{3}U_{CC}$	$<\frac{1}{3}U_{CC}$	1	1	截止状态

9.2　施密特触发器及其应用

施密特触发器也是脉冲数字电路中最常用的单元电路之一，它也有两个稳定状态。当它加触发电平后，电路也能从第一稳态翻转到第二稳态，再加触发电平，电路再从第二稳态重新回到第一稳态，但两次翻转所需的触发电平是不相同的，存在回差现象。施密特触发器的特性是输入信号 u_i 在上升时的触发电压和下降时的触发电压的数值是不相同，上升时的触发电压叫上阈值电压，用 U_{T+} 表示，下降时的触发电压叫下阈值电压，用 U_{T-} 表示。这也是施密特触发器和以前所讲的各种触发器的不同之处。

9.2.1　施密特触发器的电路结构

用 5G555 集成定时器构成的施密特触发器的电路图如图 9-2 所示，图中触发信号 u_i 加在输入端（TH 端和 $\overline{TR}$ 端连在一起，作为信号输入端），u_o 为输出端，此时施密特触发器为一个反相输出的施密特触发器。电压控制端 CO 不需要外接控制电压，为了防止干扰，提高参考电压的稳定性，一般通过 0.01μF 的电容接地，直接复位端 $\overline{R}_D$ 应为 1，可直接接电源 U_{CC}。

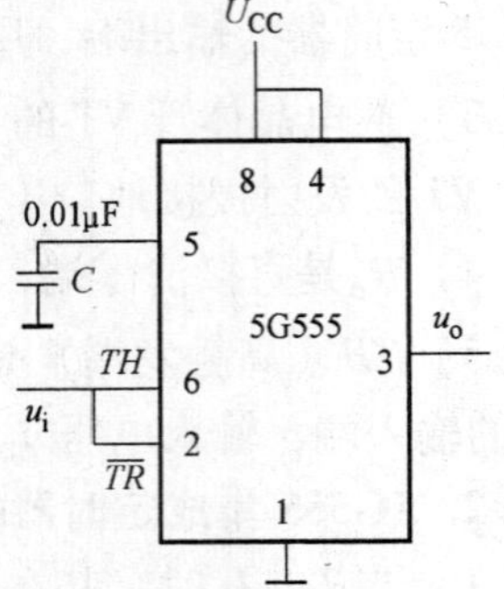

图 9-2　5G555 构成施密特触发器的电路图

9.2.2　施密特触发器的工作原理

1. 工作原理

1）当 u_i 从 0 开始逐渐升高，当 $u_i < \frac{1}{3}U_{CC}$ 时，$Q=1$，$u_o=1$。

2）当触发信号 u_i 升高到 $\frac{1}{3}U_{CC} < u_i < \frac{2}{3}U_{CC}$ 时，Q 的状态保持不变，即 $Q=1$，$u_o=1$。

3）当触发信号 u_i 升高到 $u_i > \frac{2}{3}U_{CC}$ 时，Q 的状态翻转，即 $Q=0$，$u_o=0$。

从上述分析可得，电路的上阈值电压为 $U_{T+} = \frac{2}{3}U_{CC}$。

4）现在 u_i 从高于 $\frac{2}{3}U_{CC}$ 处开始逐渐下降，当 $\frac{1}{3}U_{CC} < u_i < \frac{2}{3}U_{CC}$ 时，Q 的状态保持不变，即 $Q=0$，$u_o=0$。

5）当触发信号 $u_i < \frac{1}{3}U_{CC}$ 时，Q 的状态翻转，即 $Q=1$，$u_o=1$。

从上述分析可得，电路的下阈值电压为 $U_{T-} = \frac{1}{3}U_{CC}$。

2. 回差电压

所谓回差电压，就是上阈值电压 U_{T+} 与下阈值电压 U_{T-} 之差，又叫做滞后电压，用 ΔU_T 表示。从上述分析可得，施密特触发器电路的回差电压 ΔU_T 为

$$\Delta U_T = U_{T+} - U_{T-} = \frac{2}{3}U_{CC} - \frac{1}{3}U_{CC} = \frac{1}{3}U_{CC} \tag{9-1}$$

若施密特触发器的电压控制端 CO 接固定电压 U_{CO} 时，$U_{T+} = U_{CO}$，$U_{T-} = \frac{1}{2}U_{CO}$，此时施密特触发器电路的回差电压 ΔU_T 则为

$$\Delta U_T = U_{T+} - U_{T-} = U_{CO} - \frac{1}{2}U_{CO} = \frac{1}{2}U_{CO} \tag{9-2}$$

根据上述分析，可得施密特触发器的工作波形图和传输特性曲线如图 9-3 所示。

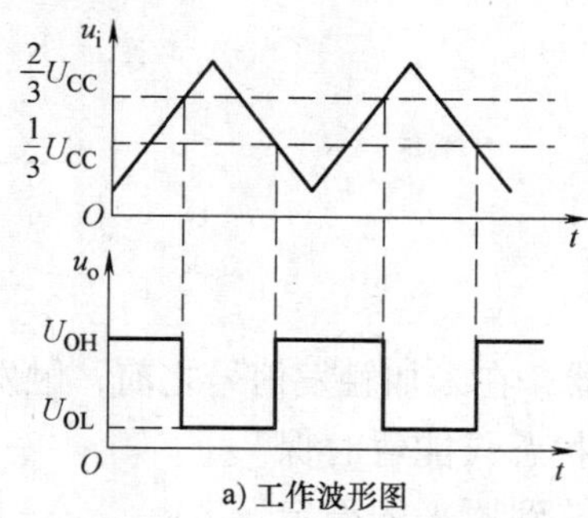

a) 工作波形图

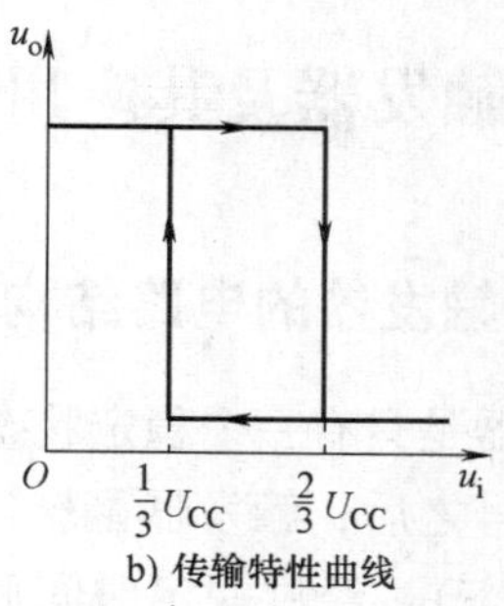

b) 传输特性曲线

图 9-3　施密特触发器的工作波形图和传输特性曲线

9.2.3　施密特触发器的应用

1. 波形变换

因为施密特触发器只有高、低两种状态，而且状态转换时输出波形边沿很陡，所以，利用施密特触发器可以把缓慢变化的电压信号，转换为比较理想的矩形脉冲。图 9-4 所示为正弦波转换为矩形波的工作波形图。

图 9-4　正弦波转换为矩形波的工作波形图

2. 脉冲整形

在数字系统中，矩形脉冲经传输后往往发生波形畸变。如图 9-5a 所示，由于传输线路电容较大时，波形的上升沿和下降沿将明显变差。如图 9-5b 所示，当传输线路较长，负载的阻抗与传输线路的阻抗不匹配时，波形的上升沿和下降沿将产生振荡现象。如图 9-5c 所示，当其他脉冲信号通过导线间的分布电容或电源叠加到矩形脉冲信号上时，会出现噪声。无论是以上哪一种情形都可以通过用施密特触发器整形而获得比较理想的矩形波，只是阈值电压 U_{T+} 和 U_{T-} 必须设置在可修复的范围之内。

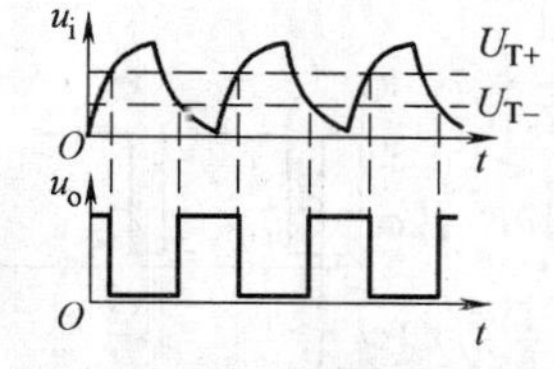

a) 上升沿和下降沿变差整形波形图

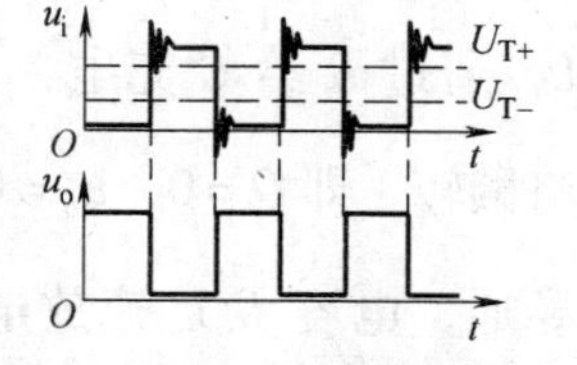

b) 上升沿和下降沿振荡现象整形波形图

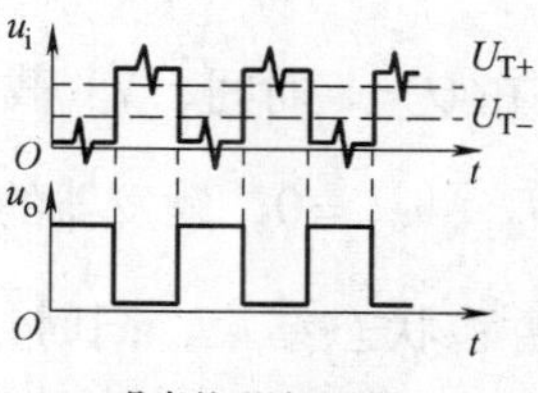

c) 噪声整形波形图

图 9-5　施密特触发器整形波形图

3. 幅度鉴别

利用施密特触发器可以鉴别输入脉冲信号的幅度大小。工作波形图如图 9-6 所示。从图 9-6 中可看出，只有输入脉冲信号的幅度大于上阈值电压 U_{T+} 时（如图 9-6 中的 A、B、C 脉冲），才能使施密特触发器翻转，从而有矩形脉冲信号输出，从而达到了鉴别输入信号幅度大小的目的。

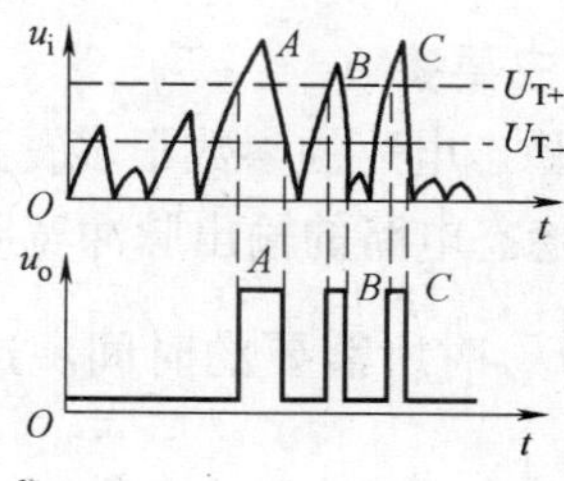

图 9-6　幅度鉴别输入和工作波形图

9.3　单稳态触发器及其应用

9.3.1　单稳态触发器的电路结构

单稳态触发器是只有一个稳定状态的触发器，在未加触发信号之前，触发器已处于稳定状态，加触发信号之后，触发器翻转，但新的状态只能暂时保持（称为暂稳状态），经过一定时间后自动翻转到原来的稳定状态。

用5G555集成定时器构成单稳态触发器的电路图如图9-7所示，图中R和C是定时元件，触发信号u_i自$\overline{TR}$端输入。

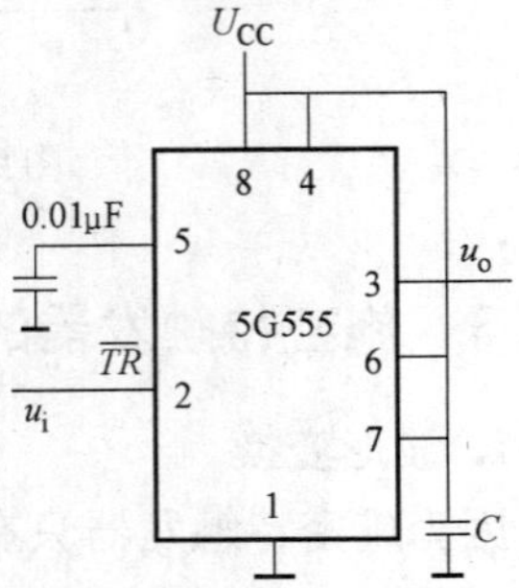

图9-7　5G555构成单稳态触发器的电路图

9.3.2　单稳态触发器的工作原理

1. 工作原理

1）当触发信号u_i为1时，即$u_i>\frac{1}{3}U_{CC}$，比较器C2输出$u_{C2}=1$。设原态$Q=0$，则VT导通，电容C迅速放电，直到$u_C\approx0$，所以比较器C1的输出$u_{C1}=1$，触发器的状态保持不变，即$Q=0$。设原态$Q=1$，则VT截止，U_{CC}通过R给C充电，当$u_C>\frac{2}{3}U_{CC}$，$u_{C1}=0$，触发器的状态将翻转，即$Q=0$，此时VT导通，电容C迅速放电，直到$u_C\approx0$，$u_{C1}=1$，且$Q=0$。所以，当触发信号u_i尚未输入时，$Q=0$，u_o和u_C也都为0，这就是单稳态电路的稳定状态。

2）当触发信号u_i由1变为0瞬间，此时$u_i<\frac{1}{3}U_{CC}$，$u_{C2}=0$；同时，由于电容C两端的电压不能突变，$u_C\approx0$，则$u_{C1}=1$，所以Q由0变为1，u_o也由0变为1，这就是电路进入暂稳状态。

3）在$Q=1$期间，VT截止，U_{CC}通过R给C充电，当$u_C>\frac{2}{3}U_{CC}$，$u_{C1}=0$，触发器的状态将翻转，即$Q=0$，$u_o=0$，电路的暂稳状态结束，同时，VT导通，电容C迅速放电，直到$u_C\approx0$，且$u_{C1}=1$，电路返回稳定状态。

根据上述分析，可得单稳态电路的工作波形图如图9-8所示。

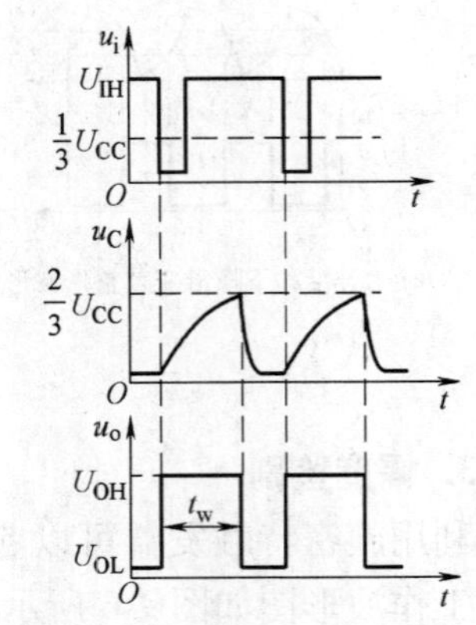

图9-8　5G555构成单稳态的工作波形图

2. 主要参数

单稳态电路的参数很多，这里只介绍它的输出脉冲宽度t_W，单稳态电路的输出脉冲宽度为定时电容上电压u_C由零充电到$\frac{2}{3}U_{CC}$时所需要的时间。这个时间也是暂稳状态的持续时间。

$$t_W=RC\ln3\approx1.1RC \tag{9-3}$$

9.3.3　单稳态触发器的应用

1. 定时功能

产生一定宽度的矩形波，这个宽度即为定时的时间长短。由于单稳态触发器电路能够产生一定的脉冲宽度 t_W 的矩形脉冲，利用这个脉冲可以控制电路（如继电器、门电路）在 t_W 时间内动作或不动作，这就是其脉冲宽度的定时作用，图 9-9 所示为电路图和工作波形图。当 $u_o'=1$ 时，与门打开，此时 $u_o=u_F$；当 $u_o'=0$ 时，与门关闭，$u_o=0$ 为低电平。显然与门打开的时间是恒定不变的，也就是单稳态输出脉冲 u_o 的宽度为 t_w，在 t_w 时间内，信号 u_F 才能通过与门输出。

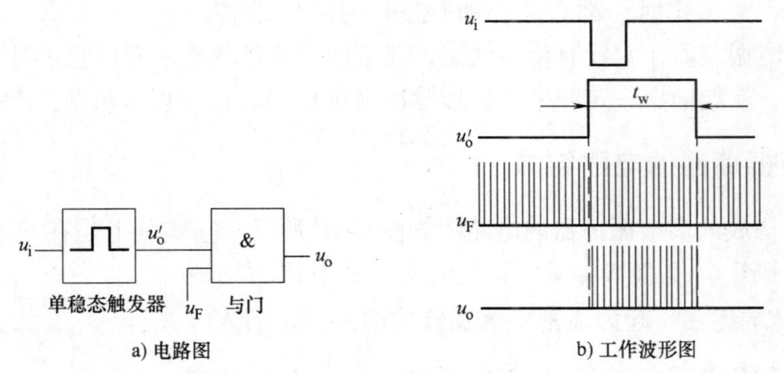

a) 电路图　b) 工作波形图

图 9-9　用做定时单稳态电路的电路图和工作波形图

2. 延时功能（脉冲展宽）

当脉冲宽度较窄时，可用单稳态触发器展宽。图 9-10 所示分别为电路图和工作波形图。将两个单稳态触发器级联起来构成延时（实际上是脉冲展宽）电路。图中 A_1、A_2 为用 5G555 定时器组成单稳态触发器。第一个延时单元的延时输出接到下一级的输入端，并将两个输出端通过或门后输出，总的延时时间为 $t_w = t_{w1} + t_{w2}$。适当选择各级 R、C 值或增加单稳态触发器的个数，就可以得到数分钟至数小时的延时。

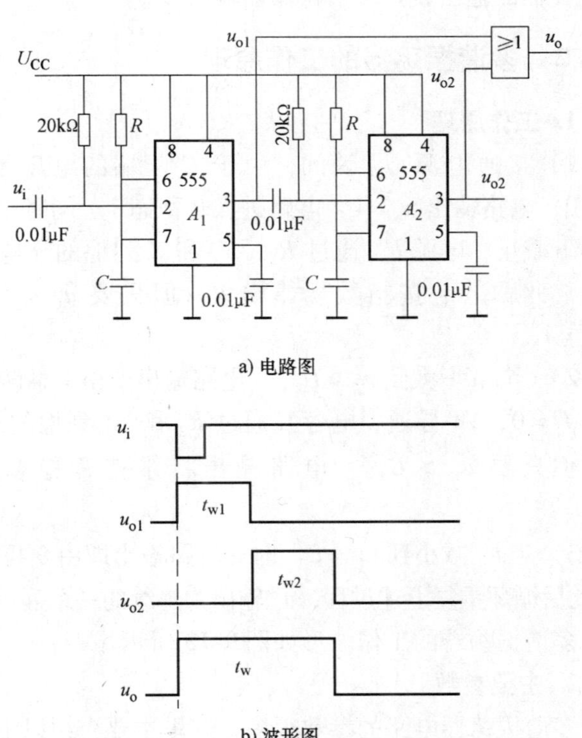

图 9-10　单稳态触发器级联的延时电路图和工作波形图

3. 触摸定时

用 5G555 定时器构成的单稳态触发器，将引脚 2 作为一个触摸电极，只要用手触摸一下金属片，由于人体感应电压相当于在触发输入端（引脚2）加入一个负脉冲，5G555 输出端输出高电平，驱动发光二极管发光。当暂稳态时间 t_W 结束时，5G555 输出端恢复低电平，发光二极管熄灭。该电路可用于夜间定时照明，定时时间可由 *RC* 参数调节，电路图如图 9-11所示，其工作原理请读者自行分析。

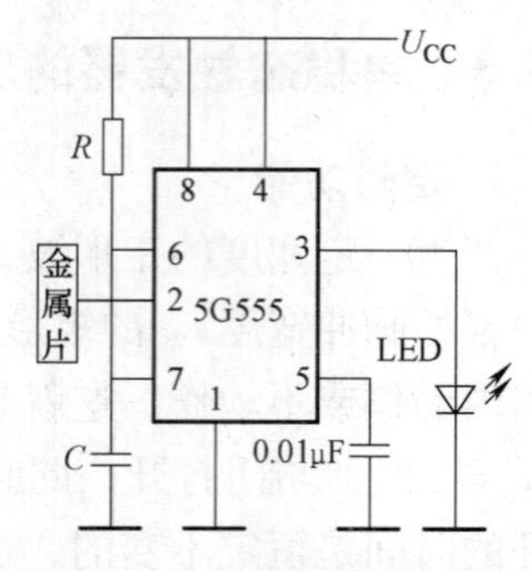

图 9-11　5G555 集成定时器构成的触摸定时电路图

9.4　多谐振荡器及其应用

双稳态触发器有两个稳定状态，单稳态电路只有一个稳定状态，它们正常工作时，都必须外加触发信号才能翻转。本节要讲的多谐振荡器，它没有稳定状态，只有两个暂稳状态，而且它正常工作时，不需要外加触发信号，就能输出一定频率的矩形脉冲（前已述，这种现象叫做自激振荡）。

9.4.1　多谐振荡器的电路结构

用 5G555 构成的多谐振荡器的电路图如图 9-12 所示。它实际上是在 5G555 的施密特触发器电路的基础上，外接 R_1、R_2 和 *C* 的充、放电回路构成的。*TH* 端和 $\overline{TR}$ 端连在一起为施密特触发器的输入端，输入电压为 u_C。两个阀值电压分别 $U_{T+}=\frac{2}{3}U_{CC}$ 和 $U_{T-}=\frac{1}{3}U_{CC}$，施密特触发器的输出就是多谐振荡器输出 u_o。

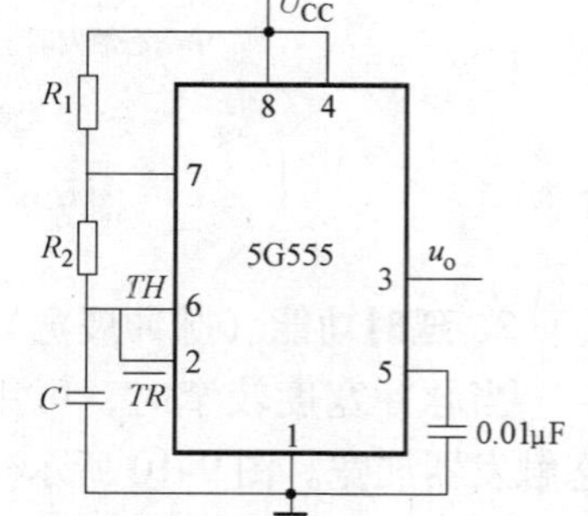

图 9-12　5G555 集成定时器构成多谐振荡器的电路图

9.4.2　多谐振荡器的工作原理

1. 工作原理

1）接通电源 U_{CC} 瞬间，由于 *C* 两端的电压不能突变，$u_C \approx 0$，电路输出 $u_o=1$，电路进入暂稳态1。同时，因为 $Q=1$，VT 截止，电源 U_{CC} 通过 R_1、R_2 和 *C* 到地的充电回路为 *C* 充电。此后，u_C 按指数规律增大，但只要 $u_C < U_{T+}$，电路输出将维持暂稳态 1 不变，即 $u_o=1$。

2）当 u_C 增大到 $u_C=U_{T+}$，电路输出即由 1 翻转到 0，$u_o=0$，电路进入暂稳态2。同时，因为 $Q=0$，VT 导通，电容 *C* 通过 R_2 和 VT 到地的放电回路放电。此后，u_C 按指数规律减小，但只要 $u_C > U_{T-}$，电路输出将维持暂稳态 2 不变，即 $u_o=0$。

3）当 u_C 减小到 $u_C=U_{T-}$ 时，电路输出即由 0 再次翻转到 1，此后循环重复上述过程，u_o 输出为连续的一系列矩形脉冲。

多谐振荡器的工作波形如图 9-13 所示。

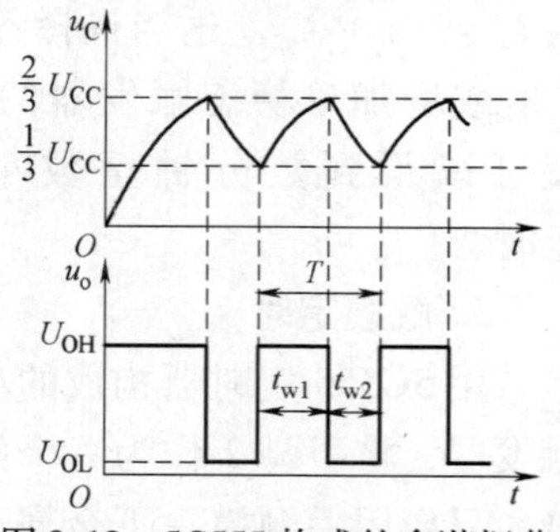

图 9-13　5G555 构成的多谐振荡器工作波形图

2. 主要参数

多谐振荡器电路的参数很多，这里主要介绍以下几个：

1）暂稳态 1 的脉冲宽度 t_{W1}，也就是 u_C 从 $\frac{1}{3}U_{CC}$ 充电到

$\frac{2}{3}U_{CC}$所需要的时间：

$$t_{W1} \approx (R_1+R_2)C\ln 2 = 0.7(R_1+R_2)C \tag{9-4}$$

2）暂稳态 2 的脉冲宽度 t_{W2}，也就是 u_C 从$\frac{2}{3}U_{CC}$放电到$\frac{1}{3}U_{CC}$所需要的时间：

$$t_{W2} \approx R_2C\ln 2 = 0.7R_2C \tag{9-5}$$

3）振荡周期 T，多谐振荡器每循环一次所需的时间：

$$T = t_{W1} + t_{W2} \approx 0.7(R_1+2R_2)C \tag{9-6}$$

4）振荡频率 f，多谐振荡器每秒钟循环的次数：

$$f = \frac{1}{T} = \frac{1.43}{(R_1+2R_2)C} \tag{9-7}$$

5）输出波形的占空比 D，也就是第一暂稳态的脉宽 t_{W1} 与振荡周期 T 的比：

$$D = \frac{t_{W1}}{T} = \frac{R_1+R_2}{R_1+2R_2} \tag{9-8}$$

9.4.3　多谐振荡器的应用

多谐振荡器一旦振荡起来后，两个暂稳状态就作交替变化，输出连续的矩形脉冲信号，由于矩形脉冲信号中除基波成分外，还包括许多高次谐波，所以称它为多谐振荡器，又称为无稳态振荡器。多谐振荡器的作用主要用来产生脉冲信号，主要用作信号源。因此，它常作为脉冲信号源。下面介绍一种利用 5G555 集成定时器构成多谐振荡器产生模拟声响电路的工作原理。

图 9-14a 所示为一个由两个 5G555 集成定时器构成的模拟声响电路图。调节定时元件 R_{11}、R_{12}、C 使第一个多谐振荡器输出的振荡频率为 1Hz，调节定时元件 R_{21}、R_{22}、C_2 使第二个多谐振荡器输出的振荡频率为 2kHz。由于低频（1Hz）振荡器的输出端 3 接至高频（2kHz）振荡器的复位端 4，因此，当第一个多谐振荡器的输出电压 u_{o1} 为高电平时，第二个多谐振荡器就振荡，当第一个多谐振荡器的输出电压 u_{o1} 为低电平时，第二个多谐振荡器就停止振荡。从而使扬声器发出“呜……呜……呜……”的间隙声音。多谐振荡器的输出电压 u_{o1} 和 u_{o2} 的输出波形如图 9-14b 所示。

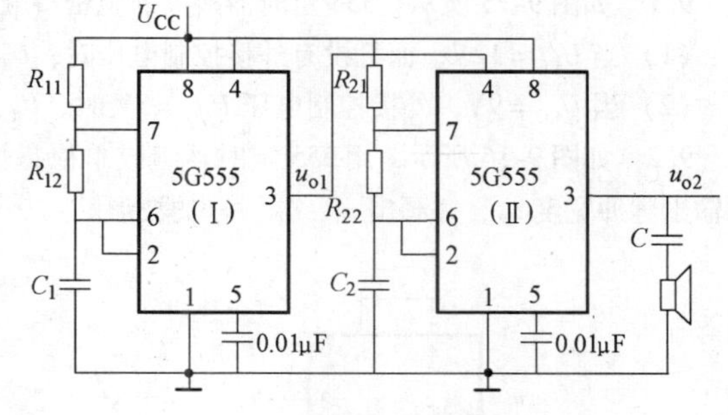

a) 模拟声响电路图

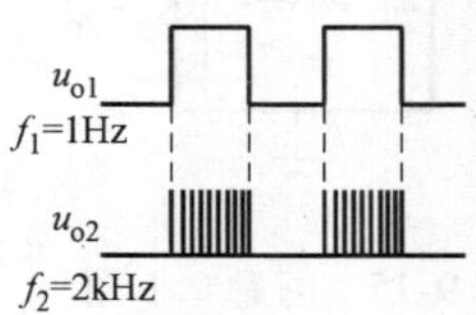

b) 输出波形图

图 9-14　5G555 集成定时器构成的模拟声响电路图和输出波形图

本章小结

1. 555定时器是将模拟和数字电路集成于一体的一种中规模集成时间基准电路，主要由比较器、基本 *RS* 触发器及放电晶体管三部分组成，它的电源范围宽，使用方便、灵活（外接少量的阻容元件即可构成多种实用电路），带负载能力强（最大输出电流为200mA，可直接驱动继电器、发光二极管及指示灯等）。以它为基础可组成施密特触发器、单稳态触发器和多谐振荡器等多种实用电路。掌握555定时器的逻辑符号、外部引脚排列图和功能表是正确使用该器件及分析其应用电路的基础。

2. 施密特触发器有两个稳定状态。属于电平触发的触发器，但两个稳定状态翻转所需的触发电平是不相同的，即具有两个阀值电压 U_{T+} 和 U_{T-}，存在回差现象（$\Delta U_T = U_{T+} - U_{T-}$），具有较强的抗干扰能力。它的主要功能是波形变换、脉冲整形和幅度鉴别。

3. 单稳态触发器有一个稳定状态和一个暂稳态。在未加触发信号之前，它已处于稳定状态，加触发信号之后，进入暂稳状态，经过一定时间后再自动回到稳定状态。暂稳态的维持时间只决定于电路本身的参数，与触发信号无关。它的主要功能是定时、延时和调整脉冲宽度。

4. 多谐振荡器有两个暂稳状态，没有稳态，正常工作时，不需要加触发信号，两个暂稳状态交替转换，输出连续的矩形脉冲信号。它的主要功能是产生方波或时钟脉冲信号，因此它常用为脉冲信号源。

习　题　9

9.1　如图9-15所示，555定时器接成的施密特触发器电路，试求：

（1）当 $U_{CC}=12V$，而且没有外接控制电压时，U_{T+}、U_{T-} 及 ΔU_T 值。

（2）当 $U_{CC}=9V$，外接控制电压 $U_{CO}=5V$ 时，U_{T+}、U_{T-} 及 ΔU_T 值。

9.2　如图9-16所示，用555定时器组成单稳态触发器。已知 $U_{CC}=10V$、$R=10k\Omega$、$C=0.01\mu F$，试求输出脉冲宽度 t_W，并画出 u_i、u_C、u_o 的波形。

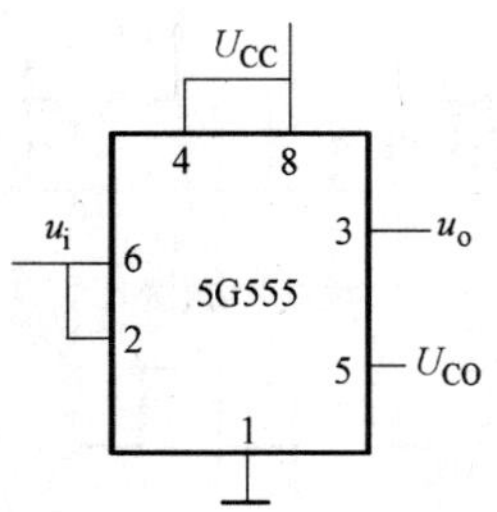

图9-15　习题9.1图

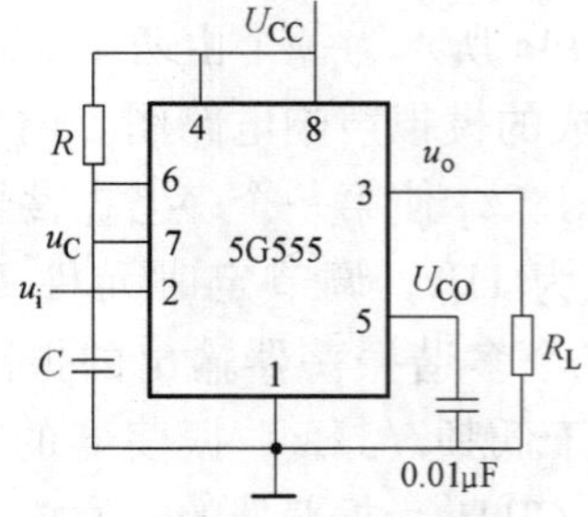

图9-16　习题9.2图

9.3　如图9-17所示，用555定时器组成开机延时电路，若给定 $C=25\mu F$、$R=91k\Omega$，$U_{CC}=12V$，试计算常闭开关S断开以后经过多长时间 u_o 才跃变为高电平。

9.4　如图9-18所示，用555定时器组成多谐振荡器。已知 $U_{CC}=10V$、$R=10k\Omega$、$C=0.1\mu F$，试求：（1）多谐振荡器的振荡频率；（2）画出 u_C 和 u_o 的波形。

9.5　如图9-19所示，用555定时器组成占空比可调的多谐振荡器。试问：

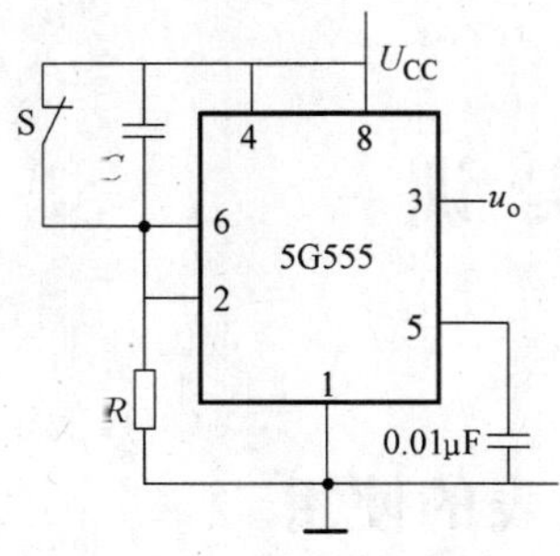

图 9-17　习题 9.3 图

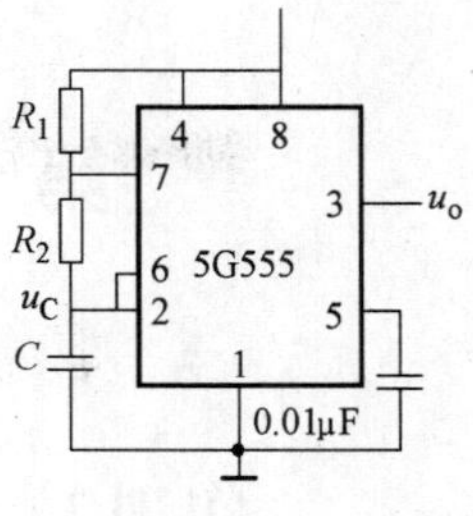

图 9-18　习题 9.4 图

（1）输出脉冲占空比 D 由哪些元件确定？

（2）如要求 $D=50\%$ 时，应如何选择电路的参数？

（3）写出电路振荡频率的计算公式。

9.6　图 9-20 所示电路是一个防盗装置，A、B 两端用一细铜丝接通，将此铜丝置于盗窃者必经之处。当盗窃者将钢丝碰掉后，扬声器即发生报警声。试分析电路的工作原理。

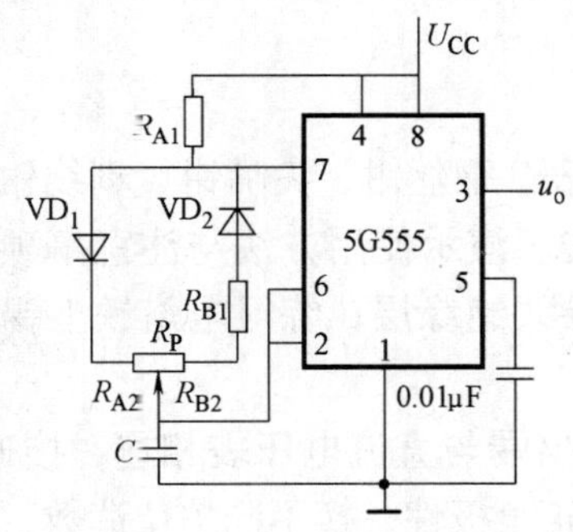

图 9-19　习题 9.5 图

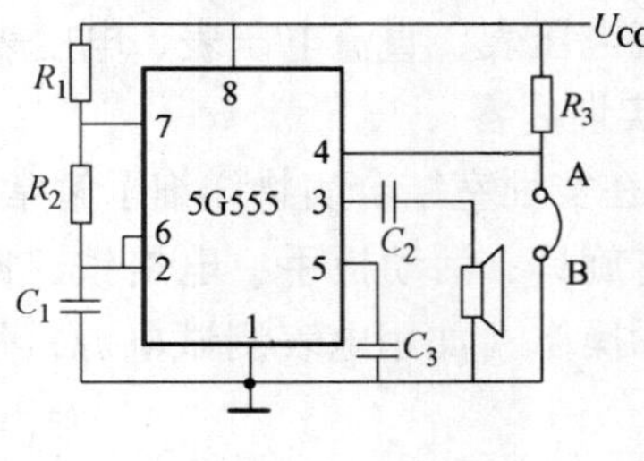

图 9-20　习题 9.6 图

9.7　图 9-21 所示电路是由 555 定时器组成简易延时门铃。试分析电路的工作原理。

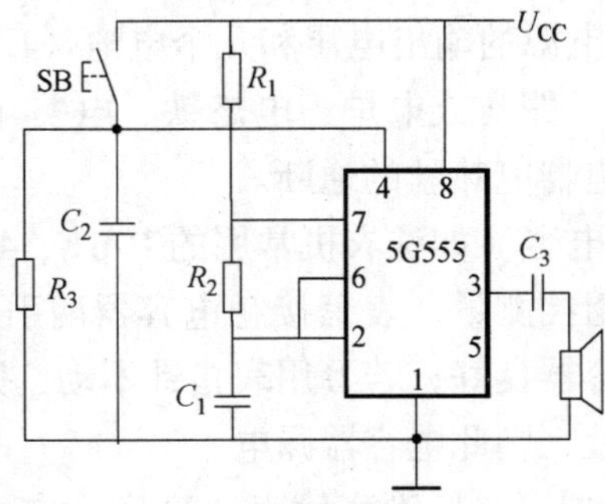

图 9-21　习题 9.7 图

9.8　图 9-11 所示电路是一简易触摸开关电路，当手摸金属片时，发光二极管亮，经过一定时间，发光二极管灭，试分析其工作原理。

第10章 综合实训

实训1 电工工具和仪器仪表的使用

1. 实训目的

1）认识和了解常用电工工具和仪表的结构和使用方法。

2）重点掌握万用表的常规使用方法。

2. 实训器件

常用电工工具（钢丝钳、尖嘴钳、剥线钳、电工刀、螺钉旋具、活动扳手、电烙铁、冲击钻）和常用仪器仪表（电笔、万用表、调压器、钳形电流表、直流电流表、交流电流表、交流电压表、直流电压表、电度表、兆欧表）等。

3. 实训内容

1）在实训室结合实物详细了解常用电工工具（电表、钢丝钳、尖嘴钳、剥线钳、电工刀、螺钉旋具、活动扳手、电烙铁、冲击钻等）的结构、演示使用方法与注意事项，然后分组实际操作（如用电表测试电源；用剥线钳剥几截导线绝缘层；练习电烙铁上锡和焊接等）。

2）熟悉电压表和电流表的结构，将直流稳压源输出端与直流电压表相连，接通电源，读数，并记录。直流电压表与直流电相连时，应注意其正负极性，换不同挡位读数，并做好记录。

3）详细了解万用表的结构、演示使用方法与注意事项，然后分组进行实际操作训练。

① 用万用表测量实验室电源或插座的交流电压。

② 用万用表测量直流稳压电源的输出电压和几个电池（1.5V、9V等）的电动势。

③ 用万用表测量几个电阻元件（或电炉、电烙铁、电熨斗的电热丝等）的电阻，判断电炉、电烙铁、电熨斗等日用电器电热丝的通断。

④ 用万用表测量几个电解电容（如洗衣机常用的10μF、4μF电容）的充放电能力，判断电容器的好坏和质量。用电阻挡测量，表笔接触电容器两引出端，若万用表指针偏转后，能慢慢返回“∞”处，则此电容器良好；若万用表指针不动，则此电容器已开路；若万用表指针偏转后，不能返回“∞”处，则此电容器漏电。

4）详细介绍低频信号发生器、晶体管毫伏表、双踪示波器的结构、演示使用方法与注意事项，然后分组进行实际操作训练。

5）注意事项：

① 测量前，必须将万用表“功能/量程”开关旋至所需的正确位置。

② 测量电流时，万用表应串接于被测电路；测量电压时，万用表应并接于被测电路；测量电阻时，应先将“功能/量程”开关旋至合适挡位，并进行“Ω”调零。

③ 测量直流电压、电流时，表笔极性勿弄错；绝对禁止用万用表的电流挡和电阻挡去

测量电压。

4. 实训报告与思考题

1）要求掌握电笔的正确使用方法，懂得电笔是保证人身安全和检测电路故障的重要工具。

2）了解和初步掌握各种常用电工工具与仪表的结构和使用方法。

3）了解万用表的结构和原理，掌握正确使用万用表测量交（直）流电压、电流和电阻的方法。

4）学会判断电容器好坏的方法和判断电烙铁、电炉等电器电热丝通断的方法。

5）认真完成实训报告。

实训 2　单管放大电路的安装与测试

1. 实训目的

1）熟悉分压式偏置单管放大电路的组成和工作原理，进一步加深对单管放大电路工作原理的理解。

2）观察静态工作点和电容参数对放大电路工作性能的影响，熟悉放大电路静态工作点的调整与测试方法。

3）测量交流电压放大电路的电压放大倍数，观察负载电阻变化时对电压放大倍数的影响，加深理解负反馈在放大电路中所起的作用。

4）掌握对有关仪器和仪表的使用方法及一定的焊接技能。

2. 实训器件

直流稳压电源、低频信号发生器、晶体管毫伏表、双踪示波器、万用表、电烙铁、焊锡、松香、晶体管、电位器、电阻、电解电容、万能实验板等。

3. 实训内容

1）电路的焊接。图 10-1 所示电路为分压式偏置单管交流放大电路的原理图。首先用万用表检查各电子元器件的好坏，接着按照原理图把电子元器件焊接在电路板上（或插在万能实验板上）。

2）静态工作的测量。首先将直流电源接入放大电路，调节电位器 R_P，直到 $U_{CE}=\frac{1}{2}U_{CC}$ 为止，测量此时晶体管的基极电流 I_B 和集电极电流 I_C 的值。将所测得的数据做好记录。

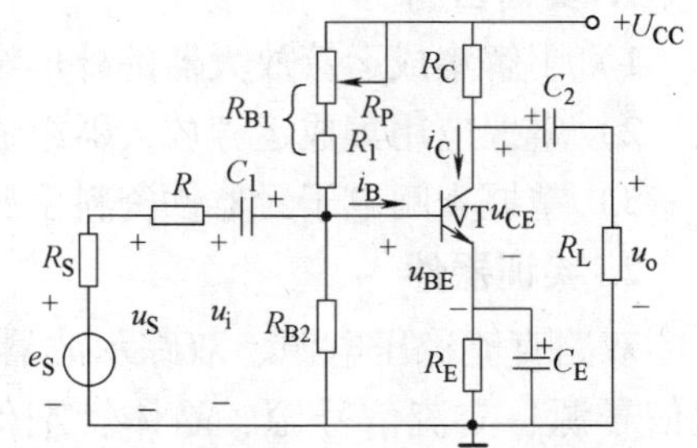

图 10-1　分压式偏置单管交流放大电路的原理图

3）放大倍数 A_u、输入电阻 r_i 和输出电阻 r_o 的测量，并观察负载电阻 R_L 对 A_u 的影响。在上述静态工作点下，接入低频信号发生器，在输出电压不失真的情况下，用晶体管毫伏表测量低频信号发生器电压 u_s、输入电压 u_i 和输出电压 u_o 的值，将所测得的数据做好记录。则可得电压放大倍数 A_u 和 r_i 为

$$A_u=\frac{U_o}{U_i} \tag{10-1}$$

$$r_i = \frac{U_i}{U_s - U_i}R \tag{10-2}$$

断开 R_L，重复上述步骤测量输出电压 u'_o 的值。将所测得的数据做好记录。与上面的测量结果比较，观察 R_L 对 A_u 的影响。

因为 $\frac{U'_o}{r_o + R_L} = \frac{U_o}{R_L}$，所以输出电阻 r_o 为

$$r_o = \left(\frac{U'_o}{U_o} - 1\right)R_L \tag{10-3}$$

4）观察静态工作点位置对波形失真的关系。保持输入电压和负载电阻不变，当 R_P 的阻值调节到最大值时，观察输出电压 u_o 的波形是否出现失真，描述其波形并判断是什么性质的失真；当 R_P 的阻值调节到最小值时，情况又怎么样。将所观察到的波形做好记录，并描绘在坐标纸上。

5）注意事项：在拆元器件时必须切断电源，不可带电操作。

4. 实训报告与思考题

1）静态工作点是否仅与 R_{B1} 的大小有关？还跟哪些因素有关？它们将如何影响静态工作点？

2）静态工作点的变化而引起输出电压波形失真的原因是什么？改善输出电压的波形失真可采取什么措施？

3）放大电路的电压放大倍数除与 R_L 的大小有关外，还与哪些因素有关？它们将如何影响放大电路的电压放大倍数？

4）发射极旁路电容有什么作用？

实训 3　集成运算放大器构成加、减运算电路的应用

1. 实训目的

1）了解集成运算放大器的外形结构、各引脚的功能及基本使用方法。

2）掌握应用集成运算放大器组成的比例、加法和减法等基本运算电路的方法。

3）掌握查阅电子元器件资料手册的方法。

2. 实训器件

双路直流稳压电源、双踪示波器、直流信号源、交流信号源、晶体管毫伏表、万用表、电子技术实验箱、集成运算放大器（μA741）、电阻等。

3. 实训内容

1）熟悉集成电路 LM741（国外型号 μA741）的外形结构和各引脚的功能。LM741 是一种具有内部频率补偿，有短路保护等特点的高性能集成运算放大器。其引脚排列如图 10-2a 所示，图 10-2b 所示

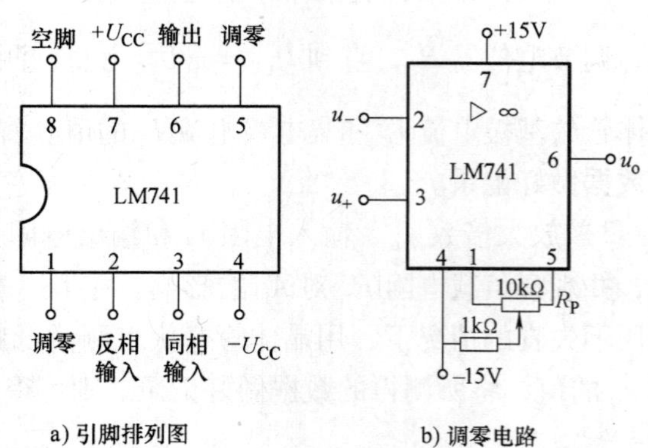

图 10-2　集成电路 LM741 的引脚排列图和调零电路

为其调零电路。

调节双路直流稳压源使两路输出都为 15V。

2）熟悉集成电路 LM741 调零方法。反相比例放大电路图如图 10-3 所示，连接好电路并接通电源，将输入端接地（$u_i=0$），测量此时的输出电压 u_o，若 u_o 不为零，可调节调零电位器使 u_o 为零。

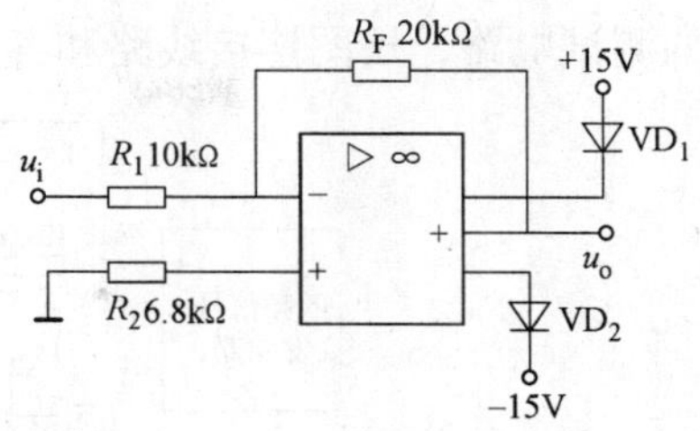

图 10-3　反相比例放大电路图

3）计算闭环电压放大倍数 A_f，测量直流传输特性 $U_o=f(U_i)$。输入直流信号电压 U_i 在 +1 ~ −1V 之间取 5 ~ 6 点，测取 U_i 和 U_o，将所测得的数据做好记录，并计算闭环电压放大倍数 A_f。

4）反相加法运算电路如图 10-4 所示，连接好电路并接通电源，在运算放大器的两输入端加两个直流信号源，记录 u_{i1}、u_{i2} 和 u_o 的数据，并验证加法关系。

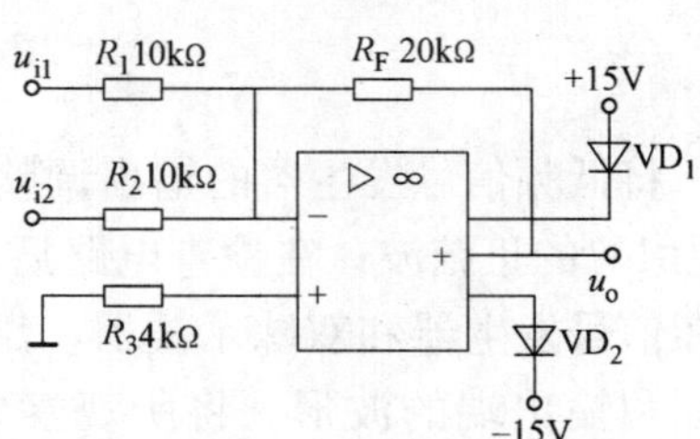

图 10-4　反相加法运算电路

5）减法运算电路如图 10-5 所示，连接好电路并接通电源，在运算放大器的两输入端加一个直流信号源和一正弦交流信号，用双踪示波器观察输入和输出电压的波形，将所观察到的波形做好记录，并描绘在坐标纸上。

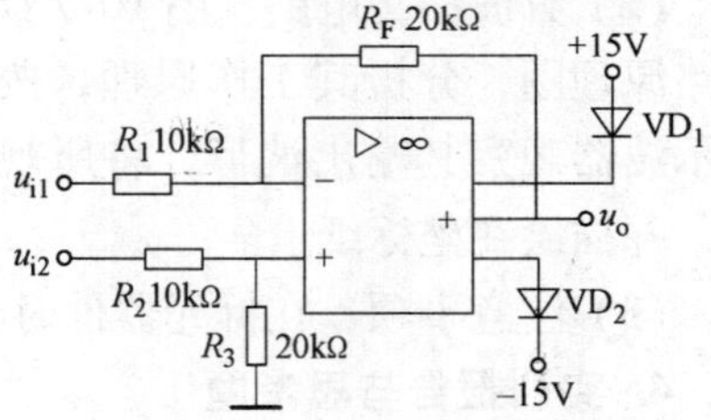

图 10-5　减法运算电路

6）注意事项：在拆元器件时必须切断电源，不可带电操作。

4. 实训报告与思考题

1）为保证运算精度，运算电路中要求采用精密电阻，如采用碳膜电阻，电阻值以实例为准。

2）试分析反相比例运算与同相比例运算输出电压与输入电压的关系。讨论输入方波信号频率 f 改变时，输出波形的变化。

实训 4　集成运算放大器构成比较器的应用

1. 实训目的

1）掌握用集成运算放大器组成电压比较器的原理及其接线方法。

2）掌握方波振荡电路的原理及其接线方法。

3）掌握查阅电子元器件资料手册的方法。

2. 实训器件

双路直流稳压电源、双踪示波器、直流信号源、交流信号源、晶体管毫伏表、万用表、电子技术实验箱、集成运算放大器（μA741）、电阻等。

3. 实训内容

（1）电压比较器　电压比较器对输入信号的电位进行鉴别和比较，可以把输入模拟信号变为数字信号，电路工作的特点是运算放大器工作在开环放大状态，即在非线性区工作。当加到反相输入端的电压比加到同相输入端的电压高时，输出为低电平；反之，当加到反相输入端的电压比加到同相输入端的电压低时，输出为高电平。图 10-6 所示电路为电压比较器的测试电路，按图连接线路和各仪器仪表。

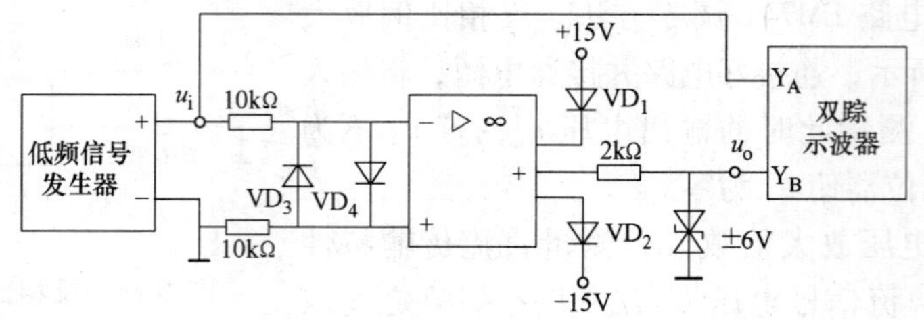

图 10-6　电压比较器的测试电路

将低频信号发生器的输出调整为频率为 1kHz、电压为 1V 的正弦波；在检查电路后接上直流稳压电源、低频信号发生器和双踪示波器。用双踪示波器观察输入端和输出端的波形，将所观察到的波形做好记录，并描绘在坐标纸上。

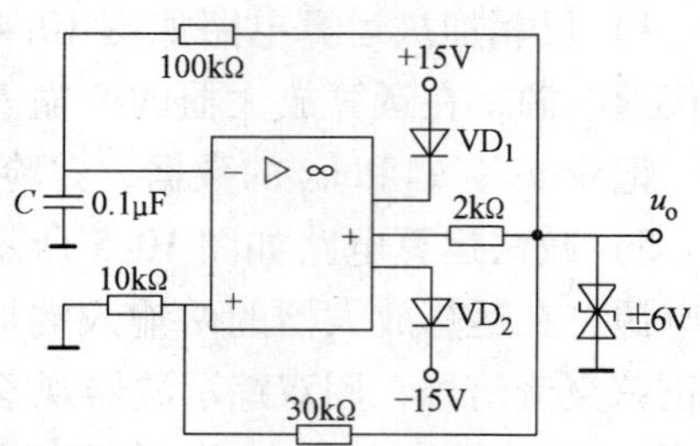

图 10-7　方波振荡电路原理图

（2）方波振荡电路　图 10-7 所示电路为方波振荡电路原理图，分析其工作原理，按图连接电路并用双踪示波器观察其输出波形，将所观察到的波形做好记录，并描绘在坐标纸上。

（3）注意事项　在拆元器件时必须切断电源，不可带电操作。

4. 实训报告与思考题

1）在图 10-6 所示电路中，为什么在输入端要并联两个正反向连接的二极管 VD_3、VD_4？而在图 10-7 所示电路中却不接入这两个二极管？

2）在图 10-7 所示电路中，若在同相输入端 10kΩ 接地端改接一正电压或负电压时，则输入信号电压与输出电压之间有什么不同？为什么要在反相输入端串入 10kΩ 的电阻？为什么在输出端要连接双向稳压管，并串入一个 2kΩ 的电阻？

实训 5　整流、滤波和稳压电路的安装与测试

1. 实训目的

1）学会用万用表检测常见半导体器件。

2）学会选用合适的元器件组装简单的整流、滤波及稳压电路。

3）理解整流、滤波和稳压二极管稳压的电路的特点、工作原理及其局限性。

2. 实训器件

电阻、电容、二极管、稳压管、示波器、开关、万用表、变压器等。

3. 实训内容

用万用表逐一检测整流二极管、稳压二极管、滤波电容、电阻的好坏。

1）图 10-8 所示电路为整流、滤波及稳压电路的原理图。用万用表检查各元器件的好坏。

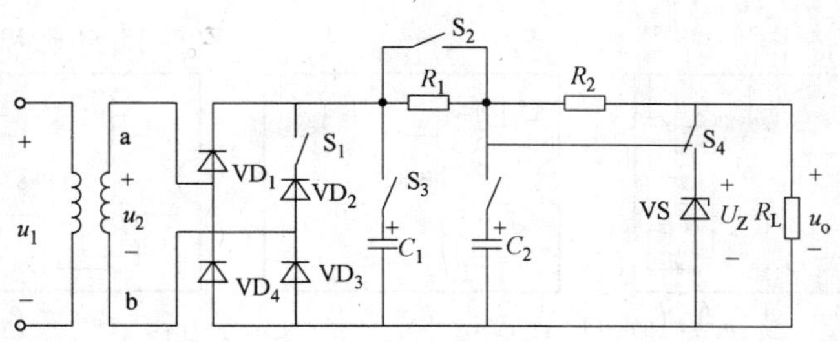

图 10-8　整流、滤波及稳压电路的原理图

2）按照原理图把元器件焊接在电路板上（或插在万能实验板上）。组装简单的整流、滤波及稳压电路。

3）测量桥式整流、滤波和稳压的参数，并用双踪示波器观察 u_2 和 U_o 的波形。

① 无滤波、无稳压时，测变压器二次电压 U_2 及整流输出电压 U_o 的数值并记录波形。

② 有电容 C_1 滤波、无稳压时，测变压器二次电压 U_2 及整流输出电压 U_o 的数值并记录波形。

③ 有 π 型滤波、无稳压时，测变压器二次电压 U_2 及整流输出电压 U_o 的数值并记录波形。

④ 有 π 型滤波、有稳压时，测变压器二次电压 U_2 及整流输出电压 U_o 的数值并记录波形。

⑤ 无滤波、有稳压时，测变压器二次电压 U_2 及整流输出电压 U_o 的数值并记录波形。

4）断开一只整流二极管（断开 S_1），重复上述①～⑤步，测量半波整流、滤波和稳压的参数。

4. 实训报告与思考题

1）根据实训内容设计一个表格，将所测结果列入其中。

2）为什么整流滤波电路中，空载时电压比带负载时要高？

3）试比较半波整流和桥式整流空载时电压的关系？

4）若最后还要用三端集成稳压器稳压，应怎样接入电路？应注意什么事项？

实训 6　集成逻辑门电路逻辑功能测试

1. 实训目的

1）熟悉掌握与门、与非门和或门的外形结构及各引脚的功能。

2）熟悉掌握与门、与非门和或门逻辑功能的测试方法及使用方法。

2. 实训器件

直流稳压电源、万用表、电阻、万能实验板、74LS00、74LS08、74LS32、发光二极管和导线若干等。

3. 实训内容

1）74LS00（与非门）、74LS02（或非门）、74LS86（异或门）的外形结构和引脚排列如图 10-9 所示。熟悉掌握与门、与非门和异或门的外形结构、各引脚的功能。

2）测试 74LS00、74LS08、74LS32 的逻辑功能。将集成块正确插入万能实验板的面板

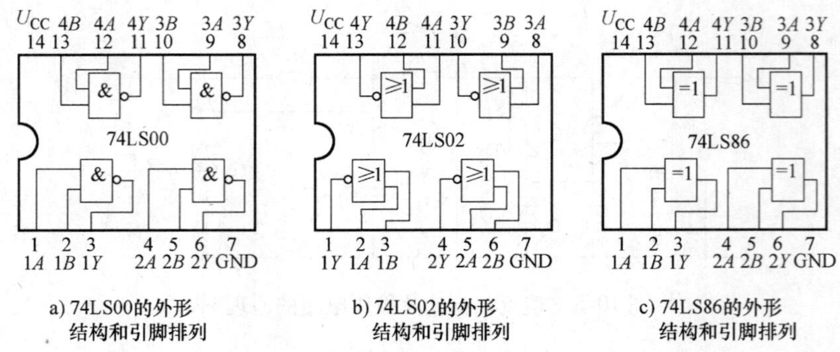

a) 74LS00的外形结构和引脚排列　b) 74LS02的外形结构和引脚排列　c) 74LS86的外形结构和引脚排列

图 10-9　74LS00、74LS02 和 74LS86 的外形结构和引脚排列

上，注意识别 1 脚位置，查引脚图，分清集成块的输入和输出端以及接地和电源端。各集成逻辑门的输出端接发光二极管，若输出为高电平，发光二极管发光，否则不发光。将所测得的数据做好记录，自己设计表格，画出各逻辑门电路的真值表。

4. 实训报告与思考题

1）整理实验结果，并写出各逻辑门电路的逻辑表达式。

2）归纳实训中所遇到的各种问题，小结实训心得体会。

实训 7　译码显示器逻辑功能测试

1. 实训目的

1）熟悉掌握 4 线-7 线译码器/驱动器 CT74LS48 的逻辑功能和使用。

2）熟悉掌握半导体数码管显示器（LED 数码管）的使用方法。

3）熟悉掌握中规模组合逻辑电路的应用。

2. 实训器件

译码器/驱动器 CT74LS48、共阴极半导体数码管显示器（LED 数码管）、直流稳压电源、万用表、电阻、万能实验板、发光二极管和导线若干等。

3. 实训内容

1）从教材查出 74LS48 芯片引脚排列图和真值表，见第 7 章图 7-17 和表 7-11，熟悉掌握其逻辑功能和使用方法。

2）选择并用万用表检测半导体数码管显示器（共阴极接法）。

3）按第 7 章图 7-18 所示逻辑电路图在万能实验板上接好逻辑电路。

4）当 $A_3A_2A_1A_0$ 在 0000 ~ 1001 之间变化时，观察共阴极半导体数码管显示器（LED 数码管）的显示情况，自己设计表格并记录好实验结果。

5）把实验结果与真值表相比较，看是否一样，若不一样，分析原因。

4. 实训报告与思考题

1）把实验结果与 CT74LS48 真值表相比较，看是否一样，若不一样，分析原因。

2）分析对复杂电路图如何逐步接线验证，总结遇到问题时如何查找和排除问题的方法。

3）归纳实训中所遇到的各种问题，小结实验心得体会。

实训8 集成CT74LS290构成六十进制加法计数器的应用

1. 实训目的

1）熟悉掌握借助产品手册上给出的真值表，正确而灵活地运用集成计数器的能力。

2）熟悉掌握常用中规模计数器CT74LS290的逻辑功能。

3）熟悉掌握用集成CT74LS290组成六十进制加法计数器的工作原理及接线方法。

4）进一步提高对有关仪器、仪表和实验设备的使用能力。

2. 实训器件

集成计数器74LS290、直流稳压电源、示波器、万用表、电阻、万能实验板、发光二极管和导线若干等。

3. 实训内容

1）根据第8章图8-26所示的CT74LS290型计数器的逻辑符号图和引脚排列图，画出用两片CT74LS290构成的六十进制计数器的接线逻辑图（可参考第8章图8-30所示的逻辑电路图），在万能实验板（或实验箱）上面接好实训逻辑电路图。

2）建议使用LED（八个发光二极管）接在两片CT74LS290的输出端，用以显示计数器的输出状态。

3）依次加入单次脉冲，观察六十进制计数器各输出端的输出状态。

4）根据LED（发光二极管）的发光情况，分析六十进制加法计数器的工作原理。

5）用双踪示波器观察和记录六十进制的输入脉冲波形和输出波形。

4. 实训报告与思考题

1）把实验结果与六十进制加法计数器的工作原理相比较，看是否一样，若不一样，分析原因。

2）画出月CT74LS290构成二十四进制的接线逻辑图。

3）总结加法计数器的设计方法和实验调试方法。

实训9 集成555定时器构成报警器的应用

1. 实训目的

1）熟悉掌握借助产品手册上给出的真值表，正确而灵活地运用555定时器的能力。

2）熟悉掌握555定时器的外引脚排列图和逻辑功能表。

3）熟悉掌握利用555定时器构成实用电路的使用能力。

4）进一步提高对有关仪器、仪表和实验设备的使用能力。

2. 实训器件

万能实验板（或实验箱）、直流稳压电源、示波器、555集成定时器、电阻、扬声器、电容、细铜丝和电子门铃等。

3. 实训内容

1）画出利用集成555定时器构成报警器电路的连线逻辑图，可参考第9章图9-20所示的逻辑电路。

2）再根据逻辑图，在万能实验板（或实验箱）上接好实训逻辑电路。

3）剪断细铜丝，观察逻辑电路是否报警，并观察报警的过程。

4）用双踪示波器观察和记录此逻辑电路的输入波形和输出波形。

5）分析此电路的工作原理。

4. 实训报告与思考题

1）报警电路属于哪种类型的触发器？画出它的输入波形和输出波形。其报警时间的长短是否可以改变？怎样改变？

2）总结利用555定时器构成其他实用电路的设计方法和实验调试方法。

3）归纳实训中所遇到的各种问题，小结实验心得体会。

实训10　集成555定时器构成简易触摸开关的应用

1. 实训目的

1）熟悉掌握借助产品手册上给出的真值表，正确而灵活地运用555定时器的能力。

2）熟悉掌握555定时器的外引脚排列图和逻辑功能表。

3）熟悉掌握利用555定时器构成实用电路的使用能力。

4）进一步提高对有关仪器、仪表和实验设备的使用能力。

2. 实训器件

万能实验板（或实验箱）、直流稳压电源、示波器、555集成定时器、电阻、发光二极管、电容、金属片等。

3. 实训内容

1）画出利用集成555定时器构成简易触摸开关电路的连线逻辑图，可参考第9章图9-11所示的逻辑电路。

2）再根据逻辑图，在万能实验板（或实验箱）上接好实训逻辑电路。

3）用手触摸金属片，观察发光二极管是否发光，并观察发光的过程。

4）用双踪示波器观察和记录此逻辑电路的输入波形和输出波形。

5）分析此电路的工作原理。

4. 实训报告与思考题

1）简易触摸开关电路属于哪种类型的触发器？画出它的输入波形和输出波形。发光二极管发光时间的长短是否可以改变？怎样改变？

2）总结利用555定时器构成其他实用电路的设计方法和实验调试方法。

3）归纳实训中所遇到的各种问题，小结实验心得体会。

参 考 文 献

[1] 秦曾煌. 电工学：下册 [M]. 7版. 北京：高等教育出版社，2009.

[2] 蒋汉荣. 数字电子技术与逻辑设计 [M]. 北京：北京交通大学出版社，2008.

[3] 周连贵. 电子技术基础 [M]. 北京：机械工业出版社，2003.

[4] 王廷才. 电子技术 [M]. 北京：高等教育出版社，2006.

[5] 吕国泰. 电子技术 [M]. 2版. 北京：高等教育出版社，2001.

[6] 符磊，王久华. 电工技术与电子技术：下册 [M]. 北京：清华大学出版社，2005.

[7] 刘陆平. 电工技术与电子技术基础教学辅导与习题解析 [M]. 北京：清华大学出版社，2005.

[8] 王琳，程立新，郑春华. 电工电子技术 [M]. 北京：北京理工大学出版社，2007.

[9] 刘陆平，卞祖武，温宁华. 电工与电子技术 [M]. 北京：北京师范大学出版社，2011.

[10] 聂文滨，张鹤鸣. 电工电子技术·电子部分 [M]. 北京：北京航空航天大学出版社，2010.

[11] 熊幸明. 电工电子技能训练 [M]. 北京：电子工业出版社，2004.

[12] 张存礼，韩爱娟. 电子技术综合实训 [M]. 北京：北京师范大学出版社，2005.